융합과 통섭의 지식 콘서트 05

과학, 인문으로 탐구하다

과학, 인문으로 탐구하다

융합과
통섭의
지식
콘서트 05

박민아 · 선유정 · 정원 지음

한국문학사

차례

들어가며

　영국의 과학자이자 소설가였던 스노(Charles P. Snow)는 1959년 한 강연에서 과학자와 인문 지식인들 사이에 나타난 간극에 대해 지적했다. 그의 비판은 셰익스피어는 누구든 당연히 알아야 한다고 하면서도 정작 본인들은 열역학 제2법칙이 뭔지도 모르는, 과학에 무지한 당시 영국의 인문 지식인들을 향한 것이었다. 이후 책으로 출판된 스노의 『두 문화와 과학혁명』은 과학과 인문학, 과학자와 인문 지식인 사이에 존재하는 괴리 그 자체를 문제시할 때 인용되었고, 우리나라에서는 고등학교에서부터 문과/이과를 가르는 교육제도를 비판하는 자리에서 자주 언급되곤 했다.

　최근 융합의 중요성이 대두되면서 스노의 '두 문화'가 다시 조명받고 있다. '두 문화'는 과학자와 인문 지식인들 사이의 간극에 주목하고 있지만, 융합을 강조하는 최근 추세에서는 과학과 인문학뿐 아니라 과학과 예술, 과학 내에서도 서로 다른 분야들 간의 협력과 융합을 강조한다.

　이 책은 바로 과학과 다른 분야들 사이의 융합이 왜 필요한지를 보여주기 위한 책이다. 하지만 이 책에서 이를 보이기 위해 펼쳐내는 이야기들은 융합의 중요성을 강조하는 여타 이야기들과는 조금 다른 색깔을 지닌다. 이 책은 현재의 과학과 다른 분야 간 융합의 양상을 다양하게 보여줄 뿐만 아니라, 아울러 과학이 철학이나 예술, 그리고 사회 전반으로부터 떨어져 나가 오늘날과 같은 독립성과 자율성을 얻기 전의 모습을 보면서, 즉 과학이 오늘날과 같이 성장하고 발전하기까지의 과정을 살펴봄으로써 과학이란 학문을 알고, 그럼으로써 현대과학과 다른 학문 간 융합의 필요성을 이해해보려고 한다.

흔히 과학 하면 먼저 양자역학·상대론·원자론 같은 이론들을 떠올리기 쉽다. 또 실험실에서 흰 가운 입고 실험하는 과학자의 모습을 생각하기도 한다. 꽤 많은 과학자들이 대학 때의 실험 수업 이후로는 실험 가운을 걸치지 않고 사는데도 말이다. 수학도 과학 하면 빠지지 않고 떠오르는 이미지다. 이론·실험·수학 같은 과학의 대표적인 이미지들은 과학을 멋있게 보이게도 하지만, 딱딱하고 어렵고 재미없게 보이게도 만든다. 꽤 대단하지만 친해지고 싶지는 않은, 답답한 모범생 친구 같은 느낌이랄까.

이 책은 과학이 꽉 막힌 모범생 같은 친구만은 아니라는 것을 보여준다. 과학이 우리 삶의 여러 측면과 맺는 아기자기한 관계들, 과학을 하는 각기 다른 이유들, 과학을 받아들이는 우리의 다양한 반응들을 여러 시기에 걸쳐, 여러 나라를 넘나들며 들여다봄으로써, 과학도 우리 인간이 하는 일이고 그렇기에 인간들이 하는 일에 영향을 미치는 다양한 요소가 과학에도 영향을 미친다는 점을 드러내 보인다. 돈, 인간관계, 폭넓은 상식, 뛰어난 재주, 이해관계, 국가적 이해관계 및 국제관계, 과학 연구 조직과 연구 기관들, 사회적 요구와 필요 등의 요소들이 여기에 포함된다.

우리는 융합의 필요성을 과학의 본래 모습이 갖는 바로 이런 특성에서 찾는다. 과학이 인간사의 일부분이고, 그만큼이나 과학이 인간사에 영향을 미치는 다양한 요소에 영향을 받는다면, 과학자들은 그저 자신의 연구 분야에 몰두해서만은 문제를 '제대로' 풀어내기가 쉽지 않을 것이다. 문제를 '제대로' 풀어내려면 연구 문제부터 제대로 정해야 하는데, 이 일은 과학자의 연구 주제와 사회적 요구 및 필요 사이의 접점을 찾아내는 일이 될 것이기 때문이다. 사회적으로 원하는 연구가 무엇인지 알지 못한다면 과학자의 연구는 그저 스스로의 호기심만을 채우는 연구에 그치고 말 것이다. 아, 여기서 사회적 요구와 필요라는 것이 그저 사회적으로 여러 사람에게 도움이 되는 유용한 연구 또는 경제적 이득을 낳는 연구로 제한되는 것이 아니라는 점 또한 짚고 넘어가야 할 것 같다. 그런 것 외에도 종교, 사상, 정치, 역사, 계급 갈등, 국가 간 갈등 같은 여러 요소들이 사회적 필요와 요구를 만들어낸다.

　문제 설정이 제대로 되면 그다음 단계에서는 문제 해결에 필요한 창조적 아이디어, 새로운 문제 풀이 방법, 능력 있는 협력자, 연구와 과학자의 생계에 필요한 돈 등 다양한 자원이 필요해진다. 다른 과학 분야에서 사용하는 새로운 연구 방법이나 아이디어를 자신의 연구에 끌어들일 수도 있고, 때로는 과학 바깥에서 창의적 아이디어와 방법을 빌려 쓸 때도 있다. 여러 기관에 연구비를 신청하거나, 때로는 부유한 후원자를 찾아낼 수도 있을 것이다. 이런 일들은 연구비 지원을 받기 위해 설득력 있는 지원서를 쓰고, 후원자를 설득하고, 능력 있는 협력자를 내 편으로 끌어들이기 위해 대화하는 일들을 포함한다.

　이런 것들은 문제만 열심히 풀거나 실험만 잘한다고 해서 가능한 일이 아니다. 창의적인 아이디어는 그저 골똘히 생각만 한다고 번쩍 하고 튀어나오는 것이 아니라, 생각의 밑천이 될 지식 창고가 풍성하게 차 있을 때 가능하다. 그렇다면 무엇으로 지식 창고를 채워야 할까? 전공 분야의 전문적 지식뿐 아니라 주변 분야의 새로운 소식들, 풍부한 인문학적 소양과 세상에 대한 관심이 이 창고를 채워준다. 융합은 생각의 밑천을 담고 있는 이 지식 창고를 조금 더 다양하고 풍성하게 채우기 위해 필요한 것이다.

이렇게 해서 문제를 풀어내면 끝날까? 아니다. 해결한 문제의 의미와 진가를 여러 사람에게 소개하고 전파하는 일이 남아 있다. 여기서 과학자의 커뮤니케이션 능력이 필요한데, 이는 그저 말 잘하기, 글 잘쓰기 같은 것만을 의미하지는 않는다. 나의 과학 연구에 어떤 의미를 부여할 것인가, 우리 사회에서 부여한 의미가 다른 사회에서도 의미 있게 받아들여질 것인가 등등, 그 연구가 전달되는 사회와 인간에 대한 이해가 필요하다.

이렇게 보면 과학자들이 하는 과학이라는 활동은 실험실에 콕 틀어박혀 하는 일이 아니다. 과학자에게 요구되는 능력도 그저 실험 잘하고 문제 잘 풀면 되는 것이 아니다. 과학 활동 자체가 이렇게 다양한 아이디어와 능력을 요구하는 융합적인 활동인 것이다. 이 책은 바로 과학이 그렇게 융합적 활동이라는 점을 보여주는 데 초점을 맞췄고, 그렇기에 과학에서의 융합은 부가적인 요소가 아니라 과학의 본질적인 특성이라는 것을 알려주고자 한다.

이 책의 첫 장에서 우리는 과학이 무엇인가에 대해 이야기해본 후, 각장에서 예술·철학·사상·종교·전쟁·대중문화와 과학의 관계를 구체적인 사례들을 통해 살펴볼 것이다. 또 사회 속에서, 그리고 역사 속에서 과학이 발현되는 모습들을 보고 구체적인 사회적·역사적 조건 속에서 과학이 어떤 영향을 받는가, 어떤 모습을 드러내는가를 살펴보려고 한다. 이를 통해 독자들이 과학의 본모습을 더 잘 알게 되고, 과학을 더 많이 좋아하게 되길 기대해본다.

이 책이 나올 때까지 오랜 시간 기다려준 한국문학사 관계자 분들과 편집자 배성은 님께 감사드린다.

2015년 6월
박민아 · 선유정 · 정원

Chapter 1

'과학'을 알아야
'융합'이 보인다

—— 과학 융합이 대세다. 이는 그동안 과학 연구가 너무 좁고 깊게 이루어진데 대한 반작용일 것이다. 좁은 우물 속에 갇혀버린 우물 안 개구리 신세가 되는 것을 피하기 위해, 더 넓은 세상과 연결되는 동아줄을 만들기 위해, 다른 분야의 관심사가 무엇인지 귀를 기울이고 다른 분야의 아이디어를 받아들이라는 듯하다.

하지만 지피지기 백전백승이라 하지 않았던가. 무늬만 융합이 아닌 진정한 융합을 하려면 먼저 '나'에 대해, 즉 과학에 대해 제대로 알고 있어야 하는 게 아닐까? 그런 의미에서 이 책을 여는 첫 장은 과학이 무엇인지에 대한 이야기로 시작한다.

과학 하면 수학, 실험, 정확함, 객관성 같은 것들이 연상된다. 이런 특징들로 인해 과학은 어렵다, 딱딱하다, 인간적이지 못하다는 인상을 주기도 한다. 하지만 이는 과학에 대해 갖는 편견이자 오해다. 과학이 같이 섞여 있던 종교나 철학, 기예로부터 스스로를 구분짓기 위해 수학과 실험 같은 방법을 강조하기는 했지만, 과학의 실제 모습은 그보다 훨씬 다채롭다. 실험과 수학 같은 엄격한 방법도 중요하지만, 그와 함께 무한한 상상력, 인간과 자연에 대한 공감 같은 요소들도 과학에 포함되어 있다. 과학에 대한 오해를 풀고 과학에 대해 제대로 알아보자. 그렇게 과학의 진면목을 알면 진정한 융합의 가능성이 보일 것이다.

과학다운
과학의 등장

'과학'은
언제 등장했을까?

과학이란 무엇인가? 이 질문은 '과학은 언제 시작되었는가' 하는 질문과 연결되어 있다. 과학이 언제 시작되었는지 알려면 과학이 무엇인지에 대해 생각해봐야 한다. 그런데도, 과학이 무엇인지보다 언제 시작되었는지를 답하기가 더 쉽다. 그러니 과학의 기원에 관한 이야기부터 시작해보자.

오늘날과 같은 형태의 과학은 언제 시작되었을까? 서양 거의 대부분의 학문의 기원이 그런 것처럼, 과학의 기원에 대해서 얘기할 때도 흔히 고대 그리스까지 올라가곤 한다. 자연현상을 합리적으로, 즉 자연적인 원인만을 들어 설명하려는 시도를 과학이라고 할 때 그런 시도의 기원은 고대 그리스까지 거슬러 올라갈 수 있다는 것이다. 번개에 대해 제우스의 분노를 끌어들이지 않고, 자석의 인력과 척력을 사랑과 증오 같은 인간적인 감정을 끌어들이지 않고 자연계에 있는 현상만으로 설명하려고 노력했던 첫 시도가 고대 그리스에서 시작되었다.

이와는 달리 과학의 시작을 19세기에서 찾는 사람들도 있다. 종교적인 목적이나 형이상학적 목적, 또는 세계에 대한 통합적 이해의 일부로서가 아닌, 자연에 대한 이해 그 자체만을 목적으로 하는 과학은 19세기에나 시작되었다는 것이다. 'science'라는 용어가 앎이나 학문 전반에서 점차 자연에 대한 앎으로 그 의미의 영역이 좁아진 것도 이 시기부터였고, 'scientist'라는 말이 처음 생긴 것도 19세기였다. 생물학이나 물리학과 같은 근대과학의 전문 분야들도 19세기에 등장했으며, 과학자라는 단어와 과학자라는 직업이 생긴 것도 이 시기였다.

따라서 과학을 자연에 대한 합리적 설명이라는 광범위한 의미 대신 오늘날과 같은 전문적 연구로서의 의미로 국한한다면, 과학은 19세기에 등장했다고 하는 것이 더 합당할 것이다.

과학인 듯,
과학 아닌 과학

19세기에 오늘날과 같은 과학이 등장하는 데서 중요했던 변화 중의 하나가 바로 과학의 세속화(secularization)다. 우리말에서 '세속적'이라는 말은 속물스럽다는 부정적인 의미를 담고 있지만, 과학의 세속화에는 그런 부정적인 뉘앙스가 담겨 있지 않다. 과학의 세속화의 핵심은 종교와의 분리이고, 그런 점에서 과학의 세속화란 종교의 도구였던 과학이 그 자체의 목적과 의미를 갖는 활동으로 독립성을 갖게 되었음을 뜻한다. 19세기 자연 탐구에 나타난 독립성은 그 이전 과학자들의 자연 탐구 방식과 대비시켜보면 이해하기가 쉽다.

근대과학의 대표주자라고 할 수 있는 뉴턴(Isaac Newton)을 보자. 뉴턴은 1687년 『프린키피아』를 통해 근대 물리학의 기틀을 세웠다.[1-1] 『자연철학의 수학적 원리(*Philosophiæ Naturalis Principia Mathematica*)』라는 원래의 제목이 보여주듯이 이 책은 힘과 운동에 대한 수학적인 분석이 주를 이루고 있고, 여기까지만 보면 지금과 별다를 것 없는 딱딱한 과학책처럼 보인다.[1-2] 하지만 이 책의 뒤에 달린 「일반주해」를 보면 당황스럽기 그지없다. 멀쩡한 과학책에서 갑자기 "우주 공간은 신의 감각기관"이라는 이해하기 힘든 말이 등장하면서 신과 우주에 관한 뉴턴의 생각이 펼쳐지고 있기 때문이다.

1-1 넬러, 〈뉴턴의 초상〉, 1702, 국립초상화미술관, 영국 런던.

신과 우주에 관한 뉴턴의 이야기는 새로운 과학을 거부했던 교회를 위한 단순한 '립서비스'가 아니었다. 뉴턴에게 과학은 신이 만든 세계를 이해하는 주된 방편으로, 뉴턴에게도, 그리고 당시 사람들에게도 종교와 과학은 세계를 이해하는 총체적인 방식으로서 각각이 분리되지 않았던 것이다. 당시 뉴턴의 과학이 교회의 거부반응을 일으키지 않고 환영받을 수 있었던 데는 신에 대한 그의 논의가 큰 역할을 했다.

종교와 과학이 분화하지 않았던 것은 뉴턴보다 조금 앞서 살았던 데카르트(René Descartes)의 경우에도 마찬가지였다. 데카르트는 합리주의 철학자로 유명하지만, 무지개의 원리를 정확히 설명하고 시각의 원리를 규명하고자 직접 동물 해부도 마다하지 않은 과학자이기도 했다.[1-3]

또한 데카르트는 역학에서 운동량 보존 법칙을 제안했다. 그는 외부에서 힘이 작용하지 않는다면 물체나 그 물체가 속한 계의 운동량의 전체 합이 보존된다고 주장했는데, 그가 운동량 보존의 근거로 내세운 것은 종교적인 것이었다. 물체의 운동은 태초에 신이 부여한 것이기 때문에 사라지지도, 새로 만들어지지도 않는다는 점이 운동량 보존 법칙의 근거가 되었던 것이다. 오늘날의 시각에서는 종교적인 색채가 강하지만, 그런 데카르트의 책도 신의 전지전능함을 합리성 안에 가두었다

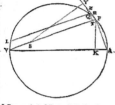

1-2 『프린키피아』, 1726년본.

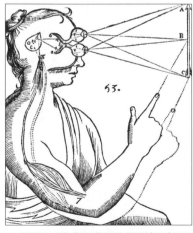

1-3 데카르트 사후 출간된 『인간에 관하여』(1662) 중 시각의 원리를 설명하는 그림.

는 이유로 금서 목록에 올라가게 된다. 그만큼 당시에는 자연에 대한 탐구에서도 종교적인 목적과 원칙이 우선시되어야 했던 것이다.

과학의 기원으로 여겨지는 고대 그리스에서는 어땠을까? 고대 그리스의 플라톤이나 아리스토텔레스는 뉴턴이나 데카르트만큼 종교적 의도가 강하지는 않았지만, 그들에게도 자연 탐구는 그 자체의 목적과 논리로 이루어지는 독립적인 분야가 아니었다. 그들에게 자연에 대한 이해는 세계에 대한 더 커다란 이해의 일부분이었다.

19세기 과학의 세속화는 과학이 다른 분야, 특히 종교나 철학의 하녀가 아닌 그 자체로 독립적이고 자율적인 분야로 자리를 잡게 만든 사건이었다. 과학이 독자성을 인정받을 수 있었던 것은 과학의 실용적 가치가 인정받았기 때문으로 볼 수 있다. 기술과 결합하면서 과학은 사회에 유용한 실용적 학문으로 사회적 정당성을 얻게 되었고, 그 실용성으로 인해 과학자는 과학을 하는 것만으로 먹고살 수 있게 되었던 것이다.

19세기 과학의 등장은 물리학 · 생물학 같은 과학 분과의 등장과 전문화 과정도 동반했다. 각 전문 분과가 등장함에 따라 그 분과들에 맞는 교육 내용과 훈련 방법이 등장했으며, 수학 · 실험 등에서 전문적 훈련을 받은 사람들이 과학자라는 이름을 달고 배출되었다. 한마디로 19세기 과학의 등장은 종교 · 철학 등 다른 분야와 혼재되어 있던 자연에 대한 탐구가 독립적인 활동으로 분리되어 나오고 전문성을 띔으로써 이루어졌다고 할 수 있다.

자연과학의 분류

　　　　　19세기에 등장했다는 과학, 과연 어떤 분야들로 이루어져 있을까? 가장 보편적인 분류에 따르면 자연과학은 크게 물리학·화학·생물학·지구과학으로 나누어진다. 여기에 천문학 정도를 추가하면 자연과학의 기본적인 학문 분류라 할 수 있을 것이다.

　물리학·화학·생물학·지구과학·천문학 분야는 다루는 대상과 던지는 질문에 차이가 있다. 물리학은 우주의 근본 물질과 그 물질들의 운동을 일으키는 힘, 에너지를 다루며, 화학은 물질의 성질과 구성 및 구조, 변화에 주로 관심을 갖는다. 생물학은 생명체의 구조·기능·생장·진화 등에 대한 질문을 던지고, 지구과학은 기상학·지질학·해양학 등 지구를 구성하는 환경의 변화를 다룬다. 천문학은 지구 밖 천체의 구성 물질과 변화·운동에 대해 연구한다.

　자연과학의 이런 분야들은 서로 어떤 관계를 가질까? 지난 세기에는 '물리'와 '화학'이라는 물리과학을 잘 이해하면 기본 물질과 그 변화에 관한 이론을 근간으로 하여 생명현상과 지구, 천체에 이르기까지 모든 현상을 설명할 수 있을 것이라는 물리환원주의가 유행하기도 했다. 이에 따라 물리과학, 그중에서도 물리학이 자연과학의 가장 근본적인 분야라는 믿음이 퍼지기도 했다.

　하지만 21세기에 들어서 이런 물리환원주의는 각 분야의 개별성과 연구 대상의 독특성을 인정하는 흐름에 자리를 내어주었다. 생명현상은 단순한 물리화학적 현상으로 환원되어 설명될 수 없다는 인식이 이런 변화에 영향을 미쳤다.

　각 분야의 개별성과 독립성이 인정받으면서 이 분야들 간의 협력과 융합의 필요성은 더욱 강조되고 있다. 자연은 물리·화학·생물·지구과학·천문학 같은 인위적인 학문 경계를 알지 못하며, 많은 자연현상이 여러 분야가 중첩되는 영역에서 나타나기 때문이다. 자연과학의 각 분야들이 특정한 자연현상을 그 분야 특유의 시각과 방법으로 이해한다면, 여러 분야에서 얻은 과학적인 설명들이 융합되었을 때에야 우리는 그 자연현상을 온전하게 이해했다고 말할 수 있을 것이다.

이제 융합의 시대?

최근 몇 년간 '융합'이 중요한 화두로 떠올랐다. 정부는 정책적으로 융합 연구를 지원했고, 신문 지면에서도 융합의 성공 사례를 소개했으며, 융합의 중요성을 강조하는 책들이 출간되었다. 지금 이 책도 과학에서의 융합을 다루고 있다.

융합을 강조하는 최근 추세는 19세기부터 시작된 과학의 전문화에 대한 반작용으로 볼 수 있다. 과학 각 분과의 전문화와 세분화가 심화됨에 따라 과학자들이 점점 근시안적인 시각을 갖게 된 것도 사실이다. 과학기술이 해결해야 할 문제 또한 특정 분과에 국한된 것이 아닌데도, 오랫동안 자신의 분야에만 빠져 있다 보니 해결해야 할 문제의 복합성을 놓치고 근시안적인 해결책을 제시하는 데 그치고 마는 사례들이 나타나는 것이다. 이런 점에서 볼 때, 이질적인 분야 간의 협력과 교류를 강조하는 융합은 전문화의 부작용을 막아주는 보완책이라고 할 수 있다.

하지만 최근의 융합 촉진 정책들은 한편에서는 의도와는 다르게 융합에 대한 반발을 불러일으키기도 한다. 무엇보다 가장 큰 불만은 융합이 필요한 문제에 사람들을 모이게 하기보다는, 융합 그 자체를 하기 위해 사람들을 모아놓고 융합을 하라고 하는 데 있다. 실질적인 융합보다 겉보기 융합이 일어나고 있는 셈이다.

여러 분야의 사람들을 모아놓고 하는 융합보다 중요한 것은 과학자 개개인의 융합적 안목을 키우는 것이다. 어떤 분야의 문제든 그 문제가 다른 분야와 연결되는 복합적인 것임을 인식하고 그 협력 가능성을 열어놓도록 열린 사고를 하게 하는 것, 그것이 제도적 융합 이전에 이루어져야 할 일이다.

'좌 실험, 우 수학'의
근대과학

과학혁명에서
비롯된 근대과학

근대에 등장한 과학, 즉 근대과학은 언제쯤 그 모양 새를 갖추었을까? 가장 단순하게 생각하면 이 질문에 대한 답은 '근대가 시작되면서 근대과학이 출현하지 않았을까' 정도가 될 것이다. 그렇다면 근대는 또 언제부터인가? 문제가 이렇게 되면 역사학에서 사용하는 시대 구분을 가지고 올 수밖에 없다.

일반적으로 서양의 역사를 연구하는 역사학계에서는 15세기부터 19세기까지를 '근대'라는 용어를 사용해서 설명한다(동양 역사에서의 시대 구분은 당연히 다르다). 근대라고 구분하는 이 시대는 그 앞에 있던 '중세'와도 다르고 20세기 이후의 '현대'와도 다른 시대로 규정된다. 근대 이전의 중세 사회가 기독교, 농촌의 장원경제체제, 봉건제로 대표되는 시대였다면, 근대에는 14세기부터 시작된 르네상스, 종교개혁 등의 변화들로 인해 도시가 중시되고 국가가 중요해지는 방식으로 사회의 전반적인 체제가 탈바꿈했다. 몇 백 년간 지속된 근대를 설명하기 위해 역사가들은 특히 15~17세기를 일컬어 '근대 초(early modern)'라고 부르기도 한다.

그렇다면 근대과학이 근대 초에 해당하는 15~17세기경에 그 모습을 드러냈다고 봐도 그리 잘못된 판단은 아닐 것이다. 그리고 이는 그 시기에 일어났던 또 한 가지의 변화를 고려하면 더욱 확실해진다. 근대 초에 서양 세계에서 일어났던 변화의 목록에는 과학에서 큰 변혁을 일구어냈던 '과학혁명(the Scientific Revolution)'이 포함된다. 정리하자면 근대과학은 과학혁명을 거치면서 탄생한 결과라 할 수 있다.

과학혁명은 16세기 유럽에서 코페르니쿠스(Nicolaus Copernicus) 같은 과학자들이 새로운 우주론을 들고 나오면서 본격적으로 시작되었다. 이 변화는 17세기 말까지 지속되었으며, 갈릴레오(Galileo Galilei) · 데카르트 · 뉴턴 등 여러 과학자들의 연구를 통해 태양중심설과 같은 새로운 이론들이 과거의 이론을 제치고 인정받게 되었다.[1-4, 1-5] 과학혁명을 통해 내용상의 큰 변화가 일어났다는 점도 물론 중요하지만, 이 사건이 주목을 받는 이유는 새로운 방법론에 입각해서 자연에 대한 탐구를 진행하는 근대과학이 탄생했기 때문이다.

과학혁명이 일어나기 이전에 자연에 대한 탐구에서 큰 영향력을 행사

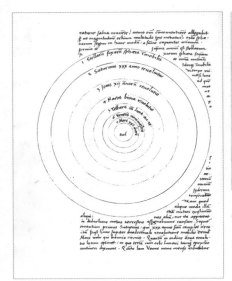

1-4 코페르니쿠스의 『천구의 회전에 대하여』(1543)에 제시된 태양계의 모습(왼쪽).
1-5 셀라리우스의 『대우주의 조화』(1660)에 나오는 코페르니쿠스 지동설(위).

했던 인물은 고대 그리스의 철학자 아리스토텔레스였고, 당연하게도 그가 중요시했던 접근법 및 논의 방식이 자연에 대해 질문을 던지고 답을 규명하는 데서 가장 우선되었다.

아리스토텔레스는 있는 그대로의 자연을 면밀히 관찰해서 얻은 정보들을 바탕으로 왜 자연에서 그러한 일들이 일어나는지에 대한 원인을 규명하는 것을 가장 중시했다. 여기에서 눈여겨볼 점은 '있는 그대로의 자연'과 '원인 규명'이다. 자연은 조작의 대상이 아니고 인간의 손이 닿지 않았을 때에만 의미가 있는 대상이었다. 따라서 기구나 도구를 가지고 자연에 인공적인 조작을 가하는 실험적인 방법은 인정될 수 없었다. 원인 규명의 과정에서는 자연에서 일어나는 다양한 변화를 가장 설득력 있게 말로써 설명하는 것이 중시되었다. 따라서 이 과정에서 수학은 큰 비중을 차지할 수 없었다.

근대과학,
실험과 수학을 받아들이다

　　　　　　　과학혁명은 과거에 인정받지 못했던 실험과 수학이라는 새로운 접근 방식이 권장할 만한 방식을 넘어서서 필수적인 방식으로 인정받게 된 사건이었다. 서양 과학계는 16세기부터 사회의 다른 분야에서 중세적인 면모를 탈피하고 있던 것에 발맞춰, 중세 학문을 지배했던 아리스토텔레스를 넘어서려는 노력을 기울였다. 이 과정에서 베이컨(Francis Bacon)이나 데카르트 같은 학자들은 실제적인 실험과 수학적인 논의의 중요성을 강조하며 이 두 방법이야말로 자연에 대한 확실한 지식을 획득할 수 있는 길임을 역설했다(제6장 '베이컨과 데카르트, 새로운 과학의 방법을 제안하다' 참조).

　실험과 수학에 대한 강조는 말로만 그친 것이 아니었다. 과학혁명기의 대표적 과학자 갈릴레오는 직접 수많은 실험을 수행해 얻은 결과를 수학적으로 재구성하여 자연법칙들을 만들어냈다. 한편 과학혁명을 마무리 지었다고 평가받는 뉴턴은 수학과 실험적인 방법을 앞세운 『자연철학의 수학적 원리』(1687)와 『광학(Opticks)』(1704)이라는 2권의 저서를 출판하여 이 두 방법의 지위를 공고화했다.[1-6]

　과학혁명이 마무리된 후 근대사회가 진전되는 동안 과학은 실험과 수

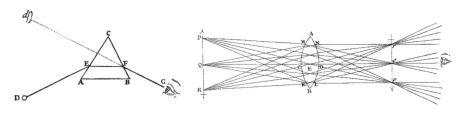

1-6 『광학』에 실린 뉴턴의 빛에 관한 실험. Isaac Newton, *Opticks*, 1704.

학을 앞세워 자연에 대한 연구를 본격화해나갔다. 이 두 방법론의 도입으로 좀 더 엄밀한 학문의 추구와 더욱 응용 가능성이 많은 학문의 추구라는 길이 열렸다. 그럴싸한 말이 아닌 수학적인 논의를 앞세운 과학은 점점 다른 학문에 비해 더 확실한 학문이라는 이미지를 만들어내는 데 성공했으며, 기구와 도구를 도입한 실험을 앞세워 인간 생활에 더 쓸모 있는 결과물을 만들어낼 수 있으리라는 믿음을 확산시킬 수 있었다.

이렇게 만들어진, 유용하면서도 확실한 학문이라는 근대과학의 이미지는 과학이 사회적으로 중시되고 인정받게 되는 결과를 가져왔다. 근대과학으로 탈바꿈하면서 과학이라는 분야는 소수의 특이한 사람들이 연구하는 고립된 학문에서, 사회적으로 관심을 갖고 발전시켜야 마땅한, 그리고 큰 유용성을 기대할 만한 학문으로 변화했던 것이다.

새로운 '패러다임'을 연 『과학혁명의 구조』

과학을 인문사회학적으로 바라보고자 하는 '과학학(Studies of Science)' 분야에서 가장 빈번히 거론되며, 또 가장 영향력 있다고 평가되는 저술은 무엇일까? 이 질문에 대해 과학사·과학철학·과학사회학을 연구하는 많은 학자들은 쿤(Thomas Kuhn)이 1962년에 출판한 『과학혁명의 구조(The Structure of Scientific Revolutions)』를 꼽는다.
쿤은 하버드 대학교에서 물리학 박사학위를 받은 자연과학자였다. 하지만 하버드 대학에서 강의를 담당하면서 과학의 역사에 대한 관심을 키워나갔고, 첫 저서인 『코페르니쿠스 혁명』을 출간하면서 본격적인 과학사학자로 변신한다. 코페르니쿠스의 천문학 혁명 사례를 연구하며 과학의 변화 과정에 대해 연구를 집중하던 쿤은 역사상 발생했던 과학에서의 큰 변혁, 이른바 혁명의 과정에 일정한 패턴이 보인다는 점을 인식하고, 이를 과학철학적인 입장에서 서술하는 대표 저서를 준비하기 시작했다. 이렇게 해서 출간된 결과가 바로 『과학혁명의 구조』다.
『과학혁명의 구조』에서 쿤은 과학자 사회에서 인정받으며 통용되는 이론 체계를 '패러다임(paradigm)'이라 정의했다. 정확히 말하면 패러다임은 하나의 이론을 둘러싼 실험 방식, 교육 방식, 가치체계 등을 총괄하는 용어다. 과학의 역사에서는 하나의 패러다임이 주도권을 쥐고 과학계를 지배하는 긴 시기가 존재하는데, 쿤은 이 시기를 '정상과학(normal science)'의 시기라고 불렀다.
하지만 특정한 순간에 과거의 패러다임으로 명확한 설명이 되지 않는 변칙 사례(anomaly)들이 등장하면서 패러다임은 위기를 맞게 된다. 변칙 사례들은 많은 경우에는 기존 패러다임의 부분적인 변형이나 확장을 통해 해결되지만, 그렇지 않은 경우에는 새로운 패러다임이 등장하는 단초가 된다. 새로운 문제를 새로운 방식으로 해결하기위해 일련의 과학자들은 과거의 패러다임과는 다른 새로운 패러다임을 제시하고 이 두 패러다임은 경쟁을 거친다. 쿤은 이 경쟁의 순간에 두 패러다임을 객관적인 기준으로 비교할 만한 지표는 존재하지 않는 경우가 대부분이었으며, 과학자들이 한 가지 패러다임을 선택하는 것은 마치 개종의 과정과 유사한 성격을 지닌다고 주장했다. 많은 과학자들이 새로운 패러다임을 수용하여 변혁이 이루어지는 사건이 바로 '과학혁명'이라고 쿤은 설명한다.[1-7]

『과학혁명의 구조』에서 쿤이 제시한 과학변화의 과정은 1960년대 당시 큰 반향을 불러일으켰다. 이전까지 과학은 누적적으로 발전해왔다고 여겨졌고, 이론 선택에서 합리성을 가장 중시한다고 인정되어왔던 과학에 대한 이미지를 쿤이 무너뜨려버렸기 때문이다. 이 책의 발표 이후 과학사·과학철학 학계에서는 쿤의 주장의 타당성과 패러다임 등 주요 개념의 의미를 두고 치열한 토론이 벌어졌고, 이 과정을 통해 많은 과학 학자들은 『과학혁명의 구조』의 내용에

연구
▼
패러다임의 정립
▼
정상과학 1
▼
변칙 사례의 등장
▼
위기
▼
혁명(새로운 패러다임)
▼
정상과학 2
▼
변칙 사례의 등장
⋮

1-7 쿤이 말하는 과학의 변화.

전적으로 동의하지는 않더라도 많은 영감을 얻게 되었다.

『과학혁명의 구조』는 과학 활동을 이론이나 실험에 국한시키지 않고 사회적·심리적 요소까지 포함시켜 이해해야 한다고 주장했다는 점에서, 이후 과학의 사회적 성격을 집중적으로 조명하는 학문 분야의 정착에 크게 기여했다. 과학사나 과학철학에 대한 학문적 관심이 증대되는 결과를 불러온 것은 물론이다. 쿤의 용어였던 '패러다임'은 이후 사회 각 분야의 변화를 설명하는 데 빈번하게 사용되면서 일반인에게도 친숙한 용어가 되었다. "21세기 경제 패러다임의 변화" 같은 말, 사실 그 기원은 쿤의 『과학혁명의 구조』에 있다.

편견과 오해에서
벗어나야 과학이 보인다

과학에 실험과 수학은
늘 필수적이었나?

흔히 과학은 예술과 같은 타 분야의 인간 활동과는 무척이나 다른 활동으로 여겨진다. 이뿐만 아니라 과학은 인문학이나 사회과학과 같은 학문 분야와도 상당히 다른 체계 및 특징으로 무장한 분야로 생각된다. 과연 과학의 독특한 점으로 여겨지는 특징들은 무엇이며, 과학을 이렇게 파악하는 것이 타당한가에 대해 잠시 이야기를 풀어놓을 필요가 있을 듯하다.

과학이 다른 분야와 구별되는 가장 중요한 특징으로는 독특한 방법론이 거론된다. 과학에서는 다른 영역이나 학문 분야에서는 그리 적극적으로 채용하지 않는 두 방법론을 주로 사용한다. 그것은 바로 앞에서 거론한 바 있는 '실험'과 '수학'이다.

실험과 수학이라는 두 방법론은 현대과학의 연구와 교육에서 필수적인 것으로 여겨진다. 게다가 둘 중 하나만 사용하면 되는 것도 아니다. 과학자가 되려면 실험과 수학에 동시에 능통해야 한다는 것이 보편적인 생각이다. 심지어 고등학교에서 문과로 진학하는 학생들 중에 "나는 실험은 좋아하는데 수학을 못해서 이과를 포기했다"고 말하는 경우가 있는 것은 이러한 상황을 잘 보여주는 예다.

하지만 앞에서 설명한 대로 과학에서 실험과 수학이 중요한 방법론으로 부상한 것은 긴 과학의 역사를 볼 때 비교적 최근의 일이다. 상당히 오랜 기간 동안 과학은 실험도 필요 없고, 수학을 몰라도 관심을 기울일 수 있는 영역이었다. 예를 들어 15세기까지 과학의 주류였던 아리스토텔레스주의(Aristotelianism)는, 앞서 설명한 것처럼 자연 연구에 실험을 사용하면 그 대상이 자연이 아닌 인공 상태로 변하기 때문에 실험은 가능한 한 사용하지 않을 것을 권장했다. 이렇게 보면 과학에는 실험과 수학이 필수적이며 이 두 방법론의 사용이 과학의 특징이라는 것은 절반은 맞고 절반은 틀린 말이다. 실험과 수학은 근대과학의 주요한 방법론임에는 분명하나 오랜 과학의 역사에서는 그렇지 않은 시대가 훨씬 더 길었다.

과학은 태생적으로
객관적인 학문인가?

근대과학에서 실험과 수학을 활용하다 보니 생겨난 믿음 중 하나는 과학에는 인간적인 요소가 개입될 여지가 거의 없으며, 그렇기에 결과적으로 과학은 객관적인 학문이라는 것이다. 과학은 복잡한 실험 장치를 통해 산출되는 데이터를 분석하여 이론을 만들어내고, 그 이론을 수학적 형식을 통해 논리적으로 제시한다. 그렇기 때문에 이 과정에는 과학 이외의 요소가 개입될 여지가 거의 없으며, 따라서 주관적인 요소가 배제된 상당히 객관적인 형태의 지식이 만들어진다는 믿음이 퍼져 있다.

그러면 이러한 활동을 하는 과학자는 어떠한가? 과학자는 자신의 연구를 하는 과정에서 기계에 가깝게 객관성만을 강조하며 작업을 수행하는 사람으로 묘사된다. 또한 실제 연구 과정을 살펴보지 않고 상상을 초월한 놀라운 연구 결과만 본다면 과학자는 인간이 아닌 외계인 비슷한 존재로까지 보일 수 있다.

정말 그럴까? 이는 과학에 대한 편견과 오해에서 비롯된 생각이다. 현재의 과학 연구가 어떻게 실행되는지를 한번 제대로 들여다보자.

과학자는 먼저 연구 주제를 설정한다. 그런데 연구 주제의 설정은 혼자의 생각으로만 이루어지지는 않는다. 여러 동료와의 토론을 통해 적절한 연구 주제가 설정되면 그다음으로 연구 계획이 수립된다. 물론 이 과정에는 실제 연구를 수행하기 위한 실험 장비에 대한 고려 등이 포함되어야 한다.

계획이 수립되고 실제 연구에 뛰어들기 이전에 반드시 거쳐야 하는 단계가 있다. 이는 연구비의 확보다. 현대의 과학은 그 규모가 너무도 크기 때문에 과학자 혼자의 능력으로는 다양한 장비를 구비할 수 없고, 따라서 연구비를 지원받아 실제 연구를 수행하는 경우가 대부분이다. 연구비 수주를 위해서는 자신이 하는 연구의 성과가 어떤 것인지를 효과적으로 알리고, 그 연구가 사회 또는 연구비를 지원하는 기관에 어떠한 기여를 할 수 있는지를 구체적으로 밝혀야 한다. 즉 연구가 성공적으로 수행되려면 동료와의 협조 및 뛰어난 의사소통 능력을 구비해야 한다.

연구비 수주까지 성공적으로 진행되었다면 이제 본격적인 연구에 뛰어들 차례다. 19세기까지는 과학자가 주로 혼자서 연구를 수행했지만, 20세기 이후의 과학 연구는 팀 연구가 대부분이다. 과학 연구는 적게는 몇 명에서 많게는 수천 명의 과학자들이 협조 체계를 이루어 진행된다. 이러한 연구팀을 이끄는 리더에게는 수많은 과학자를 효과적으로 배치해서 임무를 할당하는 조직력, 연구를 진행시키는 추진력, 팀원들을 보살피는 친화력 등 다양한 능력이 요구된다. 물론 전문 지식에 대한 통찰력은 기본 요건이다.

연구 성과가 나온 뒤에도 그 연구가 인정받으려면 처음에는 과학자 사회 내의 모임을 통해, 나중에는 대중에게 그 성과를 적절한 방식으로 알리는 능력이 필요하다. 즉 과학 연구 활동은 끊임없이 다른 사람들과 의사소통을 해야 하는 작업이지, 혼자 실험실에 틀어박혀 밤을 새워가며 어려운 공식을 놓고 고민만 하는 활동이 아니다.

최신 고성능 실험 장치를 사용하는 현대과학의 모습도 이러한데 과거의 과학은 어떠했을까? 아마도 사회 다양한 영역과의 관계 맺음 속에서 수행되던 활동이 과거의 과학이었을 것이다.

과거의 과학자들은 자신의 연구가 종교적 신념과 어떻게 일치하는지를 고민해야 했고, 국가의 지원 및 정책과 어떻게 부합하는지에 대해서

1-8 반티, 〈로마 이단심문소의 갈릴레오〉, 1857, 개인 소장.

도 고민했다. 물론 인간이기 때문에 경제적인 고려도 개입되었다. 갈릴레오는 이러한 과학 활동의 실제 모습을 잘 보여주는 인물 중 한 명이다.

갈릴레오는 자신의 연구를 발표하면서 종교적인 문제를 끊임없이 고려해야 했다(물론 그럼에도 불구하고 종교재판을 받았지만).[1-8] 갈릴레오는 경제적인 문제를 해결하기 위해 자유로운 연구를 포기하고 메디치 가문 코시모 대공의 후원을 받았고, 후원자의 요구에 부응하는 연구를 수행해야 했다. 과거와 마찬가지로 오늘날에도 과학 활동을 수행하기 위해서는 이것저것 여러 가지 요소를 고려할 수밖에 없다.

이렇게 말한다고 해서 '과학은 객관적인 학문'이라는 주장이 완전히 틀린 소리가 되는 것은 아니다. 하지만 이 점은 생각해야 할 듯하다. 과학 활동에는 다양한 요소들이 끊임없이 개입하고, 또 그러한 관계 맺음을 통해서 실제로 과학 지식이 생산된다. 이러한 과정에서 우리와 마찬가지로 인간인 과학자는 가능한 한 객관성을 유지하려고 노력하고, 과학을 객관적인 지식의 형태로 포장해낸다. 과학이 태생부터 다른 분야와는 무관한 객관적인 지식이었던 것은 아니다.

동양의 과학은
통섭의 학문이었다

자연 체계와 인간을 아우른
동양의 과학

일반적으로 과학은 서양에서 시작된 학문이라고 여겨진다. 특히 서양의 성공적인 근대화가 그들이 탄생시킨 근대과학에서 기인했다는 이유로 더욱더 과학의 기원을 서양에서 찾아왔다. 하지만 『중국의 과학과 문명(*Science and Civilisation in China*)』(1948)을 저술한 과학사 학자 니덤(Joseph Needham)은 방대한 중국의 과학 성과들을 연구한 끝에 동양에도 서양 못지않은 우수한 과학 문명이 있었고, 더욱이 나침반 ·

1-9 중국 한나라 때 쓰이던 나침반 모형.

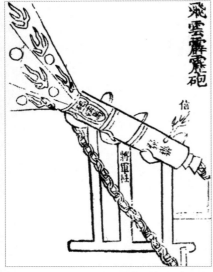
1-10 명나라 때의 군사서 『화룡경(火龍經)』(14세기)에 실린, 화약을 채워서 사용하는 대포.

화약·인쇄술 같은 근대과학의 탄생을 이끈 성과들이 그들로부터 나왔음을 밝혔다.(1-9, 1-10)

니덤을 시작으로 비서양 문명권을 연구하는 많은 학자들은 공통적으로 그간 '서양'의 근대과학이 복잡한 역사적 과정과 다양한 문화적 층위로 이해되어야 할 대상임을 깨달았다. 즉 과학은 서양에서만 시작된 학문이 아니며, 동양의 과학은 단지 서양과는 '다른' 모습이기 때문에 제대로 이해하지 못했음을 알게 된 것이다. 그렇다면 동양의 과학은 서양의 과학과 어떻게 다를까?

이는 고대 그리스인과 고대 중국인이 각각 자연을 대하는 태도에서 그 실마리를 찾을 수 있다. 고대 그리스의 자연철학자들이 세상을 구성하는 물질이 무엇인지에 관심을 갖고 서로 논쟁하며 현상과 실재를 구분하려고 했다면, 고대 중국의 자연철학자들은 성찰을 통해 자연에서 일어나는 현상이 인간세계에 어떻게 구현되는지 연결해보려 했다. 서양에서 자연과 인간세계를 분리해서 봤다면, 동양에서는 그것을 하나로 본 것이다.

그러다 보니 동양의 과학은 자연과 인간을 분리하지 않은 채 '천인감

응설(天人感應說)'이나 '재이설(災異說)'과 같이 자연과 인간을 연결하여 보는 사상 체계로 발전했다. 하늘과 인간은 상관관계를 맺고 있으며, 자연의 조화와 질서를 찾아서 현실정치에 적용할 수 있다고 믿은 것이다. 따라서 동양의 황제나 왕들은 누구보다 자연을 잘 이해하고자 노력했고, 그것이 곧 정치이자 권력이기까지 했다. 동양에서 과학은 곧 자연 체계와 인간의 활동을 통섭한 학문이었던 셈이다.

> **천인감응설**
> 하늘과 사람은 같은 이치여서 감동하면 통한다'는 뜻에 바탕한 사상을 말한다. 한(漢)나라의 동중서(董仲舒)가 제창한 이론으로, 인간은 하늘의 자식이므로 하늘의 변화는 인간에게 똑같이 적용되고 하늘과 인간은 서로에게 영향을 준다는 사상이다.
>
> **재이설**
> 왕은 하늘로부터 천명을 받은 자이기에 하늘을 대신해 백성을 잘 보살펴야 하며, 만약 임금이 정치를 잘못하면 하늘에서 재해를 내린다는 사상.

동양과 서양의 과학이 다름을 이해해야 한다

이러한 맥락에서 '왜 동양에는 서양의 과학혁명 같은 계기가 없었나?'라는 고전적인 질문을 되새길 필요가 있다. 과연 서양의 근대과학을 접한 동양인들이 근대과학을 처음 접했던 서양 사람들처럼 그 새로운 모습에 화들짝 놀랐을까? 굳이 답하자면 신기함과 기이함은 있었겠지만, 서양에서처럼 인간의 사유 체계와 사회의 근간을 뒤집을 만큼의 충격은 분명 아니었을 것이다. 어찌 보면 동양인에게 서양의 근대과학은 인간사회를 더욱 잘 이해하기 위한 수단, 이를테면 역법 체계의 교정을 위해 필요한 학문이었을 뿐이다(제4장 '중국인들은 서양 과학을 어떻게 받아들였나?: 역법 문제와 서양 과학의 중국기원론' 참조).

그렇기에 동양에서 서양의 'science'를 '科學'이라 번역한 것도 자연스

Astronomy	星学(성학) = 천문학
Botany	植物学(식물학)
Chemistry	化学(화학)
Dynamics	動力学(동력학)
Geography	地理学(지리학)
Geology	地質学(지질학)
Geometry	幾何学(기하학)
Hydrodynamics	流体動学(유체동학) = 유체역학
Mechanics	器械学(기계학)
Mineralogy	鉱物学(광물학)
Philosophy	哲學(철학)
Zoology	動物学(동물학)

1-11 1870년 니시 아마네가 도쿄 이쿠에이샤(育英社)에서의 강연 시 번역한 단어들 중 일부.

럽게 이해될 수 있다. 처음 동양에서 사이언스를 과학으로 번역한 사람은 일본의 철학자 니시 아마네(西周)였다. 니시는 네덜란드에서 직접 서양 학문을 배우고 돌아와 일본에 서양의 학문들을 소개하면서 대부분의 용어를 한자어로 바꾸어 소개한 인물이다. 과학을 비롯해 철학·공학·예술·의학, 그 밖의 많은 근대적 용어들이 니시에 의해 만들어졌다.[1] [1-11]

니시가 번역한 과학의 의미를 직역하면 '과(科)로 나누어진 학문'이라고 할 수 있다. 이 안에 그가 과학을 어떻게 바라봤는지가 고스란히 담겨 있다. 서양의 지식과 앎의 체계라는 의미에서 파생된 사이언스가 동양에 사는 그에게는 분절된 학문의 집합이었다. 다시 말해 서양의 과학은 동양인에게는 생물학·물리학·화학 등 각기 다른 학문들을 한꺼번에 지칭하는 말이었던 것이다.

결론적으로 동양에서 바라본 서양의 과학은 인간세계와 연결하여 사유하는 대상이라기보다 인간세계, 즉 인문학과는 분리된(동양 과학과는 사뭇 다른) 형태의 학문이었다. 하지만 "모든 민족과 문화의 고대 및 중세의 과학은 근대과학의 대양으로 흘러 들어가는 강물들"이라는 니덤의 유명한 비유처럼 근대과학은 결코 서양에만 그 기원이 있는 것은 아니다. 동양의 과학이 서양의 것과 다름을 이해하면서 근대과학을 되돌아볼 때에야 비로소 하나의 과학에 직면할 수 있을 것이다.

현대과학에서 과연
융합이 필요할까?

복잡한 현대과학 속에서
대두한 융합의 필요성

　　　　　현대과학은 이전에는 상상조차 할 수 없었을 만큼 복잡하고 거대해졌다. 예를 들어 인간게놈프로젝트나 입자가속기 연구와 같은 빅사이언스가 출현하면서 어느 한 분야의 특정 인물이 아니라 여러 분야의 사람들이 모여서 연구해야 하는 시스템이 보편화되었다. 그러면서 현대과학을 이해하려면 단일한 지식이 아닌 다양하고 복합적인 사고가 요구되기 시작했고, 자연스럽게 '융합'이라는 사고 체계가 과학적 이해와 결합하게 되었다.

오늘날 과학에서 '융합'은 말 그대로 붐을
일으키고 있다. 중등교과서, 대학 강좌명, 각
종 출판물과 보고서, 심포지엄 주제에 이르
기까지 웬만한 과학과 관련된 영역에서는 한
번쯤 언급될 정도로 흔히 사용되고 있는 것
이다. 그런데 이렇게 빈번히 등장하는 이 용
어의 정체성은 여전히 모호하다. 사용하는
주체와 분야, 방법에 따라 각기 다른 범주에
서 다양한 의미로 사용되고 있기 때문이다.

우선 뇌과학, 인지과학과 같이 기존의 인문
사회학이 과학과 결합된 상태를 의미하는 융
합이 있는가 하면, IT산업과 생명공학, 우주
소재와 같이 두 분야의 과학이 하나로 통합
된 형태를 의미하는 융합도 있다. 그리고 물
리학 방법이 생물학에 도입된 분자생물학이
나 의학의 형광항체법처럼 다른 분야의 방법
이 도입된 융합도 있다. 과학과 역사, 과학과
음악, 과학과 미디어와 같이 이공학과 인문
학 및 예술의 통합을 의미하기도 한다. 각각
다른 학문의 지평에서 융합을 끌어다 쓰고 있는 것이다.[1-12, 1-13]

과학에서 융합이 가장 잘 이루어진 대표적인 예로는 컴퓨터의 개발을
들 수 있다. 컴퓨터 하드웨어 개발에는 회로·반도체 등 전자전기공학의
전문성이 필요하지만, 컴퓨터의 소프트웨어가 작동하는 데는 논리학·

수학 등이 중요하게 작용하기 때문이다. 이런 점에서 컴퓨터의 과학은 수학·논리학·전자전기공학의 전문성이 모두 요구되는 융합 분야라고 할 수 있다.

컴퓨터 개발 초기부터 나타난 이런 융합적 특성 때문인지, 컴퓨터를 기반으로 한 IT 업체들은 요즘에도 융합적 연구를 장려하고 있다. 특히 애플이나 구글 같은 선도적인 IT 업체들에서 기술과 인문학의 융합을 강조한다. 대표적으로 애플의 잡스(Steve Jobs)는 "애플의 DNA는 기술만으로는 충분치 않다. 애플의 DNA에는 기술과 교양 지식이 결합되어 있고, 기술과 인문학이 결합되어 있어, 그 결과 우리의 가슴을 울리게 하는 것이다"라고 말했다.

구글은 안드로이드 개발 과정에

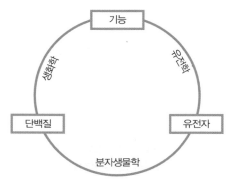

1-12 분자생물학 및 생화학, 유전학의 관계.

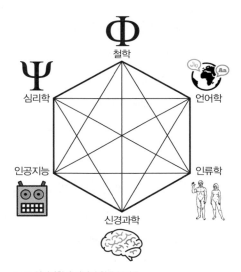

1-13 인지과학과 관련된 학문 분야들.

서 사용자 경험(User Experience, 사용자가 어떤 시스템·제품·서비스를 직간접적으로 이용하면서 느끼고 얻게 되는 지각·반응·행동 등의 총체적 경험)을 개선하기 위해 인류학자와 심리학자를 참여시켰고, SNS 기술 개발에는 역사학·사회학·철학·분류학 등을 전공한 인문학자들을 참여시키기도 했다. 또 2011년에는 6,000명의 신규 채용 인원 중 5,000명을 인문학 전공자로 뽑겠다고 발표해 사람들을 놀라게 했다. 구글은 실제로 신입사원의 50% 이상을 인문학 전공자들로 채용해 다양한 직무에 배치하고 있다.

정치적 의도에서 벗어나 '새로움'을 추구하는 융합

그렇다면 '융합'의 의미를 어떻게 정의해야 할까? 물론 지금의 상황에서 구체적인 답을 내놓기는 어렵다. 하지만 융합이 추구하는 바는 나름 분명해 보인다. 바로 지금과는 다른 새로운 방법으로 과학을 다루고자 한다는 점이다. 어떤 면에서는 미래지향적이기도 하고 어떤 면에서는 과거회귀적이기도 하지만, 결론은 역시 '새로움'을 추구하기 위해 융합을 꺼내 들었다는 것이다. 결과적으로 사고의 지평을 넓히는 차원에서 지금 융합을 다의적·다층적으로 사용하는 것은 그리 나쁘지 않은 전략이다.

그런데 문제는 과학의 '융합'이 지닌 그 의미의 모호함이 아니라, 오히려 그것을 규정하고자 하는 데서 나타난다. 특히 한국 사회는 정치적 아젠다로서의 융합을 지나치게 이용하고 있다. '융합 과제'라는 연구가 넘쳐나면서 연구자 입장에서는 융합과 관련 없는 연구라도 융합을 내세워야 연구비를 탈 수 있는 게 현실이다. 오죽하면 한 대학교수는 "융합이 붙으면 장땡이야"라고 말하기도 한다. 연구 주제와 상관없이 정부에서 연구비를 지원받으려면 '융합'을 넣어야만 한다는 것이다. 어떻게 보면 순수한 학문적 탐구 과정을 도와야 할 융합이 반대로 학문의 탐구 범주를 좁히고 있다고 할 수도 있다.

그렇다면 정말 '융합'만 넣으면 그만일까? 간혹 과학과 인문학의 융합을 추구하는 연구자들의 얘기를 들어보면 꼭 그렇지도 않다. 간학문적(間學的) 성향을 지닌 연구 주제를 내놓았을 때 연구비를 주는 기관에서 '왜 그게 융합이냐'라는 말을 듣곤 한다는 것이다. 그 기관들의 머릿속에는 'IT 기술과 결합된 화학', '유전공학에서 나온 의학 기술', 그 밖에 정보미디어, 우주소재 연구 등이 융합이라고 규정되어 있기 때문이다. 즉 첨단기술과 결합된 과학을 융합과학이라고 보고 있으며, 실제로 연구비 지급 기관인 한국연구재단의 분야 구분도 그러하다.

　결국 한국 사회에서 융합은 정책적으로 매우 좁은 틀에서 이해되고 있다. 그 때문에 학자에 따라 과학에서의 융합을 오히려 순수한 과학 발전을 저해하는 개념 또는 정체성 없는 개념으로 보기도 한다. 하지만 앞서 말했듯이 융합은 지금 당장 정의할 수는 없지만 분명 새로운 학문과 사회 발전을 모색하기 위해 등장한 것이다. 따라서 현대과학이 현재 융합의 모호함이 내포하고 있는 다층적이고 다의적인 부분을 수용한다면 정치적으로 왜곡된 융합의 개념과는 전혀 다른 지평에서 그 필요성을 찾아낼 수 있을 것이다. 그런 의미에서 이 책은 정치적 의도나 한정된 틀에서 벗어나 좀 더 다양한 스펙트럼으로 과학을 살펴봄으로써 이러한 새로운 사고 형성에 기여하고자 한다.

Chapter 2

과학과 예술의
오랜 동반 관계

—— 과학과 다른 분야의 융합을 강조하는 요즘, 유독 눈길을 끄는 것이 과학기술과 예술의 융합이다. 이런 융합을 강조하는 추세에 따라 과학기술자와 예술가의 공동작업을 통한 작품도 만들어지고 있다. 과학기술의 테크닉이 예술에 도입되어 새로운 표현 방법을 제공하기도 하고, 과학 또는 공학의 데이터와 실험 도구가 예술의 소재로 사용되어 과학기술에서는 인지되지 못했던 새로운 미적 가치를 부여받기도 한다.

최근 과학기술과 예술의 이런 협력 관계가 새로이 각광받고 있지만, 사실 둘은 오랫동안 함께해온 동반자였다. 피타고라스, 다 빈치, 브루넬레스키 같은 인물들은 과학자이면서 동시에 예술가로 활동하면서 이미 오래전부터 과학기술과 예술의 융합을 몸소 실천했다. 새로운 색을 만들어내려는 화가들의 노력은 빛과 색에 대한 뉴턴의 연구로 이어졌고, 아름다운 화음을 내려는 음악가들의 노력은 소리와 파동, 파동들의 겹침과 그것을 인지하는 청각에 관한 연구로 이어졌다.

예술은 때로 과학자와 과학의 모습을 사람들에게 보여주는 창의 역할을 하기도 했다. 문학작품을 통해서, 연극이나 영화를 통해서 우리는 과학자의 모습을 보고 과학자에 대해 성찰하는 기회를 갖기도 한다. 과학과 예술이 함께해온 오랜 동반 관계를 살펴보면서 과학과 예술의 새로운 창의성을 위해 앞으로 그 둘의 관계는 어디로 향해야 할지 생각해보는 건 어떨까?

갈릴레오의
달 스케치

노벨과학상을 타려면
글도 잘 써야

　　매년 10월 노벨과학상 수상자가 발표될 때마다 과연 한국인 과학자는 언제쯤 노벨상을 탈 수 있을지에 대한 전망이 나오곤 한다. 아직도 우리나라는 노벨상 수상 가능성이 높지 않지만, 그래도 최근에는 수상 가능성이 있는 한국인 과학자들의 이름이 좀 더 구체적으로 거론되고 있어, 몇 년 전에 비하면 수상 가능성이 좀 높아진 것이 아닌가 하는 생각이 들기도 한다.

노벨과학상 수상자 추천은 노벨상 위원회에서 이루어진다. 원칙적으로 위원회의 위원들은 노벨과학상 후보가 전 생애에 걸쳐 발표한 논문을 모두 읽고 수상자 후보를 추천한다. 후보자가 대학생 또는 대학원 햇병아리 시절에 쓴 논문부터 대가가 된 현재까지 쓴 논문을 모두 읽는 것이다. 그런데 노벨위원회 위원들도 사람인 이상 재미없는 논문을 계속 읽는 건 고역이다. 그러다 보니 아무래도 잘 읽히는 논문을 쓴 사람을 선호하게 된다고 한다.

과학자가 연구만 잘하면 그만이지 글 잘 쓰는 게 뭐가 중요하냐고 할 수도 있지만, 사실 과학자는 글을 잘 써야 한다. 더 정확히 말하면, 글쓰기를 비롯해 훌륭한 커뮤니케이션 능력을 갖추어야 한다. 과학자의 연구는 그저 실험실에 틀어박혀 이루어지는 것이 전부가 아니기 때문이다. 연구 결과를 동료 과학자들에게 이해시켜 그 진가를 인정받아야 후속 연구가 탄력을 받을 수 있다.

그렇지만 과학자가 글을 잘 써야 한다는 게 소설가나 시인처럼 유려한 문장을 써야 한다는 의미는 아니다. 과학자의 논문이 재미있으려면 그 글을 읽는 독자, 즉 동료 과학자의 현재 관심사에 맞춰 그들이 선호하는 언어, 예를 들면 수식이나 그래프, 데이터를 정리해놓은 표 등으로 이야기를 풀어나가야 한다. 노벨상을 받은 과학자들뿐만 아니라, 노벨상이 나오기 훨씬 전에 등장했던 역사 속의 유명한 과학자들은 그런 점에서 보면 대부분 훌륭한 커뮤니케이션 자질을 갖추었던 인물들이다.

반면, 누구보다 먼저 과학적 이론이나 사실을 발견했으나 최초 발견자의 영예를 놓친 과학자들 중에는 커뮤니케이션에 신경을 못 쓴 사람들도 있다. 중요한 발견임에도 불구하고 과학자 본인이 그 중요성을 충분히 강조하지 못해 동료 과학자들이 그 부분을 알아채지 못한 채 넘어갔거나 혹은 중요한 내용에 도달하기 전에 읽던 논문을 손에서 놓아버리게 되는 것이다.

과학에서 소통의 중요성을 알린 갈릴레오의 글쓰기

커뮤니케이션에 능했던 과학자 중 한 명이 바로 갈릴레오다. 갈릴레오는 태양중심설을 옹호하여 종교재판까지 받았지만, 천문학 혁명에서 그가 과학적으로 어떤 부분에 공헌했는지를 살펴보면 코페르니쿠스나 케플러(Johannes Kepler)에 비해 조금 실망스러운 것이 사실이다. 갈릴레오는 최초로 망원경으로 하늘을 관측했는데, 이를 통해 달의 표면이 매끄럽지 않고 울퉁불퉁하다는 것, 태양에 흑점이 존재한다는 것, 목성에도 지구처럼 위성이 있다는, 그것도 4개나 있다는 사실, 금성이 달처럼 주기적으로 겉보기 모양이 변하는 사실 등을 발견했다.[2-1]

하지만 금성의 겉보기 모양 변화를 제외하면 나머지는 태양중심설의 강력한 증거가 될 수 없었다. 울퉁불퉁한 달 표면이나 태양의 천체가 완전무결하지 않다는 것을 보임으로써 지구중심설에 흠집을 낼 수는 있어도 그것이 태양중심설 자체를 입증해주는 증거는 아니었다.

목성에 위성이 존재한다는 사실은 그보다도 약했다. 태양중심설 반대자들은

2-1 목성의 위성들을 관찰한 갈릴레오의 기록. 원은 목성을 나타내는데, 목성 주위로 4개의 위성들이 회전하면서 나타나는 위치를 기록했다.

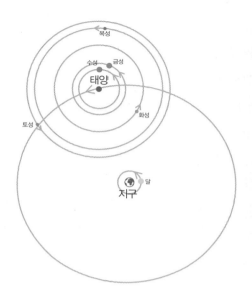

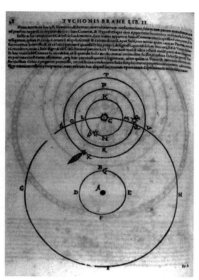

2-2 티코 브라헤의 우주 모델(1577). 브라헤는 지구중심설과 태양중심설의 중간에 해당하는 우주 체계를 제안했다. 지구를 제외한 모든 행성들이 태양을 중심으로 회전한다는 점에서 태양중심설을 닮았지만, 태양이 지구를 중심으로 회전한다는 점에서는 지구중심설을 고수하고 있다.

지구중심설의 경우 지구를 중심으로 달과 태양, 행성들이 아름다운 동심 궤도를 만드는 데 비해, 태양중심설에서는 유독 지구에만 달이라는 위성이 있어 태양을 중심으로 한 동심 궤도가 만들어지지 않는다는 점을 문제 삼았다. 목성에 4개의 위성이 존재한다는 관측은 태양중심설에서든 지구중심설에서든 하나의 천체를 중심으로 한 아름다운 동심 궤도는 더 이상 존재하지 않는다는 것을 의미했다. 그나마 금성의 겉보기 변화가 지구중심설로는 설명할 수 없는 강력한 증거였지만, 티코 브라헤(Tycho Brahe)의 절충적인 우주론(모든 행성이 태양을 중심으로 돌지만, 태양은 지구를 중심으로 회전한다)으로도 금성의 위상 변화는 설명할 수 있었다.[2-2]

티코 브라헤
1546~1601. 덴마크의 천문학자로, 망원경이 없던 시대에 육안으로 가장 정밀한 천체 관측 결과를 남겼다. 그의 정확한 관측 데이터는 케플러의 행성 운동 법칙이 나오는 데 결정적인 도움을 준다.

이렇게 갈릴레오의 망원경 관측 증거가 태양중심설을 확립하는 데에서 그 역할이 상대적으로 약했음에도 불구하고, 갈릴레오는 태양중심설에서 누구보다도 중요했던 인물이다.

우선, 지구가 돌면 지구상에 있는 물체들은 어떻게 되는지, 지구가 도는데도 왜 지구상의 물체들은 우주로 날아가지 않는지, 왜 지구가 도는데도 어지러움을 느끼지 않는지 등 지구가 회전함에 따라 발생하는 지구상 물체들의 운동에 관한 역학적(力學的) 문제들의 해결책을 제시했다는 점에서 갈릴레오의 중요성을 찾을 수 있다. 이런 점에서 갈릴레오는 근대 역학의 창시자의 한 사람으로 평가받는다.

역학에서 갈릴레오가 근대 역학의 창시자로서의 위상을 지니고 있다면, 천문학에서 갈릴레오의 기여는 태양중심설의 대중화에서 찾을 수 있을 것이다. 코페르니쿠스나 케플러가 어렵고 복잡한 수학적인 논의를 통해 전문가들 사이에서 태양중심설을 논의했던 반면, 갈릴레오는 망원경이라는 신기한 관측 도구를 이용해 재미있는 증거들을 이해하기 쉽게 제시했다. 이 덕에 태양중심설은 귀족들의 식탁과 시장 장사꾼들 사이의 이야깃거리가 되었다.

1610년 갈릴레오가 발표한 『별의 전령(Sidereus Nuncius)』에는 대중의 흥미를 자아내는 그의 소통 기술이 잘 드러나 있다. 이 책에서 갈릴레오는 망원경으

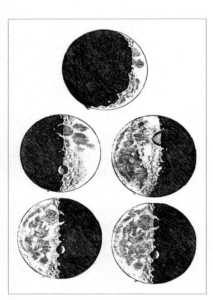

2-3 갈릴레오가 『별의 전령』에서 제시한 달 표면. 갈릴레오는 망원경으로 달 표면을 관찰하여 달의 표면에도 지구의 표면처럼 산과 계곡 같은 지형들이 있다고 주장했다.

로 본 달의 울퉁불퉁한 표면을 매
우 사실감 있게 그려냈다.[2-3] 달의
밝은 부분에는 얼룩덜룩한 무늬가
있고, 밝은 면과 어두운 면의 경계
는 울퉁불퉁했다. 또 밝은 면과 어
두운 면의 경계에 있는 둥근 분화
구에는 깊은 그림자가 드리워 있었
다. 갈릴레오는 달의 그림을 제시
하면서 이러한 달의 모습은 달 표
면이 수정처럼 매끄럽거나 흠이 없
는 것이 아니라 지표면처럼 울퉁불
퉁하다는 것을 의미하며, 분화구의
그림자는 달도 지구처럼 높은 산이
나 깊은 계곡 같은 지형을 가지고
있기 때문이라고 주장했다.

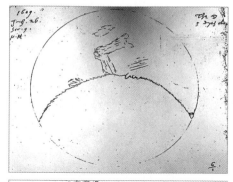

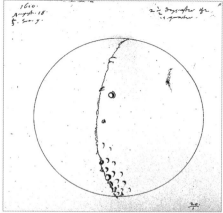

2-4 해리엇이 1609년(위)과 1610년(아래)에 망원경으로 관측하
여 그린 달 표면. 갈릴레오의 달 그림에 비해 단순하고 개략적으
로 표현했다.

갈릴레오의 사실적인 달 묘사는
천체를 표현했던 그때까지의 그림
과는 차이가 났다. 당시만 해도 천체의 행성이나 달은 상징으로 표현되
거나 단순화한 도해로 표현됐다. 또한 수학적인 전통 아래 있었던 천문
학 분야에서는 천체를 묘사할 때도 수학의 도형처럼 단순화하여 그리는
경향이 있었다. 일례로 1609년 달을 관찰한 영국의 수학자이자 천문학자
해리엇(Thomas Harriot)은 개략적이고 단순화한 도해로 달을 표현했다.[2-4]

이에 비해 갈릴레오는 『별의 전령』에서 사실적으로 묘사한 달 그림을
적극적으로 활용했다. 여기에는 갈릴레오가 사실적으로 대상을 묘사하

는 미술 훈련을 받았던 것이 크게 작용하기도 했지만, 그가 이 책의 대상을 수학자나 천문학자와 같이 도해에 익숙한 전문가들이 아니라, 이 책을 헌정한 토스카나의 메디치 공과 같은 귀족들과 일반인들을 대상으로 삼았기 때문이다. 그들에게는 무미건조하고 심심한 해리엇의 그림보다는 상상력을 자극하고 풍성한 갈릴레오의 그림이 더 이해하기 쉽고 얘기하기도 좋았을 것이다.

여기서 한 가지 빼놓을 수 없는 것은, 갈릴레오의 달 그림이 사실적이기는 했지만 실제 그대로 표현한 것은 아니었다는 점이다. 한 예로 달의 동그란 분화구가 어디인지를 알기 위해 후대 과학자들이 엄청난 노력을 기울였지만 달에서 그런 예쁜 모양의 분화구는 발견되지 않았다.

1610년 『별의 전령』에서는 달을 생생하게 그렸지만 1613년 이후가 되면 갈릴레오는 더 이상 이런 사실적인 그림들을 그리지 않는다. 1633년 갈릴레오를 종교재판으로 몰아간 『두 개의 주된 우주 체계에 관한 대화(*Dialogo sopra i due massimi sistemi del mondo*)』에는 그런 그림이 등장하지 않는다. 이는 그가 염두에 둔 대상 독자가 달라졌던 것에서 그 이유를 찾을 수 있다. 갈릴레오의 이번 독자는 자연철학자들이었는데, 자연철학자들에게 사실주의적 그림은 신분이 낮은 예술가나 장인의 것으로 간주되었다. 따라서 갈릴레오는 자신의 지적 작업의 가치를 떨어뜨리지 않기 위해 그런 그림을 피했던 것이다.

"운송 중인 지식"

과학사학자 시코드(James Secord)는 과학을 비롯한 여러 지식들이 누군가에게 읽힐 것을 염두에 두고 만들어진다며, "운송 중인 지식(knowledge in transit)"이라는 개념을 제안했다.[1] 사적인 용도의 일기나 실험노트조차 언젠가는 누군가에게 읽히리라는 것을 전제로 쓰게 되고 그것이 지식으로 만들어진다는 것이다. 그래서 지식을 만드는 사람들은 은연중에 특정한 가상의 독자를 염두에 두고 그 독자에 맞춰 글을 쓰고 기록을 남긴다.

　과학은 자연에 숨어 있는 진리를 발견하는 것처럼 보이지만, 그런 진리가 다른 이들에게 전해지지 못한다면 그 발견은 무의미하다. 그런 점을 생각해보면, 독자를 염두에 두고 그들의 관심과 취향에 맞춰 소통하는 것은 다른 분야만큼이나 과학에서도 중요한 일이라 할 수 있다.

갈릴레오는 달이 울퉁불퉁하다는 것을 어떻게 알아냈을까?

갈릴레오는 그를 유명하게 만들어준 저서 『별의 전령』에서 망원경을 이용해 다양한 천체를 관측한 결과를 발표했다. 갈릴레오가 이 책에서 가장 많은 분량을 할애하여 설명한 대상은 목성의 위성들이다. 사실 이 책은 목성의 위성을 메디치 가문에 헌정하기 위한 목적으로 집필되었기 때문에, 목성 및 새롭게 발견된 그 위성들을 자세히 설명한 것은 당연한 일이었다.

목성의 위성 다음으로 갈릴레오가 큰 비중을 두고 설명한 대상은 달이었다. 『별의 전령』에서 갈릴레오는 달 표면의 자세한 스케치를 제시하며 달의 모양새가 지구와 유사하게 매우 울퉁불퉁하다는 점을 주장했고, 이를 통해 천체가 떠 있는 하늘과 우리가 살고 있는 지구는 전혀 다른 성격을 가진 세계라는 전통적인 아리스토텔레스적 사고에 일침을 가했다.

그렇다면 갈릴레오는 달의 표면이 정말로 울퉁불퉁하다는 것을 어떻게 확신했을까? 물론 첫 번째 근거는 자신의 관측 결과였다. 망원경을 통해서 드러난 달의 표면에는 분화구처럼 보이는 구조도 있고, 아래로 꺼진 듯이 보이는 구조도 있었다. 갈릴레오는 이를 그림을 통해 자세히 표현했다.

그런데 사실은 이 구조물들의 높이가 별로 차이 나지 않는데 멀리서 보았기 때문에 그렇게 관측된 것이라면 어쩔 것인가? 이러한 질문은 자세한 그림만으로는 해명이 불가능했다. 그래서 갈릴레오는 달의 표면이 정말로 들쑥날쑥하다는 사실을 확증해줄 수 있는 논거를 제

시해야 한다고 생각했다. 그
리고 그는 그 논거를 기하학
을 사용해서 제시했다.

그림 2-5는 앞서 소개했던 달
그림을 확대한 것이다.[2-5]
갈릴레오는 중앙에 원의 형
태로 그려진 분화구에 어두
운 부분과 밝은 부분이 생기
는 이유는 달 표면이 빛을 받
기 때문이라고 설명했다. 이
그림에서 빛은 왼쪽에서 들
어오고 있다. 밝은 부분은 빛
을 받는 부분이고 어두운 부
분은 그림자가 진 부분이다.
가운데의 분화구를 보면 왼
쪽은 어둡고 오른쪽에 밝은
부분이 나타나는데, 이는 이

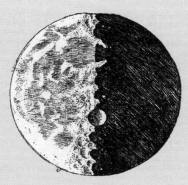

2-5 갈릴레오의 달 스케치 중 분화구가 명확하게
보이는 그림.

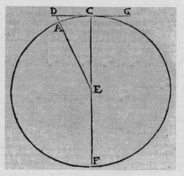

2-6 달 계산에 참고한 갈릴레오의 그림.

분화구가 산 모양으로 높이 솟아 있기 때문이다. 갈릴레오는 이 분화
구가 얼마나 높은지를 계산했다.

계산하는 과정에서 갈릴레오는 2-6의 그림과, 당시에 알려져 있던
지구 크기 등의 값을 사용했다. 그림 2-6은 달을 나타내는데, 달의
지름 CF는 지구 지름의 7분의 2이다.[2-6] 당시 알려져 있던 지구의
지름은 7,000이탈리아마일(1이탈리아마일＝약 1,852km)이었다. 이렇
게 되면 달의 지름 CF는 2,000마일, 달의 반지름 CE는 1,000마일
이 된다. 이후 갈릴레오는 자신이 그린 달 그림에서 둥근 분화구의

크기를 측정하고, 분화구의 크기가 달 전체 지름의 10분의 1이 됨을 확인했다. 이렇게 되면 분화구의 지름은 200마일, 반지름은 100마일이 된다.

이어서 갈릴레오는 이 분화구가 그림 2-6의 DG에 위치한다고 가정했다. 원래의 달 그림에서 달을 회전시켜 분화구의 중심을 C에 위치시킨 것이다.

C를 지나는 접선을 그어 DCG라고 할 때, DCG는 스쳐가는 태양광선인 셈이다. 이렇게 되면 AD가 분화구의 높이가 된다. 앞에서 CE=1,000마일(달의 반지름), AC=DC=100마일(분화구의 반지름, 각이 크지 않을 경우 AC와 DC의 길이는 큰 차이가 없음)임을 이미 구해놓았기 때문에 삼각형 CED에 피타고라스정리를 적용해 ED의 값을 구할 수 있는데, 갈릴레오는 이 값을 1,004마일이 조금 넘는다고 계산해냈다. 따라서 분화구의 높이인 AD는 4마일(약 7.4km)보다 조금 더 큰 값이 된다.

달에 있는 큰 분화구의 높이가 4마일을 조금 넘는다는 것은 무슨 뜻일까? 갈릴레오는 지구에 있는 가장 높은 산의 높이가 1마일을 넘지 않는다는 사실을 거론했다. 그렇다면 달 분화구의 높이는 지구에서 가장 높은 산보다도 4배 이상 높다는 결론이 나온다. 달의 표면은 사실 지구 정도가 아니라 지구보다도 훨씬 울퉁불퉁했던 것이다.

자신의 주장을 확실히 증명하기 위해 갈릴레오는 그림을 이용하기도, 아니면 수학을 이용하기도 했다. 갈릴레오의 이러한 효과적인 전달 방식은 그의 새로운 주장들이 당대 사람들에게 빠르게 전파되는 데 크게 기여했다. 갈릴레오는 뛰어난 실험가·관측가·수학자·이론가였을 뿐만 아니라 뛰어난 과학 커뮤니케이터였던 셈이다.

우주의 음악을 찾는
물리학자들

물리학자들은 음악가?

물리학자들, 그중에서도 이론물리학자들은 음악적 재능이 뛰어나다는 말이 있다. 이것이 사실이라는 걸 증명하듯, 유명한 이론물리학자들 중에는 음악에 조예가 깊었던 인물들이 꽤 있다. 아인슈타인(Albert Einstein)이 수준급의 바이올린 연주 실력을 갖추고 있었다는 사실은 잘 알려져 있다. 그는 물리학자가 되지 않았다면 음악가가 됐을 것이라고 말하곤 할 정도로 음악을, 그리고 바이올린 연주를 사랑했

2-7 바이올린을 연주하는 아인슈타인(1921).

다.[2-7] 또 하이젠베르크(Werner Heisenberg)는 어려운 피아노곡도 능숙하게 연주할 정도로 실력이 좋았다. 60번째 생일에 전문 음악인들로 구성된 오케스트라와 함께 연주한 모차르트의 피아노협주곡은 방송을 타기도 했다.

이론물리학자들이 음악에도 선천적인 재능을 가지고 있다고 말하는 사람들은 이론물리학과 음악이 역사적으로 같은 기원에서 출발했다는 점을 강조한다. 고대 피타고라스학파 사람들은 우주와 음악은 모두 일정한 자연수의 비율로 표현된다고 믿었다. 그들은 우주의 행성들 간의 거리가 조화로운 비율을 이루고, 바이올린과

2-8 다양한 악기를 연주하는 피타고라스. 물컵이나 현, 관이 아름다운 소리를 내기 위해서는 정확한 비율을 맞추어야 한다.
Franchinus Gaffurius, *Theorica musicae*, 1492.

같은 악기의 현을 나누는 비율이 아름다운 음악을 만들어낸다고 생각했다.[2-8] 자연과 음악 모두에서 아름다운 수의 비율을 발견할 수 있으며 그것이 우리 세계의 근본적인 존재라고 여겼던 것이다. 이론물리학과 음악이 공유한 그 역사적 기원에 착안하여, 자연에서 조화로운 규칙성을 찾아내는 이론물리학자들이 악기에서도 조화로운 음을 찾아내는 데 재능을 보인다는 것인데, 정말 이런 연관성이 존재할까?

케플러가 찾은
우주의 조화로운 음악

과학과 음악의 밀접한 관계를 말할 때 빼놓을 수 없는 인물이 바로 케플러다. 그는 '케플러의 행성 운행에 관한 3가지 법칙'으로 과학교과서에 이름을 올리고 있다.

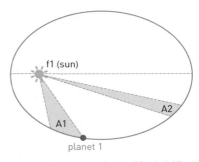

2-9 케플러에 따르면 행성(planet 1)은 태양(f1)을 하나의 초점으로 하는 타원 궤도를 그리며 운동한다. 행성의 운동 속도는 일정하지 않은데, 태양 가까이에서는 빨리, 먼 곳에서는 느리게 움직인다. 태양으로부터의 거리에 따라 운동 속도는 달라지지만, 태양을 기준으로 같은 시간 동안 휩쓸고 지나가는 면적(A1, A2)은 언제나 일정하다.

케플러의 법칙에 따르면, 행성은 태양을 초점으로 하는 타원 운동을 하고(타원 궤도의 법칙), 태양과 행성을 잇는 가상의 선이 일정한 시간에 휩쓸고 지나가는 면적은 언제나 동일하여 행성이 태양에서 가까운 곳을 지날 때는 빠른 속도로, 먼 곳을 지날 때는 느린 속도로 공전하며(면적 속도 일정의 법칙), 행성의 공전주기와 태양에서 행성까지의 거리 사이에는 일정한 비가 성립한다(조화의 법칙). 이처럼 케플러의 법칙은 행성의 운동이 따르는 조화로운 규칙성을 표현한다.[2-9]

이 중에서도 눈여겨볼 만한 것은 세 번째 법칙이다. 이 법칙은 행성 운동의 주기가 태양으로부터 그 행성까지의 거리와 맺는 관계를 나타내고 있는데, 이 법칙에 따르면 행성 운동의 주기(T)의 제곱은 태양으로부터 그 행성까지의 거리(R)의 세제곱에 비례한다($T^2 \propto R^3$). 첫 번째 법칙(타원궤도의 법칙)과 두 번째 법칙(면적 속도 일정의 법칙)이 하나의 행성이 어떤 모양과 속도로 움직이는지를 보여주는 반면, 세 번째 법칙은 태양계 모든 행성들 간의 관계를 표현하고 있다. 수성·금성·지구·화성·목성·토성이 각자의 타원 궤도를 따라 제각각으로 움직이고 있는 것처럼 보이지만, 세 번째 법칙에 따르면 제각각처럼 보이는 이 운동들 모두가 따르는 규칙이 있으며 이 규칙이 태양계 행성 간의 조화로운 관계를 유지시켜준다는 것이다.

케플러는 세 번째 법칙에 '조화의 법칙'이라는 이름을 붙였는데, 여기서 '조화(하모니)'는 행성들이 이루는 질서 있는 관계이자 우주가 내는 아름다운 화음(하모니)을 의미하는 것이기도 했다. 그 이름처럼 케플러는 우주에 수학적인 조화가 깃들어 있다고 생각했으며, 그 조화가 행성들이 만들어내는 아름다운 화음이자 우주의 음악이라고 믿었다.

우주가 만들어내는 수학적인 화음에 대한 케플러의 믿음은 3가지 법칙을 발표하기 이전인 1596년에 발표한 『우주의 신비(*Mysterium Cosmographicum*)』에서 더욱 확연하게 드러났다. 이 책은 케플러가 명시적으로 코페르니쿠스의 태양 중심 체계를 채택했다는 점에서 의미가 있지만, 행성의 궤도에 수학적인 규칙성이 있다는 그의 확고한 믿음이 재미있는 모형을 통해 나타나고 있다는 점에서도 흥미롭다.

이 책에서 케플러는 당시 알려져 있던 6개 행성의 궤도들이 담고 있는 규칙성을 찾고자 했다. 그는 신이 우주를 창조할 때 기하학적인 규칙성에 따라 우주를 만들었을 것이라 확신했고, 이 규칙성은 정다면체의 배치를 통해 찾을 수 있을 것으로 기대했다. 자연계에는 정사면체·정육면체·정팔면체·정십이면체·정이십면체의 5개의 정다면체만이 존재하고 (당시까지 알려진 바에 따르면) 우주에는 6개의 행성만이 존재하므로, 정다면체와 행성 궤도 사이에 특정한 관계를 찾아낼 수 있으리라고 생각했던 것이다. 여러 번의 시행착오 끝에 케플러는 다음과 같은 방법으로 각 행성의 궤도를 그려냈다.

케플러는 정다면체에 내접하는 구와 외접하는 구가 행성의 궤도에 해당한다고 생각했다. 그는 그때까지 알려진 행성의 궤도와 일치되도록 다

섯 정다면체의 순서를 이리저리 바꾸
어보았다. 그 결과 가장 안쪽부터 정
팔면체·정이십면체·정십이면체·
정사면체·정육면체가 놓이고, 이 정
다면체들이 수성·금성·지구·화
성·목성·토성의 궤도를 만들어냈
다.(2-10) 이에 따르면 가장 안쪽의 정
팔면체에 내접하는 구는 수성의 궤도
에 해당하고, 그 바깥에 외접하는 구
는 금성의 궤도에 해당한다. 그리고
금성의 궤도에 외접하는 정이십면체

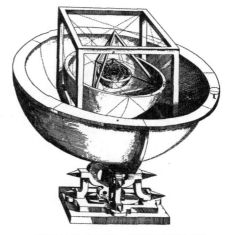

2-10 『우주의 신비』에 등장하는 케플러의 기하학적 행성
궤도 모형.

를 만든 후 정이십면체에 외접하는 구를 그리면 이것이 지구의 궤도에
해당한다. 이런 식으로 케플러는 가장 바깥쪽 정육면체에 외접하는 구까
지 그려서 토성의 궤도에 대응시켰다.

　훗날 케플러는 티코 브라헤가 남긴 매우 정밀한 행성 궤도 데이터에
정확히 들어맞지 않는다는 이유로 이 모형을 포기하지만, 이 모형에 담
긴 신념은 버리지 않았다. 그에게 우주는 여전히 수학적인 조화가 구현
되는 곳이었다. 케플러에게 수학적인 조화는 음악의 하모니를 의미했
다. 그는 조화로운 비율에 따라 만들어진 우주에서 아름다운 음악 소리
가 들려온다고 생각했다. 케플러에게 우주는 수학-음악의 하모니와 분
리될 수 없는 존재였던 것이다.

갈릴레오와 리듬

물리학과 음악의 관계를 보여주는 또 다른 물리학자로 갈릴레오를 들 수 있다. 갈릴레오는 음악과 밀접한 관련이 있는 환경에서 태어났는데, 그의 아버지 빈센초 갈릴레이는 뛰어난 류트 연주자이자 작곡가, 또 현의 장력과 음높이 사이의 수학적인 관계를 연구한 음악 이론가이기도 했다. 이런 환경에 주목한 사람들은 갈릴레오가 추상적인 논의 대신 실험을 통해 실제 현상을 직접 관찰하고 그 현상을 수학적으로 정교하게 묘사하게 된 것이 부분적으로는 아버지의 영향에서 기인한 것이라고 말하기도 한다. 현에 걸리는 장력에 관한 관찰, 장력에 따라 변하는 음에 대한 관찰, 그 관찰을 수학적으로 표현하는 방식 등이 갈릴레오로 하여금 당대 학자들의 사변적인 추론 방식 대신 실험과 수학에 몰두하도록 만들었다는 것이다.

이외에도 갈릴레오에게서 물리학과 음악의 관계를 유추해볼 수 있는 부분이 바로 그의 역학 실험이다. 유명한 경사면 실험에서 갈릴레오는 일정한 시간 동안 공이 경사면을 굴러간 거리를 측정하여, 가속도가 일정한 상태에서(이 경우 가속도는 중력가속도) 물체가 움직이는 거리와 시간의 관계를 수학적으로 나타냈다.

그런데 정확한 시계가 없던 시절에 갈릴레오는 어떻게 시간을 측정했을까? 갈릴레오의 설명에 따르면 떨어지는 물을 그릇에 담아 실험 전후 물의 양을 비교하여 시간의 흐름을 측정했다고 한다. 그러나 이 같은 설명은 후대 학자들의 의심을 불러일으켰다. 조악한 물시계를 이용해 그처럼 정교한 실험 결과를 얻었다고? 그의 말을 믿기 힘들었던 학자 중에는 그가 실험을 하지 않았거나, 설령 했다고 할지라도 가속도 운동식을 이

끌어내는 데는 그 실험 데이터가 그다지 중요한 역할을 하지 않았을 것이라고 주장했다.

이에 대해 반론을 제기하는 사람들은 그의 아버지가 음악가였다는 점에 주목했다. 음악가 아버지 덕에 보통 사람보다 뛰어난 리듬감을 갖고 있던 것은 아니었을까? 물방울이 떨어지는 소리에 맞춰 공의 운동을 제어했던 것은 아닐까? 19세기에 만들어진 경사면 실험 도구의 재현품을 보면, 경사면 중간중간에 종이 설치되어 공이 굴러가면서 종을 치도록 되어 있다.[2-11]

또 경사면의 한쪽에는 진자가 매달려 있는데, 갈릴레오가 알아낸 진자의 등시성을 이용하면 진자는 매우 규칙적인 시계의 역할을

2-11 경사면 실험 도구. 갈릴레오의 경사면 실험을 재연하기 위해 19세기에 만들어진 이 도구는 경사면 중간중간에 종을 설치하여 굴러 내려가는 공이 종을 치도록 만들어졌다. 경사면의 시작점에는 진자의 운동 주기가 일정하다는 사실을 이용해 일종의 시계로 작동할 수 있도록 진자를 설치했다. 갈릴레오가 실제로 이런 실험 도구를 사용했는지는 확인할 수 없지만, 갈릴레오가 진자의 운동과 종의 소리를 이용해 비교적 정확하게 시간을 제어할 수 있었을 것이라는 추측을 가능하게 해준다.
© 2010 Museo Galileo

진자의 등시성
진폭이 크지 않을 때 진자의 주기는 추의 질량 또는 진폭의 크기와 관계없이 언제나 같다는 성질. 진자의 주기는 중력의 크기 및 실의 길이하고만 관계 있을 뿐이다.

할 수 있다. 갈릴레오는 물시계와 진자를 시계 삼아, 물 떨어지는 소리와 굴러가는 공이 종을 치는 소리를 일치시켜서 공의 운동과 시간을 조절할 수 있었던 게 아닐까? 갈릴레오가 실제로 이런 실험 도구를 만들어 사용했는지 확인할 수는 없으나, 당시에 소리를 통해 시간과 공의 운동을 제어할 가능성이 충분했다는 것은 알 수 있다. 그렇게 본다면, 음악은 예상치 못한 방식으로 물리학에 기여했던 것이다.

영국의 신사,
프랑스의 장인
사진술의 발명

과학기술과
사진의 변화

　　　　　과학기술의 발전과 함께 등장하고 변천해온 예술
분야로는 무엇이 있을까? 이 질문에서 '변천'을 중시한다면 거의 모든
예술 분야가 유력한 후보가 될 수 있다. 회화·조각과 같은 미술 분야에
서는 새로운 재료나 도구가 기술적으로 발전하면서 이에 발맞춰 예술
창작 방식이 변화하는 사례를 많이 찾아볼 수 있다. 최근의 설치예술계
에서 과학기술을 본격적으로 활용하여 작품 활동을 하고 있는 것이 한

예가 될 것이다. 음악도 마찬가지다. 과학기술의 발전으로 다양한 악기들이 새롭게 등장했고, 이는 20세기의 음악을 크게 변화시켰다.

그렇다면 '등장'이라는 단어에 초점을 둔다면 어떤 답이 가능할까? 과학기술의 발전으로 인해 새롭게 예술 영역에 편입된 분야로는 사진과 영화를 들 수 있을 것이다. 이 두 분야는 다른 예술에 비해 대중과 훨씬 친숙하다는 공통점을 가지고 있다. 하지만 직접 창작 과정에 참여할 수 있다는 점에서는 아무래도 영화보다는 사진이 더 대중적이라고 할 수 있다. 멋진 인물 사진이나 풍경 사진 한번 안 찍어본 사람이 어디에 있겠는가.

사진의 변화는 과학기술의 변화와 그 궤적을 같이해왔다. 하나의 사진을 완성하기 위해서는 사진을 찍는 기계가 필요하고, 찍은 사진을 현상하기 위한 다양한 방식의 처리 기술도 필요하다. 기계와 현상 기술이 발전함에 따라 사진을 찍는 방식도 변화했다. 처음 사진술이 세상에 선보였을 때만 해도 비교적 큰 규모의 장치를 사용해서 어려운 촬영과 인화 과정을 거쳤으나, 필름의 개발이라는 기술 혁신이 이루어진 뒤에는 개인이 카메라를 가지고 다니며 사진을 찍는 일이 가능해졌다.

20세기의 상당한 기간 동안 렌즈가 달려 있는 휴대용 카메라에 필름을 갈아 끼우며 사진을 찍는 광경은 어디에서나 흔히 볼 수 있었다. 이러한 휴대용 카메라는 전자 기술이 발전하면서 디지털카메라로 대체되었다. 디지털카메라의 출현은 광학기기였던 카메라가 전자기기로 탈바꿈하는 계기가 되었으며, 필름이 필요 없는 카메라는 매우 급속하게 퍼져나갔다. 디지털카메라가 유행하면서 옛날에는 동네마다 서너 군데씩 있던 사진관들도 사라져버렸다.

21세기가 되면 사진기는 휴대폰 안으로 들어오게 된다. 디지털 기술의 급속한 발전은 카메라를 탑재한 전화기를 탄생시켰으며, 최근의 스마트폰에 장착된 카메라의 성능은 웬만한 고성능 사진기 못지않다. 이제 사람들은 굳이 카메라를 들고 다니지 않아도 어디서나 사진을 찍을 수 있는 시대에 살게 되었고, 다른 사람에게 부탁하지 않아도 자신의 사진을 찍을 수 있는 시대가 된 것도 과거와 비교하면 큰 변화다. 최근의 '셀카봉' 열풍은 이러한 방식의 사진 찍기가 얼마나 널리 퍼져 있는지를 잘 보여주는 사례다.

공식적인 사진술의 탄생
: 프랑스의 다게레오타이프

사진을 찍는 행위와 그것을 가능하게 해주는 사진기는 과학기술과 예술, 그리고 일상생활을 연결시키며 끊임없이 변화해 왔다. 그런데 사진이라는 특정한 기술은 그 출발 단계에서부터 아주 특별한 면을 갖고 세상에 태어난 기술이었다.

먼저 사진술은 거의 비슷한 시기에 독자적인 방법을 통해 찾아낸 동시 발명의 사례다. 그리고 사진술은 동시에 개발되었으면서도 그 기술이 제안된 국가의 과학기술 분위기를 반영한다는 특징도 지니고 있다. 대체 한 나라의 과학기술 분위기가 어떻게 기술 개발에 영향을 미칠 수 있을까?

사진술은 19세기 중반 프랑스와 영국에서 각기 다른 방식을 통해 개발되었다. 다른 나라에서 다른 직업을 가진 인물에 의해 발명되었을 뿐만 아니라, 사진에서 중요한 것이 무엇인지 강조하는 면도 달랐다. 사진술이 이전에 있었던 카메라 옵스큐라(camera obscura)[2-12, 2-13]와 구별되

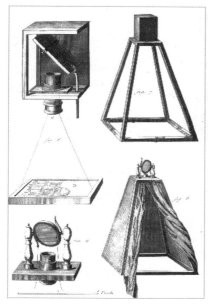

2-12 카메라 옵스큐라(왼쪽). *Encyclopédie, ou dictionnaire raisonné des sciences, des arts et des métiers*, 1751~1772.
2-13 카메라 옵스큐라의 원리를 그린 17세기 삽화(위). *Sketchbook on military art, including geometry, fortifications, artillery, mechanics, and pyrotechnics*, 1600.

는 새로운 발명으로 인정받으려면 적어도 2가지 요건 중 하나는 만족해야 했다. 그 요건이란 풍경 또는 인물 등 사진기를 통해 보이는 외부 상황을 정확하게 재현하는 것, 그리고 재현된 결과를 원하는 만큼 복제할 수 있는 것을 말한다. 사진술의 발명은 프랑스와 영국이 바로 이 2가지 요건 중 각기 다른 하나씩을 앞세우며 우선권을 다퉜던 역사적 사건이었다.

공식적으로 사진술을 발명했다고 먼저 발표한 쪽은 프랑스였다. '공식적'이라고 하는 이유는 프랑스에서 사진술의 발명가가 정식으로 특허 신청을 했고, 이에 대해 공식석상에서 발표가 이루어졌기 때문이다. 영국의 경우 이러한 발표가 없었기 때문에 나중에

카메라 옵스큐라
옛날 화가들이 사물의 윤곽을 따서 그림을 그리는 데 사용한 장치로, 라틴어로 '어두운 방'을 뜻하며 사진기의 기원이자 '카메라'라는 말의 어원이 되었다. 어두운 방의 벽에 구멍이 뚫려 있으면 그 구멍을 통해 들어온 빛으로 바깥의 형상이 반대편 벽면에 거꾸로 비치는 원리를 응용했다.

2-14 사진 발명에 대한 특허를 최초로 획득한 프랑스의 장인 다게르(1844).

논란이 일어나게 된다.

프랑스에서 사진술을 발명하고 특허를 신청한 사람은 다게르(Louis Daguerre)였다.[2-14] 다게르는 디오라마(diorama) 화가로 극장의 배경에 사용되는 풍경 그림을 그리던 사람이었다.

다게르는 자신의 일을 계속하던 중 사진과 관련된 연구를 진행하던 니에프스(Joseph N. Niépce)를 알게 된 후 함께 새로운 사진술 발명에 뛰어들었다. 하지만 연구가 본 궤도에 오르기 전에 니에프스가 사망하는 바람에 다게르는 결국 홀로 성공을 위해 노력할 수밖에 없었다.

시행착오를 거듭하던 중 다게르는 요오드 화은판에 수은 증기를 쏘이면 이미지가 드러난다는 사실을 알아냈다. 그는 이 이미지를 정착시키기 위해 다양한 용액을 사용해 실험을 거듭했고, 결국 소금물을 사용하면 된다는 사실을 발견했다. 다게르는 자신의 방법을 '다게레오타이프(daguerréotype)'라 이름 지었고, 외부의 풍경을 이미지로 고정하여 현상하는 방법, 즉 사진술에 대한 특허를 신청했다.[2-15]

다게르가 사진술 특허를 신청했다는 사실은 당시 프랑스 과학계를 대표하던 과학자 아라고(Dominique F. J. Arago)에 의해 공식적으로 발표되었

2-15 다게르가 다게레오타이프로 찍은 1837년(왼쪽)과 1838년(오른쪽)의 사진.

다. 바로 이 부분에서 프랑스 과학계의 특징이 잘 드러난다.

　프랑스는 정부 주도로 과학 및 기술 관련 활동을 진흥한 것으로 유명한 나라다. 17세기 중반 왕립과학아카데미라는 기관이 국가에 의해 세워졌고, 이 기관은 유능한 과학자들을 회원으로 임명해 연구를 진흥했다. 과학아카데미에 소속된 과학자들은 국가로부터 급료를 받으며 연구 활동을 했고, 때로는 다양한 행정직에 발탁되어 자신의 역량을 발휘했다. 프랑스는 18세기를 거쳐 19세기 초반까지 유럽 내에서 과학 분야에서는 선두 자리를 유지했다고 평가받는데, 이러한 성과의 배경에는 과학아카데미를 통한 과학 진흥책이 있었다.

　프랑스 정부는 과학아카데미를 정점으로 하여 과학계뿐만 아니라 기술계에까지 영향력을 행사하려 했다. 이는 기술자 및 장인들의 특허 심사를 과학아카데미가 맡게 함으로써 가능했는데, 다게르의 발명을 다게르 자신이 아닌 아라고가 나서서 공식적으로 발표한 이유가 여기에 있다. 당시 과학아카데미의 서기직을 역임하던 아라고는 특허 심사 업무에 대해서도 보고를 받고 있었다. 그는 다게르가 신청한 특허가 프랑스를 대표할 만한 혁신적인 발명임을 알아채고 특허에 대한 승인이 나기

아라고
프랑스의 물리학자이자 화학자이다. 프랑스의 대표적 과학 단체인 과학아카데미에서 주도적인 역할을 했으며, 광학 및 자기학 분야의 발전에 중요한 공헌을 한 인물이다. 사진술이 발명될 당시에는 과학아카데미에서 회장 다음으로 중요한 직책인 서기직을 역임했다.

도 전에 1839년 1월 6일 신문 『가제트드프랑스』를 통해 다게레오타이프의 발명을 알렸다. 다게레오타이프에 대한 실제 특허 승인은 8월이 되어서야 났다.

그렇다면 아라고는 무엇 때문에 그리도 서둘러 다게레오타이프의 발명을 발표했을까? 이는 한편으로는 프랑스 과학계 및 정부가 새로운 기술의 중요성을 일찌감치 알아차렸기 때문이고, 다른 한편으로는 기술의 발명마저 국가의 자랑거리로 삼으려는 프랑스의 특징 때문이었다. 거의 같은 시기에 영국에서도 비슷한 기술이 발명되었지만 국가로부터 별 주목을 받지 못한 것과는 상당히 대조적인 양상이었다.

다게레오타이프는 외부의 풍경을 그대로 재현할 수 있는 획기적인 발명이었지만 한계도 지니고 있었다. 빛을 모아 풍경을 재현하기 위해서는 20분에서 30분가량의 노출 시간이 필요했다. 그러한 과정을 거친 사진은 상당히 우수한 상태로 풍경을 재현했지만, 종이가 아닌 동판에 재현했기 때문에 사진을 단 한 장밖에 얻을 수 없다는 단점을 가지고 있었다. 다게레오타이프는 선명한 사진을 얻어낼 수는 있지만 복제는 불가능했던 것이다. 게다가 긴 노출 시간을 필요로 했기 때문에 인물 사진을 찍는 데 사용하기는 어려웠다.

비공식적인 사진술의 탄생
: 영국의 캘러타이프

다게레오타이프와는 달리 짧은 노출 시간을 필요로 하기 때문에 선명한 사진을 얻기는 힘들지만 대신 여러 장 복제가 가능한 사진술은 거의 비슷한 시기에 영국에서 발명되었다. 영국 사진술의 주인공은 탤벗(William H. F. Talbot)이라는 자연철학자였다.[2-16] 탤벗은 케임브리지 대학을 졸업하고 왕립학회라는 영국 과학 단체의 회원으로 활약하던 사람이었다. 탤벗은 광학 및 화학에 관심을 갖고 많은 실험과 연구를 수행했으며, 이러한 관심 속에서 외부의 풍경을 재현해서 옮기는 방법에 관한 연구를 진행했다.

2-16 포토제닉 드로잉과 캘러타이프를 발명한 영국의 자연철학자 탤벗(1864).

탤벗은 사실 다게르보다 앞선 1835년에 '포토제닉 드로잉(Photogenic Drawing)'이라는 기초적인 사진술을 발명하는 데 성공했다. '빛을 이용한 그림'이란 뜻을 가진 이 기술은 종이를 사용해서 외부의 풍경을 재현하는 기술이었다. 탤벗은 흰 종이를 은의 질산화물 용액에 담가서 질산은 종이를 만든 후 이를 이용했다. 질산은 종이가 태양 광선을 받은 부분에서만 어둡게 변한다는 사실을 알아냈던 것이다.[2-17] 그는 풍경을 재현해낸 종이를 투명하게 만든다면 똑같은 사진을 복제할 수 있다는 사실도 알고 있었고, 실제

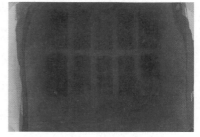

2-17 탤벗의 포토제닉 드로잉(1835 또는 1839).

로 이에 성공했다. 하지만 탤벗은 자신의 발명에 대해 특허를 신청하는 등의 일은 하지 않았다. 그에게 포토제닉 드로잉은 기술적 발명이라기보다는 자연의 신비를 푼 과학 연구의 일환이었을 뿐이었다.

이러한 탤벗에게 프랑스에서 들려온 다게레오타이프 발명 소식은 큰 충격이었다. 그는 우선 자신의 발견과 유사한 발명이 프랑스 과학아카데미의 대표가 나서서 공식적으로 발표할 정도로 중요한 것이라는 점에 놀랐고, 무엇보다도 자신이 먼저 비슷한 결과를 만들어내는 발견을 이루었음에도 불구하고 우선권을 빼앗겨버렸다는 데 놀랐다. 이후 탤벗은 자신의 포토제닉 드로잉을 적극적으로 알리는 쪽을 택했는데, 이 과정에서도 자연철학자다운 면모를 보였다. 그는 영국의 동료 과학자들에게 협조를 요청했고, 다게르와 달리 자신은 이 새로운 발견의 원리까지 모두 터득하고 있음을 강조했다.

또한 포토제닉 드로잉이 영국의 유명 화학자 데이비(Humphry Davy)가 제안한 문제의 연장선상에 있음을 강조하는 한편, 당시 영국 왕립연구소(Royal Institution) 소장이었던 패러데이(Michael Faraday)에게 부탁해서 포토제닉 드로잉에 관련한 특별 전시회를 열기도 했다. 그는 프랑스 과학아카데미로 편지를 보내 다게르의 발명 우선권에 대한 발표를 재고해줄 것을 요청하기도 했다(물론 이 요청은 받아들여지지 않았다).

이후 탤벗은 자신이 한 발견의 가치를 높이기 위해 개선에 몰두했다. 그는 1844년 갈로질산은 용액에 아세트산을 섞어 만든 용액을 사용해 빛을 받은 사진을 선명하게 현상하는 기술을 발전시켰고, 이를 '캘러타이프(calotype)'라 이름 붙였다.[2-18, 2-19]

캘러타이프는 다게레오타이프와는 다른 면을 강조한 기술이었다. 긴 노출 시간을 필요로 하는 데다가 단 한 장의 사진밖에 얻을 수 없었던 다게레오타이프의 단점을 보완한 캘러타이프는 짧은 노출 시간으로도 여러 장의 사진을 얻어낼 수 있었다. 노출 시간이 짧다는 것은 이 기술이 인물 사진을 찍는 데도 활용될 수 있음을 의미했다. 물론 이미지는 그다지 선명하지 못했다.

2-18 캘러타이프 사진(1842?). 사진 속 인물은 탤벗의 이복 동생이다.

탤벗은 자신의 캘러타이프를 인정받기 위해 영국의 과학자들과 함께 그 원리를 설명하는 여러 편의 글을 발표했다. 여기서 흥미로운 점은 탤벗이 그렇게 노력했음에도 영국의 과학 단체인 왕립학회 차원에서는 어떠한 움직임도 보이지 않았다는 사실이다. 프랑스에서 기술적 발견이 국가의 자랑거리로 인식되었다면, 영국에서는 철저하게 개인의 성과로 여겨졌음을 알수 있다.

다게르와 탤벗의 사진술은 사진의 두 요소, 외부의 재현과 복제를 각각 다른 경로를 통해 발명해낸 것이었다.

2-19 스코틀랜드 최초의 사진 스튜디오인 'Hill & Adamson'에서 찍은 캘러타이프 사진(1844).

그리고 그 발명과 인정의 과정에는 프랑스와 영국의 과학 및 기술에 관련된 상이한 분위기가 영향을 미쳤다. 사진술은 출발에서부터 여러 요소와 융합된 기술이었던 것이다.

예술과 상품의 절묘한 만남

화가와 출판업자의 협력 관계

**르네상스의
진전과 과학·기술**

14~16세기 서양에서는 르네상스라고 불리는 문예 부흥운동이 일어났다. 이탈리아 피렌체에서 시작된 문화·예술 영역에서의 변화는 서서히 전 유럽으로 전파되며 이전 중세와는 사뭇 다른 풍경을 만들어냈다. 인문주의가 융성하면서 신학 일색의 학문 풍조에서 벗어나 훨씬 다양한 방식의 학문 활동이 가능해졌으며, 고대 그리스·로마 문화 부흥의 열풍이 불면서 건축 양식에도 큰 변화가 일어났다.(2-20)

다양한 변화 속에서 그래도 가장 두드러지는 변화를 보였던 영역은 예술 분야라고 할 수 있다. 신이 아닌 인간을 주제로 하는 문학작품들이 새롭게 출현했으며, 조각이나 회화 양식에서도 큰 변화가 있었다.[2-21] 이와 같은 변화들은 동일한 시기에 진행되고 있던 과학혁명과 같은 변화들과 서로 영향을 주고받기도 했다. 회화 영역을 살펴보면 진전된 해부학적 지식을 바탕으로 인체에 비례 이론을 적용한 인물화가 그려지기 시작했으며, 수학의 원근법을 적용한 풍경화들이 새롭게 등장했다. 이러한 변화는 근대 초의 유명한 예술가들이 다양한 방식의 작품 활동을 추구하는 데 분명 긍정적인 영향을 미쳤다.

2-20 르네상스 건축의 대표작으로 꼽히는 이탈리아의 건축가 팔라디오의 '빌라 로툰다(Villa Rotonda)'. 비례와 대칭을 기본적인 구성원리로 하는 건축을 추구했다.
© Stefan Bauer, 2007.

2-21 반 에이크, 〈아르놀피니의 결혼〉, 1434, 런던 내셔널갤러리. 르네상스 시대에 이르러 화가들은 세계와 인간을 과학적인 방식으로 관찰하기 시작했다. 나무, 천, 금속 등 그림 속 사물들의 소재에 따라 빛이 다르게 표현되어 있다.

**인쇄술과
예술의 변화**

르네상스를 통해 예술 분야에서 변화가 있었다면 비슷한 시기에 서양에서는 새로운 기술이 등장하면서 사회 다양한 부분에서 영향력을 행사하기 시작했다. 그 기술 중 하나는 금속활자를 이용한 인쇄술이었다. 금속활자를 사용한 인쇄술은 우리나라에서 고려시대에 가장 먼저 발명된 것으로 알려져 있지만, 서양에서도 독자적인 기술 혁신을 통해 금속활자 인쇄술이 발명되었다. 독일의 장인 구텐베르크(Johannes Gutenberg)에 의해 새롭게 도입된 금속활자 인쇄술은 서양 세계에 급속히 전파되면서 학문 세계뿐만 아니라 사회 및 문화 영역에까지 큰 영향을 미쳤다

인쇄술을 통해 책이 대량으로 출판되면서 책은 부유층의 독점물이 아닌, 어느 정도 경제력이 있으면 사 볼 수 있는 상품으로 변화했다. 이렇게 독자층이 확대되면서 인쇄술은 사회 변화의 동력으로 작용할 수 있었다. 성서의 대량 공급이 가능해지면서 인쇄술은 종교개혁의 물결이 급속하게 전파되는 데 기여하기도 했다(제3장 '종교개혁의 일등공신, 인쇄술' 참조).

인쇄술의 영향은 여기서 그치지 않고 학계를 넘어 예술계에까지 퍼졌다. 르네상스를 통해 새롭게 탄생한 예술계는 인쇄술이라는 새로운 기술을 만나면서 작품 활동을 펼칠 새로운 매체를 얻었을 뿐만 아니라 새로운 시장을 확보할 수 있었다. 근대 초의 예술, 그중에서도 특히 미술과 인쇄술이라는 기술의 협력을 보여주는 좋은 사례로, 지금은 벨기에지만 당시에는 네덜란드에 속했던 안트베르펜을 거점으로 활약했던 출판사와 화가의 작업을 들 수 있다. 그 주인공은 안트베르펜에 인쇄소를 두고 16세기와 17세기에 유럽에서 상당히 규모가 큰 사업을 벌였던 플랑탱 출판사와, 역시 같은 도시를 거점으로 활동했던 당대 최고의 화가 루벤스(Peter Paul Rubens)이다.

유럽을 대표하는 인쇄소, 플랑탱 출판사

먼저 플랑탱 출판사가 어느 정도로 유명했던 출판사였는지를 짚어보자. 플랑탱 출판사는 프랑스 출신의 크리스토프 플랑탱(Christophe Plantin)이 안트베르펜에 정착하여 문을 연 출판사였다. 플랑탱은 1555년부터 책을 출판하기 시작했고, 뛰어난 인쇄 기술을 보유한 덕택에 얼마 지나지 않아 업계에서 명성을 쌓았다. 플랑탱은 출판 사업을 확장하기 위해 그리스어와 라틴어 등 다수의 언어에 능통한 조수를 협력자로 받아들였는데, 이 사람의 이름은 모레튀스(Jan Moretus)였다. 모레튀스의 언어 능력과 플랑탱의 인쇄 기술이 합쳐지자 사업은 급속히 번창했다.

플랑탱 출판사는 당시 네덜란드를 지배하고 있던 스페인의 공식문서들을 독점 출판하는 권한을 획득하면서 지역을 대표하는 출판사로 거듭났고, 라틴어 · 히브리어 · 그리스어 · 시리아어 · 아르메니아어 등으로 번역된 성서를 출판하는 대규모 출판 프로젝트를 진행하며 유럽을 대표하는 출판사로 성장했다. 창업주였던 플랑탱은 이러한 성공을 이끈 협력자 모레튀스의 능력을 높이 평가했고, 그를 사위로 맞이하여 사업을 물려주었다.

플랑탱과 모레튀스는 의뢰가 들어온 출판물들을 인쇄하여 책을 만들어주는 수동적인 사업가가 아니었다. 직접 기획하고 저자를 섭외하여 책을 출판하는 경우도 많았다. 플랑탱 출판사에서는 성서나 정부 인쇄물뿐만 아니라 학술서적도 많이 출판했는데, 이는 출판업자들이 책의 기획 단계부터 적극적으로 개입한 결과였다. 또 플랑탱과 그의 뒤를 이은 모레튀스는 '사랑의 가족'이라는 비밀 모임을 주도했고, 이 모임에는 네덜란드 지역의 학자들과 예술가들이 포함되어 있었다. 모레튀스와의 친분을 통해 이 모임에 드나들게 된 예술가 중 한 명이 바로 루벤스였다.

화가 루벤스와
플랑탱 출판사의 협력

루벤스는 바로크 양식의 그림을 많이 그린, 17세기를 대표하는 화가 중 한 명이다. 미술에 조예가 깊지 않은 사람들에게도 루벤스는 꽤 유명했다. 예전에 TV에서 방영됐던 만화영화 〈플란다스의 개〉의 주인공인 어린 화가 네로가 자신의 개 파트라슈와 함께 그리도 한 번 보고 싶어했던 그림이 바로 안트베르펜 대성당에 걸려 있는 루벤스의 그림이다.[2-22] 안트베르펜에 작업장을 두고 작품 활동을 했던 루벤스는 종교적 색채가 강한 장엄한 그림들을 그려서 어느 정도 유명해진 뒤 플랑탱 출판사와의 본격적인 협업에 들어간다.

모레튀스와의 친분을 통해 플랑탱 출판사와 연을 맺게 된 루벤스는 화판을 벗어나 새로운 창작의 공간을 활용할 기회를 잡는다. 그림

2-22 〈플란다스의 개〉에서 네로가 보고 싶어했던 루벤스의 세폭 제단화 〈십자가에서 내려지는 그리스도〉, 1611~1614, 안트베르펜 성모마리아 대성당, 벨기에.

2-23 모레튀스의 스케치(위)와 루벤스가 표지 그림을 그린 『성무일도서』(오른쪽).

2-23은 1614년에 출판된 교회의 공식 기도서인 『성무일도서(*Breviarium Romanum*)』라는 제목의 책 표지다.[2-23] 장인의 뒤를 이어 출판사를 운영하던 모레튀스는 기도서의 출판을 의뢰받은 후 종교적 그림에 재능이 있는 루벤스에게 표지 그림을 부탁했다. 왼쪽은 모레튀스가 그린 기본적인 표지 디자인이고, 루벤스는 이 도안에 따라 동판화 기법을 사용해 제작할 그림을 그렸다. 오른쪽이 그 결과물로, 기도서에 어울리는 멋진 표지를 볼 수 있다.

이외에도 루벤스는 플랑탱 출판사에서 펴낸 다수의 책에서 표지 및 본문 삽화를 그렸다. 네덜란드뿐만 아니라 유럽 전역으로 공급되는 플랑탱 출판사의 책은 루벤스에게는 자신의 이름을 더 널리 알릴 새로운 매체였다. 책을 사 본 사람들은 표지 그림을 통해 루벤스의 작품을 접할 수

2-24 플랑탱 출판사의 인쇄실. 플랑탱–모레튀스 박물관, 벨기에 안트베르펜

있었고, 이는 그림을 직접 구매하거나 감상할 수 있는 경제력을 가진 몇몇 소수의 사람들이 아닌 많은 수의 사람들이 루벤스의 작품을 보게 됨을 의미했다. 새로운 매체를 통해 루벤스는 네덜란드의 화가가 아닌 유럽을 대표하는 화가로 거듭날 수 있었다.

루벤스의 명성이 급속히 퍼지게 된 데는 물론 출판사의 역할도 중요했다. 플랑탱 출판사는 루벤스가 그린 그림을 뛰어난 기술력을 동원해 동판화로 구현해냈고, 책의 내용 또한 세심하게 검토했다. 즉 플랑탱 출판사는 책을 값싼 상품이 아닌 하나의 문화 아이템으로 만들었던 것이다. 현재 유네스코 세계유산으로 등록되어 있는 벨기에의 플랑탱–모레튀스 박물관에는 초창기 출판물부터 거의 모든 문헌들이 보존되어 있는데, 그곳을 방문하면 플랑탱 출판사가 얼마나 공을 들여 책들을 찍어냈는지를 직접 볼 수 있다.[2-24]

화가와 인쇄 기술자, 그다지 상관없을 듯한 두 부류의 사람들은 이러한 협력을 통해 성공을 거두었다. 화가는 자신의 작품을 널리 알리고 명성을 얻을 기회를 잡았으며, 인쇄 기술자는 자신의 상품적 가치를 드높이고 다른 경쟁자들을 이겨내는 방안을 마련할 수 있었다. 루벤스와 플

2-25 루벤스가 그려준 플랑탱 출판사의 로고(1608).

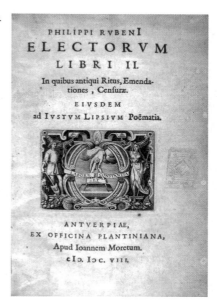

랑탱 출판사의 협력은 루벤스가 사망한 뒤에도 그 흔적을 남겼다. 그림 2-25는 플랑탱 출판사가 19세기에 사업을 중단할 때까지 사용했던 출판사의 로고인 컴퍼스를 쥔 손 그림이다. 이 그림을 그려준 주인공도 루벤스였다.[2-25]

프랑켄슈타인의 진화를 통해 '과학자의 상'을 고민하다

프랑켄슈타인이
우둔한 괴물이라고?

　　　'프랑켄슈타인'은 현대과학, 그중에서도 특히 유전
공학의 유전자 조작 식품이나 생명공학의 복제동물처럼 자연의 섭리,
신의 섭리를 거스른다고 여겨지는 과학 연구를 비판할 때 많이 언급되
는 문화적 상징이다. 유전자 조작 식품을 '프랑켄푸드(Frankenfood)'라고
지칭하는 것이 대표적인 예다.

　　이처럼 일상에서 쉽게 접할 수 있는 덕에 그 원작소설이나 영화를 보

지 않았더라도 프랑켄슈타인 하면 괴물 같은 모습을 쉽게 연상하곤 한다. 음산한 긴 얼굴에 쑥 들어간 어두운 눈, 여기저기 꿰맨 상처, 거기에다 머리에는 나사가 박힌 채 난폭하고 파괴적이며 언어도 사용할 줄 모르는 우둔한 괴물의 모습이 그것이다.[2-26]

하지만 1818년 메리 셸리(Mary Shelley)가 쓴 소설 『프랑켄슈타인 (Frankenstein: or, The Modern Prometheus)』에 나오는 괴물은 이와는 매우 다

2-26 프랑켄슈타인. 1882년 잡지 『펀치』에 실린 존 테니얼의 삽화.

른 모습이었다. 우선 프랑켄슈타인은 괴물이 아니라 그것을 창조한 과학자 '빅터 프랑켄슈타인'의 이름이다. 또한 시체 여러 구의 몸을 조각조각 이어 만든 탓에 보통 사람보다 키도 크고 외모도 흉측하지만, 셸리의 소설에 나오는 창조물은 매우 지적인 존재였다. 말도 할 줄 알고, 밀턴의 『실낙원』도 이해할 수 있었으며, 무엇보다 자신이 무엇인지에 대해 고민하고 괴로워하는 존재였다. 대화를 나눌 수 있는 친구를 그리워하고, 다른 사람과 교류하고 싶어하는 매우 인간적인 존재이기도 했다. 그런 점에서 그를 만들어낸 프랑켄슈타인 박사보다도 훨씬 인간적으로 보인다. 그렇다면 셸리는 어떻게 이런 괴물 같지 않은 괴물, 지적이면서 인간적인 괴물을 창조해낸 것일까?

미성숙한 과학자에서
책임지는 과학자로

셸리가 살았던 19세기 초 유럽에서는 전기 실험이 사람들의 호기심을 끌고 있었다(제7장 '전기쇼, 대중을 사로잡다' 참조). 이런 전기 실험은 생명의 근원이 무엇인가 하는 질문과도 연결되어 있었는데, 죽은 개구리 다리에 전기를 흐르게 했을 때 다리가 꿈틀대는 것을 보고 전기가 바로 생명체를 움직이게 하는 힘이라고 생각하는 사람들도 있었다.(2-27) 셸리의 고향인 영국에서는 죽은 지 몇 시간 지나지 않은 죄수의 시신에 전기를 흘려서 몸의 일부분이 움직이는 것을 보여주는 실험까지 있었다.

셸리의 『프랑켄슈타인』은 전기 실험이 과학자와 대중의 왕성한 호기

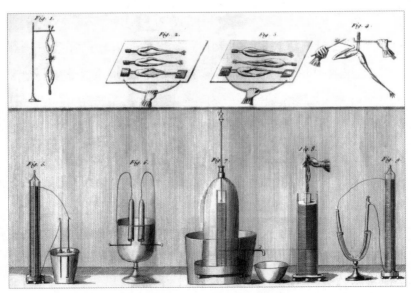

2-27 개구리 다리를 이용한, 이탈리아의 물리학자 알디니의 전기 실험. 아래 그림은 여기 사용된 다양한 전지를 보여준다. Giovanni Aldini, *Essai Théorique et Expérimental sur le Galvanisme*, 1804.

심을 자극하던 시대 분위기 속에서 탄생했다. 이런 실험으로 인간이 죽은 생명을 다시 살려낼 수 있지 않을까, 새로운 생명체를 만들어낼 수 있지 않을까, 그렇게 만들어낸 생명체에는 우리와 똑같이 영혼이 있을까 같은 의문들이 있었고, 젊은 프랑켄슈타인은 이런 호기심과 열정으로 가득 차 있던 당시 사람들의 모습을 나타냈다.

셸리의 작품 속에서 주인공 프랑켄슈타인은 미숙한 과학자에서 점점 고민하고 반성하는 과학자로 변모해간다. 처음 새 생명을 창조하려 했을 때는 고대 과학자들이 꿈꿨던 것과 같은 큰 포부를 갖고 인류에 유익한 연구를 하겠다는 막연한 기대로 연구에 매진했지만, 막상 연구가 예기치 못한 결과를 낳자 이를 감당하지 못하고 도망친다. 이런 점에서 프랑켄슈타인은 연구가 낳을 결과에 대해 심각하게 고민하지도 않고 그 결과를 책임지지도 않는 미성숙한 과학자의 모습을 보여준다.

이런 프랑켄슈타인에게 괴물은 계속해서 자신의 창조물에 대해 책임질 것을 요구한다. 프랑켄슈타인을 만난 괴물은 다음과 같이 말한다.

"나는 당신의 피조물이니, 당신 몫의 책임만 다해준다면 내 주인이자 왕인 당신에게 복종하겠소. 당신이 나를 창조했으니 나에 대한 의무를 다해야 하오."[2]

책임과 의무를 다하지 않은 프랑켄슈타인은 그로 인해 사랑하는 가족과 친구를 잃는다. 이런 고통 끝에 프랑켄슈타인은 맹목적으로 연구에만 몰두했던 어리석은 과학자에서 스스로의 연구에 책임을 지는 과학자로 조금씩 바뀌어가게 된다. 북극까지 괴물을 쫓아갔던 것도 결국 자신의 책임을 다하기 위해서였던 것으로 볼 수 있다. 괴물을 세상에서 사라지게 함으로써 마지막으로 자신의 연구 결과에 책임을 지려고 한 것이다.

이처럼 셸리의 『프랑켄슈타인』은 미숙한 과학자가 자신의 연구 결과로 인해 삶의 비극을 경험하면서 책임감 있는 과학자로 변모해가는, 프랑켄슈타인의 진화에 관한 이야기로 읽어낼 수 있다. 한편으로는 『프랑켄슈타인』이 대중에게 받아들여지는 방식이 역사적으로 변화해나간 것도 확인할 수 있는데, 초기 셸리의 책은 지금과는 달리 그다지 큰 인기를 얻지 못했다고 한다. 프랑켄슈타인의 절망과 괴물의 실존적인 고뇌를 담은 다소 진지한 책이니 그럴 만도 하다.

『프랑켄슈타인』의 진화

2-28 프랑켄슈타인의 전형적인 모습. 1931년 미국 유니버설 스튜디오에서 제작한 영화 〈프랑켄슈타인〉에서 배우 보리스 칼로프를 통해 해석된 모습이다.

『프랑켄슈타인』이 대중적인 인기를 얻기 시작한 것은 연극으로 무대에 올려진 이후부터였다. 연극 무대에 맞게 시각적인 장치들이 강조되었고, 원작에서는 매우 간결하게 처리되었던 괴물 탄생 장면에 힘이 실려 신비스러우면서도 괴기스러운 실험실의 모습이 드라마틱하게 그려졌으며, 괴물의 지성적 모습과 실존적 고뇌보다 괴물스러움이 더욱 강조되었다.

20세기에 영화로 옮겨지면서 이런 극적인 모습은 더욱 두드러졌는데, 1931년 미국 유니버설 스튜디오에서 제작된 영화에서는 오늘날 우리에게 익숙한 괴물, 그림 2-28에서처럼 얼굴의 꿰맨 자국과 나사못을 꽂은 모습의 괴물이 탄생하기에 이른 것이다.[2-28, 2-29]

원작소설부터 영화까지 다양한 버전의 『프랑켄슈타인』이 어떻게 변화해왔는지를 연구한 한 학자는 원작소설에서 연극으로, 다시 여러

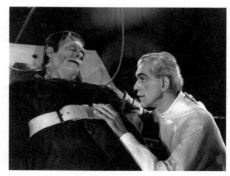

2-29 영화 속 프랑켄슈타인의 모습. 〈하우스 오브 프랑켄슈타인〉(1944)의 한 장면.

버전의 영화로 옮겨오는 과정에서 괴물은 점점 더 우둔하고 무지하며 폭력적으로 바뀌었으며, 프랑켄슈타인은 더욱 무책임하고 무기력하게 변모했다고 지적했다. 이런 변화는 연극이나 영화라는 장르로 옮겨감에 따라 그 장르의 속성에 영향을 받았기 때문에 나타난 것이었다. 그런 점에서 프랑켄슈타인의 진화는 그것이 종종 비판으로 삼는 과학이나 과학자의 실제 모습과는 분리된 채 장르적 속성을 중심으로 변화해왔다.

하지만 이런 장르적 속성의 영향으로 더욱더 폭력적으로 바뀐 괴물과 더욱더 무기력해진 과학자의 모습이 현실 속 과학 연구와 과학자의 모습으로 상징화하고 비판 요소가 된다는 점에 대해, 이를 연구했던 연구자는 약간의 우려의 목소리를 내놓았다. 현실 속 과학의 모습이 아니라 이렇게 문학적으로, 문화적으로 재창조된 과학의 모습이 자칫 과학에 대한 왜곡된 인상을 안겨줄 수 있고 과학 비판의 잘못된 출발점이 될 수도 있다는 점을 우려한 것이다.

과학에 대한 인식이 과학 외적인 요소—여기서는 영화와 연극의 장르적 속성—에 영향을 받을 수 있다는 점에 대해 혹자는 과학에 대한 왜곡이라고 말할지도 모르고, 혹자는 그렇기 때문에 과학자들이 더욱 적

극적으로 나서서 과학의 올바른 상을 전달해야 한다고 주장할지도 모른다. 하지만 올바른 과학의 이미지, 진정한 과학자의 상이라는 게 과연 있는 것일까? 『프랑켄슈타인』의 진화에서 볼 수 있는 것처럼 과학의 이미지, 과학자의 상이라는 건 과학과 문화가 같이 만들어가는 건 아닐까?[3]

셜록 홈즈의
과학 수사

최근 영국 드라마 〈셜록(Sherlock)〉이 전 세계적으로 인기를 끌고 있다. 한국만 하더라도 극중 주인공과 닮은 배우를 내세운 TV 광고를 비롯하여 각종 패러디물이 쏟아질 정도로 그 인기가 상당하다. 드라마 〈셜록〉은 19세기 영국 작가 코난 도일(Arthur Conan Doyle)의 추리소설 '셜록 홈즈 시리즈'를 현대적으로 각색해 만든 작품이다. 셜록 홈즈 시리즈는 무려 40년에 걸쳐 장편 4편과 단편 56편으로 발표되었으며, 영화와 드라마로 수차례 재연되면서 지금까지도 엄청난 대중적 인기를 얻고 있다. 게다가 일명 '홈지언(Holmesian)'과 '셜로키언(Sherlockian)'이라는, 원작을

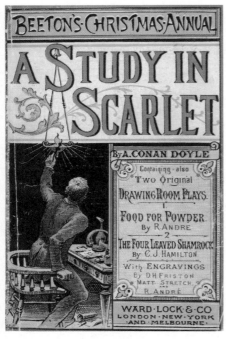

2-30 1887년 『비턴스크리스마스애뉴얼』지에 셜록 홈즈 시리즈의 첫 번째 작품 「주홍색 연구」가 발표되었다.

연구하는 집단이 있을 만큼 마니아 층도 두텁다.[2-30]

이 소설이 이렇게까지 인기를 끌 수 있었던 이유는 문학적 완성도가 높기 때문이기도 하지만, 동시대 다른 추리소설들이 등장인물의 알리바이에 중점을 두었던 데 비해 '증거'의 중요성을 부각하며 작품을 차별화했던 것이 주효했다. 그리고 이 증거를 위해 다양한 과학적 방법과 지식을 이용함으로써 셜록 홈즈 시리즈는 '과학적 추리소설'이라는 장르의 표본이 되며 많은 이들을 매료시켰다. 따라서 셜록 홈즈 시리즈 속 과학기술을 살펴봄으로써 작품을 좀 더 잘 이해하고 그 시대의 과학에 대해 생각해볼 수도 있을 것이다.

해부학으로 증거를 찾다

셜록 홈즈 시리즈에서 해부학은 빈번히 사건의 주요 증거를 찾는 데 도움을 준다. 예를 들어 「소포 상자」라는 작품에서 보듯 죽은 사람의 사후강직도를 보고 사망 시간을 추정하거나, 잘린 귀가 시체의 것인지 산 사람의 것인지가 결정적 증거로 이용되기도 한다.

> "(……) 해부실의 시체에는 방부제를 주입해놓습니다. 이 귀에는 그런 흔적이 전혀 없지요. 게다가 아주 생생합니다. 또 이건 날이 무딘 칼로 잘라냈는데 학생의 소행이라면 그럴 리가 없습니다. 그리고 의학 공부를 하는 사람이라면, 방부제로 굵은 소금이 아니라 정제 알코올을 떠올렸을 겁니다. 다시 말하지만 이건 단순한 못된 장난이 아닙니다. 우리는 지금 심각한 범죄를 수사하고 있는 것입니다."[4]

그렇다면 작가 코난 도일이 해부학을 주요 소재로 사용했던 이유는 무엇일까? 일차적인 이유는 작가 본인이 의사로서 해부학이 그리 낯설지 않은 학문이기 때문이었다. 19세기 유럽에서 인체해부는 분명 의학 교육의 한 방식으로 인정받고 있었지만, 한편으로 시체는 여전히 종교적 대상이자 미신의 대상이기도 했다. 즉 사람의 장기가 '어디에' 있는지 살피는 작업은 의학으로 이해했지만, '어떻게' 사망했는지 여부는 종교가 해야 할 일로 여기고 있었다.

이런 상황을 가장 비판적으로 바라봤던 집단이 바로 당대 해부학자들이었다. 인체를 좀 더 객관적으로 보는 것을 직업으로 삼는 이들에게 시체를 종교적으로 바라보는 일은 지극히 비과학적인 것이었기 때문이다. 이런 시대에 의학 교육을 받은 코난 도일에게 '해부'는 과학적인 작업이었고, 그의 작품 속에서 해부학은 과학의 한 분야로서 비과학적인 부분을 제거하는 학문이자 소재로 이용될 수 있었다.

게다가 당시 영국이 최초로 인체해부를 법적으로 허용했던 것도 중요한 이유가 되었다. 유럽에서는 18세기부터 인체해부로 지식을 얻고자

2-31 시체 도둑과 야경꾼의 실랑이 장면을 그린 1773년의 판화. 그림 오른쪽의 도망가는 인물은 해부학자 윌리엄 헌터다. ⓒ Wellcome Library, London

하는 의사들과 의대생들의 수가 늘었지만, 공식적인 해부는 흉악범들을 징벌하는 차원에서 그들의 시체를 대상으로 했기 때문에 시신 부족 현상이 발생했다. 이 때문에 당시 무덤을 파서 시체를 가져가 파는 사람이 있는 것은 물론이고 심지어 살인까지 일어날 정도로 시체 획득을 둘러싼 부작용이 심각한 사회문제로 대두됐다.[2-31]

결국 영국은 1832년 세계 최초로 해부 관련 법을 통과시켜 해부학 연구를 위한 시신 기증을 허용했다. 소재 파악이 어렵거나 사인을 규명하고 싶은 이들의 시신이 합법적으로 병원으로 들어오게 된 것이다. 덕분에 의사들의 해부학 지식이 늘어나 법의학이라는 학문이 발전되는 계기가 됐고, 이를 코난 도일이 작품에 활용하면서 추리문학의 방식을 한층 진화시켰다.

화학 실험으로 여가 활동을 하는 홈즈

홈즈와 왓슨이 살았던 곳은 영국 런던의 '베이커가 221B'였다. 이곳은 두 사람이 동거하는 하숙집이자 의뢰인을 접대하는 탐정 사무실이면서, 홈즈가 심심할 때는 화학 실험실이 되기도 했다. 화학 실험에 대한 홈즈의 열정은 소설 곳곳에서 드러난다.

> "제가 보기에 홈즈의 학구열은 다소 과한 데가 있습니다. 그게 거의 냉혈한에 가까운 수준이 되니까요. 그는 최근에 발견된 알칼로이드를 서슴지 않고 친구에게 투여할 위인입니다. 무슨 악의가 있어서가 아니라 약효를 정확하게 이해하려는 순수한 탐구 정신에서 말이지요. (……)"[5]

> 하지만 가보니 홈즈 혼자 길고 여윈 몸을 꼬부린 채 안락의자에 파묻혀 반쯤 잠들어 있었다. 병이며 시험관들이 방 안에 어지럽게 놓여 있고, 자극적인 염산 냄새가 진동하는 것으로 보아 온종일 그토록 좋아하는 화학 실험에 몰두한 모양이었다.[6]

이외에도 7주 동안 한 발자국도 나가지 않고 화학 실험만 하면서 지냈다는 내용도 있고, 홈즈가 밤새 화학 실험을 하는 것을 본 왓슨의 목격담도 소설 곳곳에 나온다. 홈즈에게 화학 실험은 범죄가 일어나지 않아 지루함이 지속되어 짜증이 극에 달할 때 그를 진정시키는 유일한 대체 활동이었다.(2-32) 그러다 보니 홈즈는 다른 어떤 분야보다 화학 분야의 지식이 풍부

2-32 런던 셜록 홈즈 박물관에 재현된 홈즈의 실험대. © Alberto Ghione

한 캐릭터로 그려졌고, 당연히 화학 지식은 범죄 해결의 열쇠가 되어주었다.

홈즈와 왓슨의 첫 만남은 왓슨이 옛 조수였던 스탬포드에게서 함께 하숙할 사람을 소개받는 자리에서 이루어지는데, 그곳은 다름 아닌 병원 실험실이었다. 홈즈는 왓슨과 함께 들어서는 실험실 동료 스탬포드를 향해, 자신이 굳어져서 어떤 물질인지 알 수 없는 얼룩이 혈액인지 아닌지를 확인하는 이른바 '헤모글로빈 화학검사법'을 발견했다며 환호성을 지른다.

> "드디어 발견했소! 내가 말이오!"
> 그는 시험관을 든 채 이쪽으로 달려오며 스탬포드 군을 향해 소리 질렀다.
> "나는 혈액 속의 헤모글로빈에 의해서만 침전되는 시약을 발견했소이다."
> (……)
> "자, 소량의 혈액을 물 1리터에 섞겠습니다. 보시다시피 이 혼합액은 순수한 물과 다를 바 없습니다. 물과 혈액의 비율은 백만 분의 1도 안 될 겁니다. 그러나 반드시 특징적인 반응이 나타날 겁니다."
> 그는 말을 하는 한편 용기에 하얀 결정 몇 개를 던져넣고 투명한 액체를 몇 방울 첨가했다. 순식간에 액체는 혼탁한 적갈색으로 변했고, 유리병 바닥에 갈색 입자가 가라앉았다.[7]

물론 홈즈의 이 검사법은 상상력이 가미된 기법이다. 그렇다고 완전한 픽션은 아니다. 작품이 나오기 전에 이미 혈액인지 아닌지를 판별하는,

신뢰할 만한 '분광분석법'이 존재했고, 실제 범죄 수사에 사용되었다는 기사도 있었기 때문이다. 결국 코난 도일은 홈즈의 화학 관련 지식을 현실감 있게 보여주기 위해 당시 최신의 수사 기법을 조금 포장하여 보여줬고,

덕분에 홈즈라는 캐릭터는 좀 더 사실적으로 보일 수 있었다.

중요한 추리 기법이 된 골상학

홈즈의 지식 수준은 어느 정도였을까? 왓슨의 평가에 따르면 문학·천문학·철학과 같은 고전적인 학문에는 놀랄 만큼 지식이 전무한 데 반해, 화학·공학·범죄학에는 지나치게 해박하며, 식물학·생물학·지리학은 본인이 관심 있는 범죄수사와 관련 있는 영역에만 도통했다고 한다. 오늘날로 치면 홈즈는 분명 '이과형 인간'이었을 것이다.

그렇기 때문에 소설 속 홈즈는 과학자의 눈으로 민간의 미신을 철저히 경계하고 비판한다. 「서식스의 흡혈귀」에서 흡혈귀에 대해 조사해달라는 의뢰가 오자 "미친 소리야"라며 거절하고, 「바스커빌 가문의 개」에서도 미신을 믿지 않는 모습이 등장하며 과학에 대한 강한 신념을 보여준다. 작품 속에서 코난 도일은 홈즈를 과학자처럼 그리려고 애썼다.

하지만 그렇게 객관적인 홈즈의 캐릭터에 한 가지 '오점'이 남았다. 바로 '골상학'을 추리 지식으로 이용했다는 점이다. 골상학은 뇌의 여러 부위가 담당하는 기능이 각각 따로 있으며, 특정 기능이 우수할수록 그 부

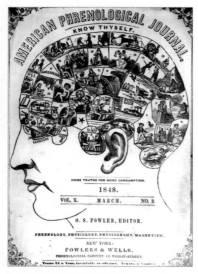

2-33 1848년 잡지에 소개된 골상학.

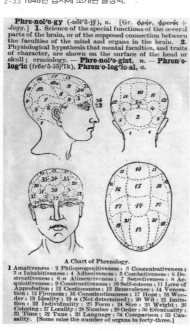

2-34 1895년경 사전에 등재된 '골상학' 항목.

위가 커지는데 그것이 두개골의 모양에 반영되므로 두개골의 형태와 크기를 측정하여 그 사람의 성격과 기능 특성을 알 수 있다고 주장하는 학문이다.(2-33, 2-34) 19세기 영국에서는 앵글로-색슨족의 우수성을 입증하기 위해 스코틀랜드인과 아일랜드인을 차별하는 수단으로 이 골상학을 이용했으며, 나아가 부르주아 계급과 제국주의 통치를 이해시키는 수단으로 사용하기도 했다. 하지만 현재는 사이비 과학으로 여겨져 과학계에서 완전히 폐기되었다.

코난 도일은 이 골상학 지식을 홈즈 시리즈 곳곳에 등장시켰다. 「바스커빌 가문의 개」에서는 골상학에 빠져 있는 의사가 홈즈의 머리를 만져보고 싶어했고, 홈즈의 숙적인 모리아티가 "생각보다 전두골이 덜 발달했군" 하며 홈즈의 두뇌를 평가하는 장면도 나온다. 홈즈 또한 「푸른 카벙클」에서 커다란 모자를 발견한 후 그것을 써보고 모자 주인의 지적 능력을 평가하며 머리가 좋은 사람일 것이라고 결론 내리거나, 두뇌 모양을 통해 인종을 맞힐 정도로 골상학적 지식이 뛰어난 것으로 그려져 있다.

　이렇듯 소설 속에 신뢰할 만한 과학으로 등장하면서 골상학은 오늘날 홈즈를 비꼬거나 풍자하는 이야기에서는 빠지지 않고 등장하는 주제가 되곤 한다. 하지만 코난 도일이 홈즈 시리즈를 썼을 당시 골상학은 분명 과학으로 인정받고 있었다. 19세기 영국에서 골상학은 지식인 계급의 지지를 받았으며, 골상학회가 만들어졌을 정도로 그 위상이 대단했다. 따라서 그 시대의 엘리트였던 코난 도일이 골상학을 과학으로 신뢰하여 작품에 등장시킨 것은 어떤 면에서는 자연스럽고 당연한 일이었다.

　코난 도일이 창조한 홈즈 시리즈에 지금까지도 많은 사람들이 매료된 중요한 배경에는 '과학'이 있었다. 19세기 대중에게는 생소했던 당대의 최신 과학을 소개하며 홈즈의 천재성을 부각한 그의 작품은 한마디로 '충격적'이었다. 물론 그런 '과학' 중에는 골상학과 같이 지금은 폐기된 학문도 있긴 했지만, 그것 역시 19세기 엘리트의 관심사와 지식을 보여 준다는 측면에서는 매우 의미 있을 정도로 당시 과학을 제대로 보여줬 던 것이 작품의 성공 요인이었던 것이다.

Chapter 3

과학과 사회,
교감을 통해 진화하다

—— 과학기술이 사회를 바꾼다는 이야기는 광고에서, 정부 정책에서, 그리고 과학기술자들 스스로의 말속에서 많이 들어온 것이다. 실제로 오늘날 스마트폰이나 인터넷 같은 네트워크 기술, 개인용 컴퓨터 등의 IT 기술과 매일매일 만나면서 이런 슬로건을 직접 경험하고 있기도 하다.

오늘날로 올수록 중요한 사회 변화를 이끌어내는 원동력으로서 과학기술의 역할은 더욱더 커지고 있다. 하지만 과연 과학기술은 여러 광고에서, 정책 문구에서 이야기하는 방식 그대로 우리 사회를 바꾸고 있는 것일까?

과학기술은 때로는 기대치 않았던 방식으로, 또 예상치 못했던 방식으로 사회를 바꾸어간다. 구텐베르크가 인쇄술을 개발했을 때 이것이 종교개혁의 불을 활활 타오르게 하는 기름 같은 역할을 하리라 누가 상상했을까. 가정에 도입된 가사 기술이 여성의 가사노동을 줄여줄 것이라는 광고 문구와 달리, 그 기술에도 불구하고 여전히 가사노동은 줄어들지 않으리라는 것을 누가 예상했겠는가.

과학기술이 개발될 때의 의도나 맥락과는 별개로 어느 경우에는 사회 속에서 구현되면서 시대의 새로운 맥락을 만나 기대와는 다른 효과를 내기도 한다. 그런 예상치 않은 효과를 통해 과학기술은 사회를 변화시키는 것이다.

종교개혁의 일등공신,
인쇄술

근대 초
서양 사회의 변화

　　　　　　서양 역사에서 역사가들이 근대 초라고 부르는 15세기부터 17세기까지는 사회 각 분야에서 엄청난 변혁이 일어난 시기였다. 르네상스가 시작되며 예술 분야에서부터 변화가 일어났고, 이는 곧 과학 분야의 변화로 전이되어 '과학혁명'이라 부르는 사건으로 이어졌다. 정치체제도 변화하여 중세의 통치 방식에서 벗어나 절대왕정체제가 정착되어갔으며, 이에 동반해서 전쟁을 수행하는 양상도 변화하여 이른바 군사혁명이 시작되었다. 이뿐만이 아니었다. 대항해시대의 도래로 인해 농업 중심의 경제체제가 원거리 무역을 중요시하는 체제로 변화했으며, 개신교가 탄생하면서 종교적인 통일성도 무너져버렸다. 근대 초는 그야말로 모든 영역에서 변화가 급격하게 진전되던 시기였다.

이러한 변화들은 동시대에 진행되었기 때문에 당연히 서로 간에 깊은 영향을 미쳤다. 정치, 경제, 문화, 학문, 전쟁, 하다못해 종교까지 변화했던 이 시기를 설명하는 데에서 꼭 거론해야 할 또 하나의 영역은 바로 기술 분야다. 이 시기에는 기술 분야에서도 놀라운 변화들이 있었고, 그중 하나는 인쇄술의 변화였다. 인쇄술의 변화는 다른 변화들에 앞서 비교적 이른 시기에 시작되었으며, 그러한 이유로 다른 변화들에 지속적인 영향을 미쳤다. 상식적으로 생각할 때 인쇄술이 문화 또는 학문 영역의 변화에 지대한 영향을 주었음은 쉽게 짐작할 수 있다. 하지만 인쇄술의 영향은 여기서 그치지 않았다. 인쇄술이라는 새로운 기술은 종교에까지 영향을 주었고, 이를 통해 서양 사회 전체가 급격한 변혁을 겪는 데 일조했다.

구텐베르크의 금속활자 인쇄술

금속활자를 이용한 조판인쇄술이 가장 먼저 개발된 곳은 바로 우리나라였다. 고려는 13세기에 세계에서 최초로 금속활자를 제작해 인쇄에 사용했으며, 1377년에 발간된 『직지심체요절(直指心體要節)』은 현존하는 가장 오래된 금속활자 인쇄물로 공식적으로 인정받고 있다.

동양 문화권에서 고려를 중심으로 금속인쇄술이 서서히 보급되어갈

즈음, 서양에서도 독자적인 기술 혁신을 통해 금속활자 인쇄술이 등장했다. 서양에서 최초로 금속활자 인쇄술을 개발한 인물은 독일 마인츠 출신의 장인 구텐베르크다. 동양 문화권에서 금속활자 인쇄술이 매우 중요한 서적을 인쇄하는 데에만 선택적으로 쓰이면서 목판인쇄술을 완전히 대체하지 못했던 것과 달리, 구텐베르크의 인쇄술은 과거의 출판 행태를 완전히 뒤바꿔놓으면서 사회적으로 굉장한 영향을 미쳤다.

구텐베르크의 아버지는 금속을 가공하는 기술자로, 마인츠 대주교 아래에서 주문을 도맡아 상품을 생산하는 직위를 가지고 있었으며, 상당한 기술력을 자랑하던 장인이었다. 구텐베르크는 이러한 아버지의 일을 물려받아 금속 가공업에 종사했던 인물이다. 그는 1439년 자신의 금속 가공 기술을 다른 영역, 즉 인쇄술에 적용함으로써 인류사에 큰 족적을 남기게 된다.

구텐베르크는 당시 출판업의 문제를 눈여겨보았는데, 그 문제란 이전 시기에 비해 출판되는 책의 종류가 많고 수요도 점차 증가하고 있으나 공급이 어려워 책의 가격이 너무 비싸다는 점이었다. 그도 그럴 것이 당시에 책을 제작하는 방법은 2가지뿐이었다. 하나는 각각의 페이지를 목판에 새겨 인쇄하는 방식이고, 다른 하나는 손으로 직접 책을 베껴 써서 만드는 필사의 방식이었다. 과거 책의 종류가 다양하지 않고 수요가 크지 않았을 때는 이 두 방법으로도 그럭저럭 유지가 되었으나, 수요가 증가하면

3-1 책을 손글씨로 직접 베껴 써서 만들고 있는 15세기 필경사의 모습을 그린 세밀화. 장 드 타베르니에 그림.

서 이렇게 제작한 책만으로는 공급이 부족할 뿐만 아니라 가격도 높게 치솟을 수밖에 없었다.[3-1]

구텐베르크는 아버지에게서 배운 정교한 금속가공 기술을 활용해 각각의 글자를 따로따로 활자 형식으로 제작했다. 각각의 알파벳을 대문자와 소문자로 분류해서 글자별로 충분한 수의 활자들을 생산했는데, 물론 이 과정에는 어려움도 많았다. 제작된 활자의 높이가 일정치 않을 경우 제대로 된 인쇄본이 나올 수 없었기에, 규격화하여 일정한 높이의 활자를 만드는 것이 중요했다. 인쇄 시 활자 위에 종이를 올려서 강한 압력을 가하기 때문에 압력을 충분히 견뎌낼 수 있도록 내구성 있는 활자를 제작하는 것도 중요했다.

구텐베르크의 기술 개발은 단순히 금속활자의 발명에 그치지 않았다. 인쇄가 성공적으로 끝나 제대로 된 책이 출판되려면 활자 이외에도 다른 개선들이 뒤따라야 했다. 구텐베르크는 금속에 잘 흡착되어 책을 제대로 찍어낼 수 있는 잉크를 개발했고, 적정한 압력을 가해 종이에 인쇄를 가능케 해주는 인쇄기의 개량에도 노력을 기울였다. 인쇄술의 발명은 금속활자를 중심으로 주변 기술들의 개선이 동시에 이루어졌을 때에야 가능한 일이었던 셈이다.

이렇게 새롭게 개발된 인쇄술을 통해 세상에 나온 책들은 앞선 시대의 책들과는 여러 면에서 차이가 있었다. 먼저 책의 대량 출판이 가능해졌다. 금속활자를 이용해 조판하고 인쇄하게 되면서 과거에 비해 제작 속도가 훨씬 빨라졌기 때문이다. 게다가 내용의 정확한 전달도 가능해졌다. 예를 들어 한 페이지에서 1개의 단어가 잘못되었을 경우 과거에는 그 페이지 전체를 목판으로 제작해야 했으나, 이제는 조판만 다시 해서 수정하면 되었기 때문이다. 이 결과 책값은 급격하게 하락했다. 필사를 통해 책을 만드는 경우 한 달에 한 권 정도를 출판할 수 있었지만, 인쇄술을 사용하면 몇 백 권도 생산 가능해졌기 때문이다. 책 가격의 하락은 새로운 구매층이 생겨남을 의미했고, 이는 인쇄술을 통해 생산된 책들이 대중에게 폭넓게 읽히고 영향을 미치게 되었음을 의미했다.

인쇄술과
종교개혁의 전파

인쇄술이 개발된 지 얼마 지나지 않아 서양에서는 종교개혁이라는 큰 변혁이 시작되었다. 종교개혁은 당시 유럽의 종교를 지배했던 가톨릭의 부정과 폐단을 지적하며 기독교의 개혁을 주장한 루터(Martin Luther)에 의해 시작되었다. 독일의 성직자였던 루터가 1517년 10월 95개 항목을 제시하며 가톨릭 및 교황청을 비판하자('95개조 반박문'), 이 주장은 급격하게 퍼져나가면서 큰 호응을 얻었다.[3-2]

루터의 항의는 열렬한 지지를 끌어냈고, 더욱 강력한 주장으로 무장한 츠빙글리(Ulrich Zwingli), 칼뱅(Jean Calvin) 등의 개혁가들을 탄생시켰다.

3-2 금속활자를 이용해 인쇄되어 배포된 루터의 95개조 반박문. 1522년본.

이들 종교개혁가들은 교황청의 권위를 부정하며 새로운 기독교인 프로테스탄트, 즉 개신교로의 전환을 부르짖었다. 종교개혁은 유럽인들의 일상생활을 지배하던 교회를 부정한, 매우 강력한 영향력을 행사한 역사적인 사건이었다. 루터가 가톨릭의 개혁을 주장한 지 몇 십 년 만에 수많은 나라들이 개신교를 받아들였고, 종교계에서 천 년 이상 최고의 권력을 행사하던 교황청으로부터 등을 돌렸다.

종교개혁은 돌이켜보면 매우 급진적인 주장을 내세운 사건이었다. 어느 누구도 의심치 않았던 교회와 사제에 대해 의문을 제기하며 새로운 교회의 창설을 주장했기 때문이다. 또한 앞서 지적했듯 종교개혁은 엄청난 속도로 전파되며 상당히 급진적으로 진행된 사건이기도 했다. 교황이 스스로 나서서 루터 및 종교개혁가들에게 파문을 선언했음에도 불구하고 교회의 개혁을 주장하는 불길은 삽시간에 퍼져나갔다. 그리고 이러한 개혁의 급격한 전파 및 궁극적인 성공에는 인쇄술의 역할이 절대적이었다.

인쇄술은 종교개혁가들의 주장이 급속히 전파되는 과정에 크게 기여했다. 가장 먼저 개혁을 주장했던 루터의 저서는 3년여의 기간 동안 30판 넘게 인쇄되어 유럽 각국에 배포되었는데, 그 수는 30만 부 이상으로 추정된다. 역사가들은 만일 루터가 인쇄술이 발명된 바로 그 시기가 아니라 그로부터 몇 백 년 전에 교황청을 부정하는 주장을 했다면 성공한 개혁가가 아닌 한 지역에서 이상한 주장을 내뱉은 이단자에 그치고 말았을지도 모른다고 평가한다. 이는 루터의 주장이 전파되는 과정에서 인쇄술의 기여가 그만큼 대단했음을 지적하는 것이다. 독일에서 가장 먼저 정착된 인쇄술은 같은 독일 지역에서 제시된 루터의 주장을 삽시간에 전국으로 퍼뜨린 일등공신이었다.

인쇄술은 종교개혁이라는 급진적 물결의 전파 과정뿐만 아니라 새로운 기독교, 즉 개신교가 유럽인들 사이에 깊게 뿌리내리고 궁극적으로 종교개혁이 성공하는 데 큰 영향을 미쳤다. 루터가 주장한 종교개혁의 내용 중에는 교황청과 가톨릭 사제에 대한 과거의 무조건적인 충성을 내던지고 스스로 신을 맞이하라는 것이 있다. 이는 쉽게 말하면 사제의 설교를 통해 신의 뜻을 접하기보다 신자 개개인이 직접 신의 뜻을 접하라는 지침이었다. 따라서 개인이 신을 직접 대면하는 방법으로 성서를 읽을 것이 제안되었다. 스스로 성서를 읽으며 신의 능력과 가르침을 내재화하는 것이 기독교인의 새로운 의무로 내세워졌던 셈이다. 그런데 이 가르침이 실제로 구현되려면 각 가정마다 성서를 보유하고 있어야 했다.

성서는 책 자체로 보면 분량이 엄청난 서적이다. 과거 필사나 목판인쇄를 통해 제작될 당시 성서는 그 방대한 분량으로 인해 출판이 어려운 책 중 하나였고, 따라서 가격도 무척이나 비쌌다. 성서를 소유한 사람은 사제나 귀족층으로 한정되었다. 즉 성서는 특별한 사람들을 위한 책이었지 보통 사람들이 소유하고 읽을 만한 책은 아니었다.

인쇄술의 발명과 발전은 성서와 관련된 이러한 상황을 개선해냈다. 금속활자를 이용한 조판인쇄를 통해 두꺼운 성서도 예전에 비해 상당히 낮은 가격으로 제작될 수 있었고, 이 결과 성서의 보급률은 점차 높아졌다. 루터가 개인이 직접 성서를 읽어야 한다고 주장한 배경에는 인쇄술과 관련된 이러한 변화가 자리 잡고 있었다. 실제로 루터는 "신의 지고한 최고의 은총인 인쇄술에 의해 복음의 의도가 달성된다"고 말하면서 인쇄술과 개신교의 전파에 관해 언급하기도 했다. 인쇄기와 인쇄술이 없었다면 루터가 주장한 종교개혁의 주요 내용인 "신자는 모두 사제"라는 사상이 실제로 빠르게 구현되기는 어려웠을 것이다.[3-3]

인쇄술과 종교개혁, 뜻밖의 만남이었지만 그 결과는 대단했다. 유럽에는 새로운 기독교인 개신교가 점점 가톨릭을 대체하면서 영역을 넓혀가게 되었고, 인쇄술은 그 막강한 영향력을 과시하며 학문 및 예술 영역

3-3 1455년에 출간된 구텐베르크 성서(왼쪽)와 1534년에 출간된 루터 성서(오른쪽).

으로까지 활용 범위를 확대해갔다. 유럽인들의 일상생활에서 가장 중요한 요소 중 하나였던 종교가 변화하면서 이전과는 다른 방식으로 사회가 재편되기 시작했으며, 이러한 변화는 서두에 언급한 또 다른 변화들을 추동하며 근대사회를 형성해나갔다. 인쇄술은 이 모든 것을 가능케 했던 보이지 않는 추진력이었던 것이다.

증기기관,
산업화와 제국주의의
신호탄이 되다

대량생산을 가능케 한
산업혁명

인류사의 거시적인 시대구분은 원시 채집사회, 농
경사회, 산업사회로 나뉘는 것이 보통이다. 최근에 와서는 20세기의 급
속한 변화를 중시하며 정보사회를 추가하기도 하지만 대부분의 학자들
은 위의 구분에 동의하고 있다. 역사가들이 신석기혁명이라고 부르는
변화를 통해 인류가 농경생활을 시작한 이래 오랫동안 지속되어오던 농
경사회체제에서 공산품 중심의 산업체제로 변화한 역사적 사건을 산업

혁명이라고 부른다.

산업혁명이라는 역사적인 변혁은 18세기 중후반 영국에서 시작되었다. 면직업 분야에서 시작된 공장제 생산의 열풍은 다양한 업종으로 퍼져나갔고, 영국에 이어 유럽 대륙의 다른 국가들도 곧이어 변화에 동참했다. 이 변화는 대서양을 건너 미국으로도 퍼졌으며, 19세기 말에는 아시아 등의 다른 지역으로도 번져나갔다.

산업혁명을 거치면서 공장제 대량생산이 자리 잡은 이래 유럽의 국가들은 원료 조달과 시장 개척을 위한 식민지 확보 및 경영에 열을 올렸다. 19세기 제국주의의 원인 중 하나가 산업혁명이었던 셈이다. 이런 점에서 산업혁명은 물질적인 면뿐만 아니라 정치적인 면에까지 지대한 영향을 미쳤던 변화였다.

18세기의 산업혁명에서부터 19세기의 제국주의 시대에 이르는 사회 변화에 과학기술은 큰 역할을 했다. 우선 산업혁명의 상징이자 변화의 급속한 확산의 원동력이 되었던 증기기관은 당시 과학과 기술이 협력하여 만들어낸 산물이었다. 증기기관은 공장에 설치되어 대량생산을 가능하게 만들었으며, 증기기관차과 증기선에 장착되면서 원료를 공급하고 생산된 상품을 판매할 수 있는 새로운 시장을 개척하는 데 기여했다.

와트의 기술 혁신의 산물, 증기기관

증기기관을 개량해서 사용 가능한 기계로 만들어낸 인물은 바로 영국의 엔지니어인 와트(James Watt)였다. 와트는 이전에 이미 제작되어서 세상에 선보였던 증기기관인 뉴커먼기관의 단점을 보완

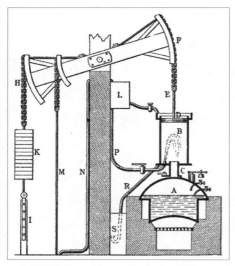

3-4 뉴커먼기관. *Meyers Konversationslexikon*, 1890.

하여 상용화한 기술 혁신가였다.

탄광의 배수 문제를 해결하기 위해 사용되고 있던 뉴커먼기관의 단점은 열효율이 너무 낮아, 증기기관을 작동시키는 데 소비되는 연료에 비해 기계가 수행하는 일이 너무 적다는 것이었다. 뉴커먼기관의 효율이 낮은 것은 물의 가열과 냉각이 실린더 안에서 동시에 일어나기 때문이었다.(3-4) 와트는 바로 이 문제를 해결해서 혁신을 일구어냈다.

뉴커먼기관
최초로 실용화된 피스톤 기관이자 최초의 외연 기관으로, 실린더 안으로 끌어들인 증기로 피스톤을 밀어 올리고 냉수를 분사하여 대기압으로 피스톤을 밀어 내리는 기관. 1712년에 설치된 뒤 탄갱의 배수 장치로 쓰였으나 열효율이 낮아 널리 이용되지는 못했다.

와트는 영국 글래스고에서 기구를 제작하던 기술자였다. 다양한 기구를 제작하고 수리하는 데 재능을 보여 실력을 인정받은 와트는 과학자 블랙(Joseph Black)에게 고용되어 대학에서 증기기관 모형을 수리하는 일을 맡게 되었다. 블랙이 학생들에게 강의할 때 사용하던 증기기관은 뉴커먼기관이었다. 이 일을 계기로 와트는 증기기관에 관심을 갖게 되었다. 와트에게 블랙과의 만남은 앞으로의 인생에서 여러 면에서 큰 의미를 갖는 사건이었다. 블랙의 소개로 루나협회(Lunar Society)라는 과학 단체에 출입하게 되었기 때문이다.

루나협회는 산업혁명의 중심지의 하나인 버밍엄에서 비정기적으로 열린, 과학에 관심 있는 사람들의 모임이었다. 이 모임에는 찰스 다윈 (Charles Darwin)의 조부인 이래즈머스 다윈(Erasmus Darwin)과 유명한 과학 강연가 프리스틀리(Joseph Priestley)를 비롯해 과학에 흥미를 가진 많은 사람들이 소속되어 있었고, 여기에서 와트는 다양한 부류의 인물들을 만날 수 있었다. 그중 볼턴(Matthew Boulton)과의 만남이 특히 중요했다. 사업가였던 볼턴은 증기기관을 개량한 와트의 성과를 눈여겨보았고, 훗날 와트와 함께 증기기관을 생산하는 회사를 차려서 큰 성공을 거둔다.

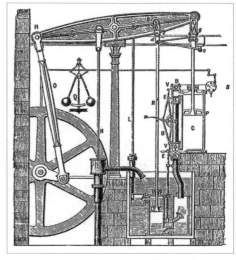

3-5 와트 증기기관의 설계도(1784). 실린더(C) 옆에 붙어 있는 장치가 분리식 응축기(B)이다.

와트는 증기기관의 효율을 높이기 위해 뉴커먼기관의 문제를 면밀히 분석한 끝에, 앞서 설명한 것처럼 실린더에서 가열과 냉각이 동시에 진행되기 때문에 열효율이 심각하게 떨어진다는 사실을 알아냈다. 와트는 여기에서 출발해 1765년 '분리식 응축기(separate condenser)'라는 장치를 고안했다.[3-5]

분리식 응축기는 가열된 수증기를 따로 분리해서 냉각시키는 장치로, 이 장치를 장착한 새로운 증기기관의 열효율은 획기적으로 높아졌다. 실린더가 계속 뜨거운 상태로 유지되면서, 냉각했다가 다시 가열하는 동안 일어났던 막대한 열손실이 사라졌기 때문이었다. 이렇게 뉴커먼기관의 문제점을 개선한 와트는 볼턴과 손을 잡고 새로운 증기기관을 제작해 판매하기 시작했으며, 이렇게 해서 상용화한 증기기관은 산업혁명이 급속하게 진전되는 데 결정적인 역할을 했다.

증기기관의
활약상

　　　새로운 증기기관을 가장 먼저 도입한 곳은 공장이 었다. 증기기관은 여러 대의 기계를 동시에 돌리는 데 사용됐으며 이를 계기로 다양한 방면에서 변화가 일어나기 시작했다. 가장 먼저 공장의 입지가 변하고, 대규모화했다. 이전의 공장은 동력원이 존재하는 곳에 만 설치될 수 있었고 그 규모도 상당히 작았다.

　과거에 사용되던 동력원은 물이나 바람이었다. 즉 풍차나 수차를 설치 해서 자연적인 동력을 얻을 수밖에 없었는데, 이 때문에 공장은 바람이 많이 부는 곳이나 물을 사용할 수 있는 곳에 세워져야만 했다. 그러나 증 기기관이 상용화하면서 이러한 제약은 사라졌다. 이제 공장의 입지에서 중요한 것은 자연 동력원의 존재 유무가 아니라 공장에서 일할 사람들, 즉 노동력의 유무가 되었다. 이러한 상황에서 공장들은 점점 인구가 많 고 충분한 노동력을 공급받을 수 있는 도시에 세워지기 시작했다. 하지 만 도시의 공장화는 증기기관이 불러온 변화의 시작에 불과했다.

　도시에 공장이 들어서고 노동자들이 많이 필요해지면서 농촌 인구가 도시로 몰려들기 시작했다. 증기기관을 사용해 시간에 구애받지 않고 공장이 가동되면서 일손이 많이 필요했기 때문이었다. 하지만 공장에서 일하면 농촌에서보다 더 나은 생활을 할 수 있으리라는 막연한 기대를 품고 도시로 몰려드는 사람들의 수가 급격하게 증가하면서 공장 노동자 들의 임금은 올라가기는커녕 점점 떨어졌다. 게다가 기업가들은 임금을 줄이기 위해 여성이나 어린이까지 터무니없는 봉급을 주며 고용하기 시 작했다.[3-6]

　갈수록 열악해지는 도시 임금 노동자들의 상황은 사회문제를 불러일

3-6 유리 제조공장의 어린이 노동자
(1908). 루이스 하인 사진.

3-7 러다이트 운동. 두 노동자가 방직기계를 부수고 있
다(1812).

으키기도 했다. 기계 때문에 임금이 떨어
진다고 생각한 노동자들이 공장으로 몰려
들어서 기계를 파괴해버린 '러다이트 운
동'(1811~1817)이 그 사례다.[3-7] 한편 이
러한 노동자들의 열악한 상황은 이들로
하여금 스스로 기업가나 자본가와는 다
른 부류에 속한 사람이라는 계급의식을
발현시키는 계기가 되었다. 마르크스(Karl
Marx)가 『자본론(Das Kapital)』을 집필하여 노동자 계급이 주인이 되는 세
상을 제안하는 데에서 영국의 상황은 중요한 사례가 되었다.

증기기관은 산업혁명을 넘어 영국을 중심으로 한 제국주의 시대가 본
격적으로 열리는 데도 영향을 미쳤다. 와트는 분리식 응축기로 증기기
관을 개량한 후 지속적으로 개선을 위해 노력했다. 그 성과 중 하나는 피
스톤의 상하 운동에 의해 수직 방향으로만 작동하던 증기기관의 작동
방향을 수평 방향으로 변화시키는 보조 기구의 고안이었다. 동력의 전

달 방향을 자유자재로 변화시키게 되었다는 것은 바로 증기기관이 공장의 기계 외의 다양한 기계들에도 활용될 수 있음을 의미했다.

가장 먼저 새로운 기술의 혜택을 본 것은 운송 기계였다. 증기기관차와 증기선의 등장은 이러한 성과의 하나다. 이 중 증기선은 영국을 비롯한 유럽의 열강들이 본격적으로 식민지 개척에 나서면서 제국주의 시대를 여는 데 지대한 영향을 미쳤다.

유럽 세력은 16세기부터 아프리카나 아시아 지역으로 진출해서 식민지 개척을 노렸다. 하지만 이 시기에 유럽인들은 몇몇 해안의 거점을 정복하는 데는 성공했으나 전체 지역을 식민지화하지는 못했다. 그 이유는 아시아나 아프리카의 내륙 지역으로의 침투가 거의 불가능했기 때문이었다. 범선을 타고 군대를 실어간들 험악한 지형을 뚫고 내륙으로 들어가면 강력한 무기를 가지고 있어도 지형에 익숙한 토착 세력과의 전투에서 승리를 거두지 못했던 것이다.

3-8 증기기관이 장착된 초기의 증기선 '엔터프라이즈 호'의 1815년 첫 항해.

하지만 증기선은 내륙 침투를 가능하게 해주었다. 바람이 있어야만 움직이는 범선과 달리 증기선은 어느 곳으로나 군대를 실어 나를 수 있었고, 서양 세력은 증기선을 이용해서 강을 거슬러 올라 아프리카의 사막이나 아시아의 정글 안으로 침투하기 시작했다. 증기선을 타고 내륙에 위치한 주요 도시들을 직접 공격할 수 있게 되자 유럽의 앞선 신무기들도 위력을 발휘하기 시작했다. 19세기에 제국주의 시대가 본격화한 이면에는 증기기관의 산물인 증기선이 있었다.[3-8]

과학과 기술의 산물인 증기기관은 산업혁명이라는 경제적인 변화뿐만 아니라 도시화, 노동자 계급의 형성, 제국주의 시대의 도래 등 다양한 영역에 영향을 미쳤다. 증기기관은 사회 변화 과정에서 과학기술의 역할이 점점 더 증대할 것이라는 사실을 보여주는 신호탄이었다. 산업혁명 이후 과학과 기술의 산물들은 사회 다양한 분야에 빠르게 침투하면서 더 급속하게 전반적인 사회를 변화시켜나갔다.

케틀레의 인간,
맥스웰의 분자

과학자의 창조적인 아이디어는
어디에서 나오는가

　　　　과학자들은 늘 새로운 생각을 하고 창조적으로 문제를 해결해야 하는 사람들이다. 하지만 기존의 관념들을 바꾸기는 쉽지 않고, 늘 해오던 방식에서 벗어나기도 힘들다. 이는 우리가 게을러서거나 창조적이지 못해서라기보다는, 일상생활에서 기존의 생각과 방식에 맞춰 움직이는 것이 훨씬 효율적이고 위험부담이 낮기 때문에 생긴 습관이다.

그렇다면 과학자들은 어떻게 이런 습관을 극복하고 새로운 아이디어를 얻어 기존과는 다른 방식으로 문제를 해결할 수 있을까? 2010년 스카치테이프를 이용한 기발한 연구로 노벨물리학상을 수상한 러시아 태생의 물리학자 가임(Andre Geim)은 사고의 전환을 위해 의도적으로 '외도'의 시간을 갖곤 했다. 매주 금요일 오후 연구실의 멤버들이 모여, 주중에 하는 작업과는 관련이 없지만 개인적으로 흥미를 갖고 있던 연구를 하나씩 보여주는 시간을 가졌던 것이다. 결과적으로, 일상적인 연구에서 잠시 떨어진 채 보낸 이 시간은 창조적인 아이디어를 낳는 보고가되었다. 재미 삼아 강력한 전자석 안으로 뿌린 물이 마치 무중력 상태에 있는 것처럼 공중에 떠 있게 된다는 사실을 알아낸 것도, 일상에서 흔히 사용하는 접착용 셀로판테이프, 즉 '스카치테이프'가 탄소의 얇은 막을 분리시키는 최적의 도구라는 것을 알아낸 것도 모두 이 시간을 통해서였다.

가임의 의도적인 외도처럼, 과학의 역사에서는 평소 빠져 살던 연구 주제에서 한발 물러서 있을 때 창조적인 아이디어가 나오는 경우가 종종 있다. 하나의 연구에 너무 몰입한 나머지 사고의 폭이 좁아졌을 때, 다른 분야의 주제나 방법들이 예상치 못했던 신선한 시각을 제공해주면서 시야를 확 넓혀주는 것이다. '융합'이라는 말은 바로 이런 경험을 가리키는 것이리라.

케틀레의 사회, 맥스웰의 기체

영국의 물리학자 맥스웰(James C. Maxwell)은 커피 브랜드명보다도 덜 유명하지만, 뉴턴이나 갈릴레오, 아인슈타인과 같은 반열에 올라서는 데 전혀 손색이 없는 19세기의 위대한 과학자다. '전자기학'이라는 학문 분야를 정립시킨 맥스웰은 빛이 전자기파라는 사실을 알아냈으며, 그때까지 이루어진 전자기학 분야의 연구를 집대성하여 4개의 맥스웰 방정식으로 정리했다. 또 그는 기체분자운동론으로 통계역학과 열역학 분야를 정립하는 데 지대한 공헌을 했다.

오래전부터 사람들은 공기, 즉 기체가 어떻게 움직이는지 상상해왔다. '보일의 법칙'으로 유명한 보일(Robert Boyle)은 공기를 이루는 입자들이 마치 스프링이 달린 것처럼 탄성을 지니고 있다고 봤는데, 그 탄성으로 공기의 압축 또는 팽창, 그에 따른 압력 변화를 설명할 수 있다고 생각했다.

기체는 워낙 부피 변화가 심해서, 후대 사람들도 기체를 구성하는 작은 알갱이들이 서로 부딪칠 때 튕기는 탄성을 지니고 있다고 믿었다. 외부에서 엄청난 힘으로 기체를 누르면 압력을 받은 기체 입자가 압축되어 부피가 줄어들지만, 일단 그 힘이 사라지면 입자가 지닌 탄성으로 인해 기체의 부피가 회복된다고 생각했던 것이다.

그때까지 탄성을 지니는 물체들이 충돌했을 때 운동이 어떻게 변하는지에 관해서는 많은 연구가 이루어졌지만, 기체의 부피와 압력의 변화, 기체에서 열이 전도되는 현상과 기체의 수송현상 등을 연구하려는 사람들에게는 탄성 물체에 대한 기존의 역학 연구가 그다지 큰 도움이 되지 않았다. 기체에는 너무나 많은 기체 알갱이들이 포함되어 있을 것이기 때문에, 기체 알갱이 몇 개의 운동을 안다고 해도 그 기체들이 어마어마하게 모였을 때 나타나는 효과를 계산하기는 어려웠기 때문이다. 그렇다면 어떻게 해야 수많은 기체 알갱이들의 운동을 계산할 수 있을까?

맥스웰은 벨기에의 통계학자이자 천문학자인 케틀레(Adolphe Quetelet)가 발전시킨 통계적 방법에서 아이디어를 얻었다. 케틀레는 수많은 인간들의 집단이라 볼 수 있는 사회에서 나타나는 여러 현상들이 매우 복잡해 보이지만 그 안에 규칙성이 있을 것이라고 생각했다. 범죄율·혼인율·자살률 같은 사회현상들을 다른 사회적 요인들과 연결 지어 설명할 수 있지 않을까?

1835년에 출판한 책에서 케틀레는 '평균적 인간'이라는 개념을 제시하면서, 인간의 특성과 관련하여 통계조사를 하면 그 결과는 정상분포곡선을 그릴 것이며, 그것을 통해 곡선의 평균값에 해당하는 '평균적 인간'의 특성을 포착해낼 수 있을 것이라고 생각했다. 이런 통계적 분석을 통해 '정상적으로' 행동하는 사람의 행태를 파악할 수 있고, 정상적인 사람의 행태와 비정상적인 사람의 행태 사이에 놓여 있는 규칙성을 찾아낼 수 있으리라고 본 것이다.[3-9]

케틀레는 인간의 키나 몸무게 같은 물리적 특징뿐 아니라 범죄율·자살율과 같은 도덕적 특성들도 정량적인 측정의 대상이 될 수 있으며, 이 측정값들이 그려내는 정상분포곡선을 통해 인간의 행동 양태를 파악할

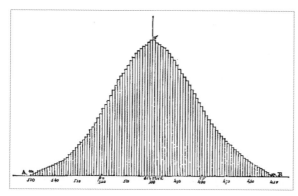

3-9 케틀레의 정상분포곡선. Quetelet, *Lettres sur la théorie des probabilités*, 1846.

수 있다고 믿었다. 이러한 그의 주장은 인간 개개인의 자유의지를 믿는 사람들의 비판을 사기도 했다.

맥스웰은 천문학자 허셜(William Herschel)이 케틀레의 책에 대해 쓴 리뷰를 통해 케틀레의 아이디어를 처음 접했다. 즉 맥스웰은 개개인은 다양한 특성을 보이지만 그 데이터들이 모이면 정상분포곡선을 그릴 것이고 그것으로 인간 전체의 특성을 이해할 수 있으리라는 케틀레의 통계적 방법론을 통해 수많은 기체 입자를 다룰 방법의 힌트를 얻었다. 맥스웰은 기체 입자 각각은 0에 가까운 아주 느린 속도부터 엄청 빠른 속도까지 매우 다양한 속도를 갖겠지만, 기체 입자들의 속도 전체를 모아 놓고 보면 정상분포곡선을 그릴 것이라는 가정하에 기체 입자들의 속도 분포 곡선으로부터 그 기체의 물리적 특성을 찾아내는 방법을 개척해나갔다. 이를 통해 기체 입자의 운동을 다루는 통계적이고 확률적인 방법을 세운 것이다.

맥스웰이 기체를 다루는 창조적인 방법을 찾아낸 것은 인간과 사회를 대상으로 한 분석을 통해서였다. 케틀레의 통계적 분석 방법 자체는 이미 천문학에서 사용되고 있던 것이지만(그런 점에서 맥스웰 자신도 분석법 자체는 익히 알고 있었겠지만), 그것으로 집단의 특성을 분석한다는 구상은 케틀레를 통해 얻었다. 한마디로 '맥스웰의 분자'는 '케틀레의 사회'에서 영감을 얻은 것이다.

맬서스의 인간, 다윈의 동물

맥스웰의 과학이 케틀레의 사회로부터 영감을 얻은

것과 마찬가지로, 다윈의 진화론은 맬서스(Thomas Malthus)의 경제학적이고 사회학적인 통찰에서 영감을 얻었다. 산업혁명이 일어나면서 진행된 급격한 산업화와 이로 인한 도시 노동자의 증가를 목격한 맬서스는 1798년 『인구론(An Essay on the Principle of Population)』을 통해 인간 사회에 대한 비관적인 전망을 제시했다.

이 책에 나온 맬서스의 유명한 구절에 따르면, 식량은 산술급수적으로 증가하는 데 비해 인구는 기하급수적으로 증가하기 때문에 곧 식량이 부양할 수 있는 것보다 인구가 더 많아지는 순간이 올 것이며 이로써 인간들 사이에서 경쟁과 갈등이 발생할 것이라고 예견했다.[3-10] 이런 미래를 피하기 위해 맬서스는 부양 능력이 없는 사람들의 도덕적 절제를 통해 인구 증가를 억제해야 한다고 제안했다.

비글호를 타고 남아메리카를 돌며 5년간의 긴 항해를 한 다윈은 남아메리카를 비롯해 여정 중에 들른 여러 지역에서 진화의 증거를 발견하고 종의 진화에 대한 확신을 얻었다.[3-11] 그러나 어떻게 진화가 이루어지는지, 진화의 매커니즘이 무엇인지는 알 수 없었다. 그때 다윈이 집어 들었던 맬서스의 책이 그에게 번뜩이는 아이디어를 주었다.

인구가 많아지면 경쟁이 일어나고, 이

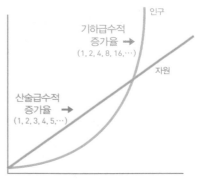

3-10 맬서스의 인구 성장 모델.

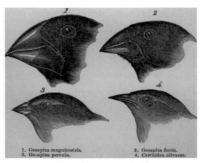

3-11 다윈이 출간한 『비글호 항해기』(1838)에 실린 그림. 1835년 비글호를 타고 갈라파고스 제도에 도착한 다윈은 그 섬에 서식하는 핀치새의 부리 모양이 환경에 따라 조금씩 다르다는 사실에 주목했고, 이는 『종의 기원』 집필에 큰 영향을 미쳤다.

러한 경쟁에서 패배한 인간은 사라지고 경쟁에서 이긴 사람만 살아남을 것이다. 마찬가지로 자연에서 개체들 사이에 경쟁이 일어난다면, 경쟁에서 살아남은 개체는 종족을 계속 번식시키고 경쟁에서 살아남지 못한 개체는 사라지는 것이 아닐까? 그렇다면 경쟁에서 살아남고 죽는 것을 결정하는 것은 무엇일까? 다윈은 같은 종을 이루는 개체들 간에도 엄청난 수의 변이가 있다는 점에 주목했다. 즉 같은 인간 사이에서도 키가 2m가 넘는 사람부터 1m가 안 되는 사람까지 엄청나게 많은 변이가 있는 것처럼 동일한 생물학적 특성 내에서도 개체마다 수많은 변이가 있으며, 이 차이가 특정 환경에 잘 적응할 수 있는지 그렇지 못한지를 결정한다는 것이다.

당대 사람들 중에는 다윈이 경제학자 맬서스의 인간에 대한 통찰에서 아이디어를 얻어 제시한 자연선택의 냉혹함에 거부감을 나타낸 이들도 있었지만, 바로 그 냉혹한 상황이 실제로 벌어지고 있던 사회 속에 사는 사람들에게 다윈의 발상은 어쩌면 더 직관적으로 이해될 수 있는 것이었는지도 모르겠다.

과학기술,
여성에게 시간을 선물하다?

흔히 과학기술이 발달하면서 인간의 삶이 더 편리해졌다고 생각한다. 군이 사례를 열거하지 않아도 과거보다 오늘날 더욱 편리한 물질문명이 많은 것은 분명하다. 많은 사람들이 세탁기·청소기 같은 가전기기의 출현으로 여성의 노동이 매우 편해졌고 덕분에 유휴시간도 늘어났다고 여긴다.

그런데 여성사회학자 코완(Ruth Cowan)은 이런 전통적인 사고에 의문을 제기한다. 코완 본인이 실제 가사 활동을 하면서 '과연 세탁기와 청소기가 있는 지금이 여성에게 더욱 편안함을 주었는가?'라는 생각을 하게 된 것이다. 그녀의 답은, 최소한 가정 안에 있는 문명의 이기는 여성의 노동 해방에 그다지 "도움이 되지 않았다"였다.

세탁기 패러독스

세계 최초의 전기세탁기는 1910년 미국의 피셔(Alva J. Fisher)에 의해 개발됐다. 개발 당시에는 미국의 전기 보급률이 낮아 크게 각광받지 못했지만, 1940년대 전기 보급률이 높아지면서 편리함으로 중무장한 이 새로운 가전제품은 미국 가정 내 보급률 60%가 넘을 정도로 선풍적인 인기를 끌었다.

사실 가사 활동 중 물리적 힘을 가장 많이 요하는 것이 바로 '빨래'다. 쌓여 있는 빨랫감을 쭈그려 앉아서 손으로 비비거나 방망이로 두드려 때를 뺀 후 헹구고, 짜고, 털고, 말리는 과정을 거쳐야 마무리되기 때문이다. 따라서 이 모든 과정을 전기의 힘을 빌려 한 번에 해결해주는 세탁기의 등장은 그야말로 '편리함'에서 혁신 그 자체였다.[3-12]

그런데 이러한 세탁기의 편리함에는 미처 생각지 못한 양면성이 도사

3-12 1910년 세탁기 광고. 손빨래에서 해방되어 시간과 노동력을 줄일 수 있으며 그로 인해 기쁜 하루를 보내게 된다는 내용을 담고 있다.

리고 있었다. 분명 그것은 빨래에 드는 물리적 힘을 드라마틱할 정도로 경감해주었지만, 세탁에 들어가는 시간을 단축하는 데는 그리 성공하지 못했다.

사실 세탁기로 인해 여성의 노동 시간이 줄어들었다는 것이 일반적인 견해다. 그러나 코완은 세탁을 1회 하는 데 걸리는 시간은 줄었을지 몰라도, 과거보다 더 자주 세탁을 하고 있다는 점을 지적했다. 실제로 과거에는 입던 옷도 재착용하면서 주 1회 겨우 세탁을 했다면 지금은 특수한 겉옷이 아닌 이상 한 번 착용 후 세탁하고, 4인 이상 가족의 경우 하루에 1회 이상 세탁기를 돌리는 게 그리 드문 일이 아니다. 결국 세탁기의 편리함은 세탁의 양과 빈도를 늘리며 여성의 시간을 앗아갔다.

그러면서 동시에 세탁기는 '청결'이라는 새로운 과제를 여성에게 떠맡겼다. 빨래를 자주 한다는 것은 그만큼 깨끗함을 추구하는 생활방식과 맞물려 있고, 깨끗한 옷은 바람직한 주부의 덕목이 되었다.

1980년대 한국에 세탁기의 보급이 보편화되기 시작할 무렵의 광고를 보면 "전자동 ○○세탁기, 버튼 하나면 빨래 끝"이라는 식의 편리함을 강조하는 것이 트렌드였다. 그런데 1990년대 후반부터 '공기방울', '수중강타', '나노' 등의 이름이 붙은, 깨끗한 빨래를 위해 개발된 방식을 특성화한 세탁기들이 출시됐고, "옷 속 세제까지 말끔히, 보이지 않는 세균까지 한 번에"와 같은 식의 '청결함'을 강조하기 시작했다. 어느새 세탁기에는 청결을 위한 기능이 필수로 탑재되어, 지금의 여성들은 잦은 빨래라는 노동과 함께 매일 청결한 옷을 가족에게 제공해야만 하는 이중의 부담을 안게 된 것이다.

"여성의 역사를 바꾼 발명품, 집안일을 힘들어하던
여성들에게 폭발적인 인기를 끌며 빗자루와 쓰레받기를 내몰았죠. 좁은
틈새의 먼지까지 제거하는 가정의 필수품이 되었습니다."

몇 년 전 YTN에서 방송된 〈사이언스 레이디〉라는 정보 프로그램의 진
공청소기 편에 나온 소개 멘트다. 진공청소기가 여성의 노동 해방에 도
움을 주었다는 생각이 여실히 드러난다. 하지만 여기에도 여전히 세탁
기 패러독스는 존재한다.

1907년에 가정용 진공청소기를 처음 개발한 사람은 미국의 스팽글러
(James Spangler)였고, 그에게서 특허권을 사들인 후버(William Hoover)가
이를 상용화했다. 후버가 제작한 진공청소기를 사용해본 여성들은 허리

를 구부리지 않고 편안한 자세로 청소를
할 수 있는 편리함은 물론이고 눈에 잘
띄지 않는 먼지까지 완벽히 제거하는 것
을 보며 극찬했다. 그리고 이 같은 평가
에 힘입어 진공청소기는 미국은 물론이
고 세계 각국에 퍼져나갔다.[3-13]

진공청소기의 등장으로 미국 중산층
가정의 청소 풍경이 달라지기 시작했다.
20세기 초까지도 가정주부들은 주로 집
안 살림을 정리하고 먼지 청소는 매일
방문하는 가사도우미에게 맡기는 것이
미국의 일반적인 가정의 풍경이었다. 하

3-13 1910년 『내셔널지오그래픽』에 실린 청소기 광고.

지만 진공청소기가 등장하면서 집 안 정리는 물론이고 먼지 청소까지 가정주부의 당연한 몫이 되어버린 것이다.

> "일렉트로닉스는 현대사회의 상징입니다. 일렉트로닉스는 가사도우미가 하는 일을 대부분 대신해주기 때문에 여성들은 힘들이지 않고 짧은 시간에 집 안을 깨끗하게 청소할 수 있습니다. 일렉트로닉스—청결의 새로운 개념." (1926년 『더 홈(*The Home*)』에 실린 광고 문구)

'굳이 가사도우미가 없이 홀로 청소를 할 수 있다'는, 잡지 『더 홈』의 진공청소기 광고에서 가사도우미의 역할이 사라지고 있음을 짐작할 수 있다. 실제로 진공청소기와 세탁기, 그 밖에 많은 가전제품이 개발되면서 일반 가정에서 가사도우미가 사라지고, '안주인'인 여성은 전업주부가 되어 오롯이 가사 활동을 전담하게 됐다.

진공청소기 또한 여성들에게 '위생'이라는 새로운 청결 기준을 제시했다. 빗자루를 들었을 때는 눈에 보이는 오염물질의 제거가 청소의 최종 목적이었다면, 진공청소기를 사용하면서부터 눈에 보이지 않는 먼지, 진딧물과 같은 해충의 제거까지 청소의 범주에 들어온 것이다. 그러면서 여성은 '내 아이와 남편을 위해' 가정의 위생을 책임져야 하는 입장이 됐고, 이를 위해 더 깨끗이 더 자주 청소를 하면서 많은 노동 시간을 투여하게 됐다. 결과적으로 진공청소기는 여성들의 편리함을 빙자하여 가사도우미를 물리치고 '위생'이라는 보건 기준을 가정으로 끌고 들어와 여성의 가사노동 시간을 더 늘린 셈이다.

자동차를
어떻게 사용할까?

대량생산과
대량소비의 상징

현대 소비문화를 대표하는 기술 중의 하나가 자동차일 것이다. 자동차는 공간의 제약을 벗어나게 해줌으로써 자유를 상징하기도 하고, 개인주의를 표현하기도 한다. 첫 직장에 취직한 사회 초년생들이 나만의 자동차를 갖고 싶어하는 것이나, 일상에 지친 현대인들이 자동차를 타고 여행을 떠나는 광고 등은 자동차가 지닌 이런 상징성을 보여준다.

자동차가 이런 상징성을 갖게 된 데는 미국의 자동차 회사 포드의 역할이 컸다. 자동차는 이미 19세기에 등장하여 사용되고 있었지만, 1908년 포드의 모델 T(Ford Model T)[3-14]가 등장하기 전까지만 해도 고가의 사치품으로 중산층에 속하는 사람들조차 갖기 어려운 물건으로 여겨지고 있었다. 포드가 생산한 모델 T는 자동차에 대한 기존의 생각을 바꾸는 데 일조했다. 포드 사는 이동식 조립라인(assembly line)[3-15]을 도입하여 자동차의 대량생산을 가능하게 함으로써, 기존의 3분의 1 정도에 불과한 저렴한 가격에 자동차를 내놓았다.

3-14 1908년 포드 모델 T.

3-15 포드 사의 이동식 조립라인(1913).

저렴해진 가격 덕에 자동차 구매자가 늘어나면서 자동차는 일상 속으로 들어왔다. 이리하여 오늘날 자동차는 과학기술의 성과이자 포드주의 대량생산 및 미국식 대량소비문화를 상징하게 되었다.

살림을 도와주는 미국의 자동차

결과적으로 포드의 모델 T가 자유·개인주의·대량생산 등 자동차가 지니는 현대적 상징성을 만들어내긴 했지만, 이런 상징성은 포드의 모델 T가 등장하고도 한참이 지나서야 보편화되었다. 초창기 자동차의 용도나 소유·사용 패턴은 그것을 만든 사람들의 의도와는 다르게 이루어졌기 때문이다.

　자동차 대량생산이 시작된 미국에서도 초기에는 자동차를 어디에 써야 할지, 어떻게 사용해야 할지가 분명치 않았다. 포드 사를 설립한 헨리 포드(Henry Ford)는 적당한 생활 수준을 갖춘 사람이라면 누구나 소유할 수 있고, 가족들과 함께 여행을 다니며 여가시간을 즐길 수 있는 그런 자동차를 만들어야겠다고 생각했다. 하지만 가족여행과 여가를 위해 큰돈을 써가며 선뜻 자동차를 구입하기는 쉽지 않았다. 특히 농장을 경영하거나 농사를 짓는 사람들은 일요일 교회에 갈 때 같은 경우를 제외하면 자동차를 사용할 일이 많지 않았다. 대량생산으로 상대적으로 저렴해지긴 했지만 여전히 목돈을 써야 하는 자동차를 구매할 유인은 크지 않았다.

　이런 상황에서 자동차를 팔기 위해 자동차 회사는 다른 전략을 내세웠다. 농장에 차를 팔기 위해 자동차의 좀 더 실용적인 측면들을 내세운 것이다. 자동차는 휴일에 가족여행을 가거나 교회 가는 데 이용될 수도 있지만, 평소에도 농장 일에 쓸모가 많다는 점을 부각시켰다. 그때 강조된 것은 자동차 자체가 아니라 자동차의 엔진이 갖는 기능이었다. 자동차 엔진을 이용해 수동세탁기를 돌릴 수도 있고 버터를 만드는 교반기(고체·액체·기체 등을 휘저어 섞는 기구)를 작동시켜 우유로 버터를 만들어 낼 수도 있다는 점이 부각되었다. 자동차를 사는 김에 엔진을 얻는 게 아니라, 여러모로 쓸모가 많은 엔진을 사는 김에 주말에 여행도 다닐 수 있는 차체가 딸린 엔진을 사는 셈이었다.[3-16, 3-17]

　이런 마케팅 전략 덕분인지 농장에서 차를 소유하는 사람들이 증가했다. 그들은 포드의 소망대로 차를 타고 가끔 여행을 다니기도 했지만, 애초에 전혀 기대하지 않았던 방식으로 농사나 가사용 동력으로 자동차를

3-16 1918년의 자동차 광고. 트랙터로도 쓸 수 있는 자동차를 광고하고 있다.

사용했다. 모델 T의 판매가 안정권에 들어서고 자동차가 비싼 과시용 사치품에서 여행 또는 일상적인 이동을 위한 교통수단으로 자리를 잡자 포드 사는 엔진 대용으로 자동차를 사용하지 못하도록 전략을 바꾸었다. 그런 용도로 사용하다 고장이 난 경우, 용도 외 사용으로 인한 고장이라며 그 책임을 전적으로 사용자들에게 돌렸던 것이다. 이로써

3-17 빨래, 치즈 만들기, 아기 달래기 등 농장의 갖은 잡일을 하고 있는 포드 모델 T. 제1차 세계대전 중에 나온 이 엽서의 그림은 당시 농장에서 포드 모델 T의 엔진으로 했던 다양한 일들을 보여주고 있다.

자동차 엔진을 별도의 용도로 사용하는 경우는 점차 줄어들었다.

이웃끼리 공동 소유하는 영국의 자동차

　　　미국이 포드의 대량생산과 초기 마케팅 전략 등으로 자동차 대량생산 및 판매에 성공했지만, 이것이 자동차 사용의 일반적이고 보편적인 형태는 아니었다. 대서양 건너 영국의 자동차 생산 및

소비 패턴은 20세기 전반기 동안 다른 양상을 보였다. 무엇보다 20세기 전반 영국에서는 자동차 산업에 포드주의 대량생산 방식을 도입하지 않았다. 이를 두고 영국의 자동차 산업이 미국식 대량생산 방식을 따라가는 데 실패했다는 의견들이 있었는데, 이를 실패로 보기보다는 영국 자동차 소비 패턴이 미국과 달랐던 것으로 이해할 수 있을 것이다. 즉 대량생산 실패가 아니라 대량생산의 필요성이 제기되지 않았다고 볼 수 있다. 영국에서는 계급·젠더에 따라 자동차를 소비하는 방식에 차이가 있었기 때문에, 동일한 모델의 자동차를 대량으로 만들어내는 것은 영국의 소비 패턴에 맞지 않았다.

20세기 전반기 영국에서는 자동차 소비에서도 계급에 따른 전통적인 소비 패턴이 나타났다. 먼저 계급에 따라 선호하는 자동차의 모델이 달랐다. 또 노동계급은 전통적인 소비 방식에 따라 여러 명의 노동자가 자동차를 공동 소유하기도 했다. 요즘 유행하는 자동차 공유경제가 영국에서는 진작부터 등장했던 셈이다. 이런 점에서 영국 노동계급에게 자동차와 개인주의의 상징성은 미국에서만큼 큰 의미를 갖지 못했다.

초기에는 젠더와 관련하여 자동차에도 전통적인 소비 방식이 나타났다. 지금도 그렇지만 자동차는 당시에는 더욱 남성의 영역에 속하는 것으로 여겨졌고, 운전은 남성성과 동일시되기까지 했다. 따라서 자동차의 소유나 운전은 남성들의 것으로 여겨졌다. 그러나 제1차 세계대전 기간 중에 전쟁에 나간 남성을 대신해 여성들이 운전을 배우고 자동차를 모는 일이 늘어나면서 자동차와 자동차 운전이 조금씩 중성의 영역으로 들어왔다.[3-18] 하지만 자동차를 소비하는 방식에서는 여전히 젠더가 중요한 기준으로 작용하여, 소비자로서의 여성은 유용성보다는 스타일·색상·편안함 등에 따라 차를 구매하는 경향이 나타났다.

20세기 중반으로 가면서 영국에서
도 점차 자동차의 의미가 미국식 상
징성을 얻기 시작했다. 여가생활과
여행에 많이 이용되면서 자동차는
개인성과 독립성의 상징으로 자리
잡아갔다.

이외에도 각기 다른 상황에 놓여
있던 사람들에게 자동차는 여러 가

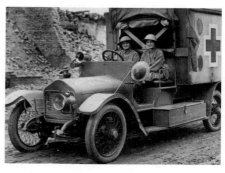

3-18 제1차 세계대전 당시의 여성 운전자.

지 의미로 다가왔다. 차를 타고 온 도시 여행자들을 바라보는 시골 사람
들에게 자동차는 도시의 여유로움을 상징하기도 했고, 자동차로 인해
당일치기 여행이 늘어나자 여관 주인들에게 자동차는 여관의 쇠락을 이
끄는 얄미운 물건이 되었다. 영국이 갖고 있던 세계의 주도권이 미국으
로 넘어가자 자동차는 미국 물질문화의 상징으로 여겨져 근대성이나 물
질문화를 비판하는 자리에 자주 거론되기도 했다.

20세기 전반기 미국과 영국에서 자동차가 사용되고 문화적으로 소비
되던 방식을 보면 하나의 기술이라도 그 용도나 상징하는 의미가 사회
마다, 시기마다 다양하다는 것을 알 수 있다. 기술의 용도는 처음 그것을
발명하거나 개발한 사람들의 의도와 다를 수 있으며, 상징은 그 기술이
사용되는 곳의 사회적 · 문화적 환경에 따라 달라질 수 있는 것이다.

기술의 다양한 사용 방식과 상징성은 창조성이 단지 기술을 발명하고
개발하는 데서만 발휘되는 것은 아니라는 사실을 알게 해준다. 모든 사
람이 발명가가 될 순 없을지라도 기술을 사용하는 데서 다양한 창조성
을 발휘할 수 있으며, 의식하지는 못하지만 이미 실생활에서 많은 창조
성을 발휘하고 있는 상태일지도 모른다.

환경협약의 딜레마
'교토의정서'

온실가스
지구온난화를 일으키는 원인이 되는 대기 중의 가스 형태 물질. 온실효과를 일으키는 6대 온실기체는 이산화탄소(CO_2)·메탄(CH_4)·아산화질소(N_2O)·수소불화탄소(HFCs)·과불화탄소(PFCs)·육불화황(SF_6)이다.

온실가스, 수질오염, 환경호르몬 등 오늘날 환경문제는 재론할 여지 없이 전 지구적인 최대 이슈다. 모든 사람이 미래를 위해 현재 지구의 환경을 걱정하며 그 문제를 해결하려고 노력하는 것은 당연한 일이다. 따라서 환경문제와 관련해서는 최초의 환경 관련 협의회인 'UN 인간환경회의'(1972) 때부터 한 국가가 아닌 전 세계가 참여하여 다자간 합의를 하는 형태로 진행되어왔다. 하지만 1980년대까지 국제협의를 거치는 동안 수차례 이뤄진 환경회의는 국익과 충돌하여 이렇다 할 방안을 마련하지 못하고 끝나곤 했다.

이에 국제사회는 실효성과 강제성이 있는 방안이 필요하다는 데 공감하고 '정부간기후변화패널(IPCC, 1988)'을 결성하여 자발적으로 환경오염을 막기 위한 구체적인 방안을 수립하기로 했다. 그 결과 세계 각국 대표들이 모여 '기후변화협약'(1992)을 체결했으며, 우선적으로 오존층 파괴를 막기 위해 국가별로 실질적인 노력을 쏟기로 협의했다. 그리고 1997년 기후변화협약의 구체적 이행 방안으로 '교토의정서'를 채택했다. 이로써 역사상 최초로 인류가 지구를 위해 구체적인 활동을 시작한 것이다.

순탄치 않은 여정의 시작, 교토의정서의 등장

1997년 12월 일본에서 개최된 기후변화협약 3차 당사국 총회에서 지구온난화 방지를 위한 선진국들의 온실가스 감축 목표가 담긴 '교토의정서'가 최종적으로 채택됐다. 기존의 192개국이 가입한 기후변화협약이 일반적인 원칙을 마련한 협정이었다면, 이 의정서는 선진국의 온실가스 감축 목표와 감축 일정, 감축 방식 등 법률의 시행령과 같이 구체적인 이행 내용이 담긴 일종의 조약이었다.

아넥스 1의 당사국은 2008~2012년의 의무 이행 기간 동안, 아넥스 A에 열거된 온실가스의 총 배출량을 인위적으로 배출한 이산화탄소 양으로 환산했을 때의 수치로 1990년에 비해 적어도 5% 감축하기 위해, 아넥스 B와 본 조항에서 규정한 온실가스 배출량 제한과 감축 의무에 따른 할당량을 초과하지 않도록 개별 또는 공동으로 보장해야 한다.(3조 1항)

교토의정서에 따른 의무 이행 대상국(Annex 1, 부속서 1)은 오스트레일리아, 캐나다, 미국, 일본, 유럽연합 회원국 등 총 38개국이었고, 각국은 2008~2012년 사이에 온실가스를 1990년을 기준으로 평균 5.2퍼센트 감축하기로 협의했다. 감축 대상 가스는 이산화탄소·메탄·아산화질소·불화탄소·소화불화탄소·불화유황 6가지이고, 대상국은 에너지 효율 향상, 온실가스의 흡수원 및 저장원 보호, 신재생에너지 개발 연구 등 온실가스 감축을 위한 정책과 조치를 취하기로 약속했다. 한국은 멕시코와 함께 1997년 당시 OECD 회원국이었음에도 개발도상국으로 분류되어 의무국에서 제외됐다가, 2002년 국제사회의 압박으로 의정서에 비준했다.[3-19]

교토의정서의 중요한 특징은 바로 '교토 메커니즘'에 있다. 첫째 선진

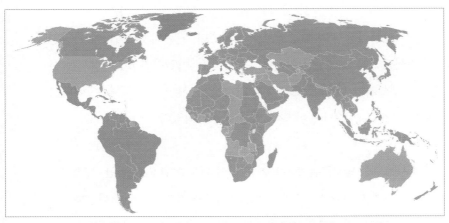

3-19 교토의정서 비준 현황. 회색으로 표시한 나라들(미국, 오스트레일리아 등)을 제외한 거의 모든 국가가 교토의정서에 비준했다.

국 간의 잉여 감축량을 사고팔 수 있게 한 '배출권 거래제도', 둘째 선진국끼리 온실가스 저감 기술을 교환하는 '공동이행제도', 셋째·선진국이 개도국에서 온실가스를 줄인 만큼 감축분으로 인정받는 '청정개발체제도'가 그것이다.

즉 교토 메커니즘은 대상국들의 온실가스 감축 의무의 부담을 시장원리에 따라 덜어주어 융통성 있게 목표량을 달성할 수 있도록 고안한 방식이다. 이처럼 교토의정서 체제는 온실가스 감축을 위한 현실적인 실천 방안까지 마련하여 성공적으로 출범할 듯했다.

하지만 교토의정서는 출범 단계부터 순탄치 않았다. 선진국 간의 온실가스 감축 목표와 일정부터 합의가 어려웠고, 개발도상국의 참여 문제를 두고도 갈등이 있었다. 게다가 합의에 도달한 뒤에도 정식으로 효력을 발휘하기까지 8년이나 걸렸다. 그 이유는 "1990년도 이산화탄소 총 배출량 중 55% 이상을 차지하는 아넥스 1의 당사자를 포함하여, 55 이상의 협약의 당사자가 비준서·수락서·승인서·가입서를 기탁한 날부터 90일째 되는 날에 발효한다"는 교토의정서의 발효 조건 때문이었다. 2001년 온실가스 최대 배출국 중 하나인 미국이 갑자기 탈퇴를 선언하는 바람에 발효 조건을 충족하지 못하면서 시간이 지체된 것이다. 그러다 다행히 러시아가 유럽국들과의 관계를 고려하여 가입한 덕분에 간신히 2005년 2월 교토의정서가 발효될 수 있었다.

미국의 탈퇴와
교토의정서의 발효

교토의정서가 발의되기까지 적극적으로 참여 의사

를 밝혔던 미국의 탈퇴는 그야말로 믿는 도끼에 발등 찍히는 꼴이었다. 미국은 교토의정서에 온실가스 최대 배출국인 중국과 인도 등 개발도상국이 의무 감축 대상에서 제외되어 있다는 점과, 자국 산업 발전에 심각한 피해를 줄 수 있다는 점을 이유로 내세워 탈퇴를 강행했다. 사실상 미국의 탈퇴는 교토의정서를 휴지조각으로 만드는 것과 다름없었다. 당연히 유럽연합을 비롯한 이미 비준을 끝낸 국가들은 미국에 거센 비난을 쏟았다.

그럼에도 미국이 강경한 입장을 고수한 배경에는 정치적인 이유가 있었다. 미국에서 '지구온난화' 하면 떠오르는 인물이 있는데, 바로 2007년 노벨평화상을 수상한 앨 고어(Al Gore)다. 고어는 온실가스가 지구온난화를 일으켜 지구가 매우 위험하다는 사실을 알리고 교토의정서 작성에 적극적으로 관여했던 인물이자, 클린턴 정부에서 부통령을 역임한 민주당의 차기 대통령 후보였다. 그런데 2001년 부시가 고어를 간발의 차로 누르고 미국 대통령에 당선됐다. 결론적으로 부시 정부는 선거 내내 고어의 정치적 아젠다였던 교토의정서를 비판해왔기 때문에 미국의 탈퇴는 너무나 당연한 것이었다.

미국 탈퇴 이후 교토의정서의 실현은 어려울 것이라는 전망이 컸다. 그런데 아넥스 1에 속해 있던 온실가스 배출량 4위국 러시아와 5위국 캐나다가 비준에 동의하면서 교토의정서는 극적으로 발효됐다. 러시아가 비준하게 된 배경에는 WTO(세계무역기구) 가입을 위한 EU와의 공조, 주력 산업 다양화, 세계적인 환경보호 추세 및 러시아 푸틴 대통령의 공개적인 교토의정서 지지가 있었다. 캐나다의 경우 보수당의 반대가 있었지만 의회의 투표로 비준이 결정됐다.

그렇다면 우리나라는 어떤 상황일까? 한국은 2002년 국회 발의로 교토의정서에 비준했다. 그 이유는 일단 OECD 국가 중 1인당 온실가스 배출 증가율 1위가 되면서 유럽연합을 비롯한 주변국들의 압력이 컸기 때문이다.

순위	국가	1990년	2000년	2004년	1990년 대비 2000년 증감률(%)
1	미국	6,033	6,928	7,074	+15
2	중국	3,750	4,938	자료 없음	+32
3	러시아	3,047	1,952	자료 없음	−36
4	인도	1,339	1,884	자료 없음	+41
5	일본	1,205	1,317	1,355	+9
6	독일	1,199	1,009	1,015	−16
7	브라질	686	851	자료 없음	+24
8	캐나다	565	680	758	+20
9	영국	727	654	659	−10
10	이탈리아	499	531	583	+7
11	한국	291	521	자료 없음	+79
12	프랑스	546	513	563	−6
13	멕시코	432	512	자료 없음	+19
14	인도네시아	353	503	자료 없음	+42
15	호주	408	491	534	+20
16	우크라이나	926	482	381	−48
17	남아공	356	417	자료 없음	+17
18	이란	288	480	자료 없음	+67
19	스페인	289	381	428	+32
20	폴란드	461	381	386	−18

로이터 분석에 따른 20대 온실가스 배출국 현황(단위: 100만t). 『사이언스타임스』, 2008년 5월 20일자.

게다가 비준하더라도 개도국으로 분류되어 의무국이 아니기 때문에 당장의 타격이 없었고, 어차피 한국의 경제 규모로 볼 때 2차 시기가 오면 의무국이 될 가능성이 높아 선행학습이 필요하기도 했다. 따라서 좀 더 미래적인 관점에서 교토의정서에 가입한 것이다.

결과적으로 교토의정서는 대의적으로는 그 필요성에 공감을 얻었지만, 실질적으로는 각국의 국익과 정치적 상황이 맞물려 출범부터 난항을 겪었다.

유명무실해진 교토의정서와 2020년의 기약?

예정대로 교토의정서는 2008년부터 5년간 1차 이행기간에 돌입했다. 의무국들은 감축에 실패할 경우 2차 이행기간에 남은 감축분을 채운 뒤 30%의 감축분이 늘어나기 때문에 적극적인 대처에 나섰다. 그러자 산업구조의 개편은 물론이고 개도국들을 대상으로 탄소 저감을 위한 기술 이전 등 계획했던 순기능들이 나타났다. 그럼에도 불구하고 2012년 종료와 더불어 많은 국가들이 탈퇴하기 시작했다.

먼저 캐나다가 원래 교토의정서에 반대했던 보수당이 집권하여 감축량을 채우기가 어렵다는 이유로 탈퇴했다. 캐나다의 경우 오일샌드(oil sand)가 발견되면서 향후 탄소산업

> **오일샌드**
> 점도가 높은 원유를 다량으로 함유한 모래 또는 사암을 말한다. 지하에서 생성된 원유가 지표면 근처까지 이동하면서 수분이 사라지고 돌이나 모래와 함께 굳은 것이다.

이 국가의 주요 산업 동력이 될 것이라는 전망이 커지고, 교토의정서의 시행이 자국의 이익과 너무 상충된다는 의견이 지배적이 되었기에 탈퇴는 예견된 일이었다.

그렇게 캐나다를 시작으로 일본과 러시아 또한 탄소 배출 1위국인 중

국 및 2위국인 미국이 미가입한 상태에서 교토의정서를 유지할 수 없다는 이유로 탈퇴했고, 의무국이 아닌 국가들도 속속 탈퇴했다. 유럽연합국은 선진국들이 환경문제를 간과하려 한다고 비난 수위를 높였지만, 미국과 탈퇴 의사를 밝힌 나라들은 사실상 유럽은 탄소 배출 산업이 원래 적은 상태였다며 반격했다.

교토의정서 2차 이행은 2013년부터 예정대로 진행되고 있다. 그러나 미국의 계속된 불참과 비준 당시 개도국으로 분류되어 의무가 없는 중국과 인도, 그리고 캐나다와 일본, 러시아의 탈퇴로 사실상 무의미한 조약이 되어버렸다. 그럼에도 교토의정서가 이행되고 있는 이유는 2011년 남아프리카공화국 더반에서 열린 기후변화협약 때문이다. 이 회의에서 미국과 미가입국들은 온실가스 감축이 필요하다는 것은 인정하며, 교토의정서 가입은 어렵지만 개선된 안이 있다면 감축에 적극 참여하겠다고 약속했다. 그리고 2020년 새로운 의정서를 만들기로 합의하고 여기에는 무조건 가입하겠다는 의사를 밝혔다.

2020년에 새로운 의정서가 발의되면 온실가스 감축이 정말 현실화될까? 교토의정서를 둘러싼 상황을 봤을 때 과연 어떤 나라가 자국의 이익에 앞서 인류의 미래를 고민할 수 있을까? 국제적 합의를 요하는 환경협약 자체가 어쩌면 너무 이상적인 방식일지도 모른다. 그럼에도 불구하고 환경협약을 위한 전 지구적 노력은 지속될 필요가 있다. 당장 해결 방안을 마련할 수는 없지만 시간이 흘러 더 많은 공감대 속에서 새로운 방안을 고민하는 것 자체가 중요한 의식이 될 수 있기 때문이다.

혁명을 일으킨 아이폰,
혁명을 완수한 갤럭시폰

요즘 어디를 가도 스마트폰을 들고 있는 광경을 쉽게 볼 수 있다. 벤치에 앉아 있는 사람도, 버스 손잡이를 잡고 서 있는 사람도, 심지어 도서관 안에 있는 사람도 모두 스마트폰을 '하고' 있다. 재미있는 것은 이 작은 기계 하나로 통화를 하거나 영화를 보거나 게임을 하거나 그 밖에 웹서핑·음악감상·쇼핑에 이르기까지 각각 다른 일을 하고 있다는 사실이다. 휴대폰이라고 하기에는 너무 '스마트'하고, 컴퓨터라고 하기에는 너무 '콤팩트'한 이 작은 기계가 출현하면서 세상이 바뀌기 시작했다.

아이폰이
몰고 온 혁명

2007년 1월 미국 샌프란시스코 맥월드에서 청바지에 검은티를 입고 안경을 쓴 예의 유명한 인물은 말했다.

우리는 오늘 세 가지 혁명적인 기기를 선보일 것입니다. 첫 번째는 손으로 조작할 수 있는 커다란 화면을 가진 아이팟이고, 두 번째는 아주 새로운 휴대폰, 세 번째는 인터넷을 이용해서 소통할 수 있는 새로운 기기입니다. 그리고 놀랍게도 이 세 가지 기기는 각각 다른 기기가 아니라 하나의 기기입니다. 우리는 그것을 아이폰이라고 부릅니다.[1]

애플의 CEO였던 잡스의 이 선언에 이른바 '애플 팬'과 새로운 기종의 휴대폰을 기다리던 사람들은 열광했다.[3-20]

그러나 사실 스마트폰을 처음 만든 것은 애플이 아니다. 기원을 따지면 1990년대까지 거슬러 올라가겠지만, 지금과 매우 유사한 형태의 스마트폰은 2004년경부터 출현했다. 노키아·모토로라와 같은 거대 회사를 중심으로 와이파이 기능이 탑재된 휴대폰이 시장에 나오기 시작한 것이다. 하지만 이것들은 대중의 시선을 사로잡지 못했다. 스마트폰 제작 기술을 이미 보유하고 있던 선두 기업들이 그것의 시장성

3-20 1세대 아이폰(2007).

을 파악하지 못한 데다, 애플의 앱스토어와 경쟁할 만한 어플리케이션 환경을 만들지 못했던 탓이 컸다. 결과적으로 스마트폰 역사의 첫 페이지는 애플이 장식하게 됐다.

아이폰은 판매 시작과 함께 엄청난 인기를 끌었다. 판매 개시 당일부터 아이폰을 구매하려는 사람들이 가게 앞에 천막까지 칠 정도로 장사진을 이루었다. 이런 현상에 당시 휴대폰의 절대강자였던 노키아의 사장은 2G폰인 아이폰의 한정된 기능을 보고 "아이들 장난감 같은 것"이라며 매우 일시적인 붐 정도로 치부했다. 하지만 그것은 시작에 불과했다. 2008년 3G 주파수가 도입되면서 아이폰은 세계 22개국으로 수출됨과 동시에 스마트폰 광풍을 불러일으켰다.

아이폰이 이렇게 인기를 끌 수 있었던 데는 다양한 요인이 있다. 일단 터치스크린으로 구성된 세련된 디자인을 들 수 있다. 잡스는 구상 단계부터 디자인을 가장 중요한 요건으로 여기고 애플만의 독특한 디자인을 완성하여 출시했다.

다음으로 사용자가 직접 인터페이스를 구성할 수 있도록 한 점도 주효했다. 이전까지 핸드폰의 인터페이스는 제조사가 소비자를 고려하여 만든 것이 최선이었지만, 아이폰은 원하는 앱을 다운받아 자신의 라이프 스타일에 따라 인터페이스를 구성하게 함으로써 유저들의 만족도를 높였다.[3-21] 그리고 결정적으로 '앱스토어'의 존재가 인기의 근원지였다. 앱스토어란 말 그대로 소비자가 앱을 사고팔 수 있는 사이버상의 상점으로, 핸드폰 속 세상의 주도권을 소비자에게 넘긴 것이다.

3-21 음악에 관심 있는 한 30대 직장인의 아이폰 배경화면. 컴퓨터 바탕화면처럼 사용자가 직접 인터페이스를 구성할 수 있도록 한 것이 아이폰 성공 이유의 하나였다.

결국 아이폰이 등장하면서 새로운 모바일 생태계가 만들어졌다. 스마트폰 사용자는 메신저 기능을 가진 앱만으로 통신이 가능해졌고, 개방된 네트워크를 통해 무료로 정보를 얻을 수 있게 됐다. 전통적인 통신 환경의 주도권은 주파수를 보유한 통신회사와 휴대폰 제조업체가 가지고 있었지만, 스마트폰 출현 이후에는 그 주도권이 사용자, 즉 소비자에게로 넘어가면서 이전과는 완전히 다른, 스스로 진화하는 모바일 세계가 만들어진 것이다.

갤럭시폰의 경쟁 상대는 아이폰이 아니었다

이렇듯 아이폰이 몰고 온 혁명은 거부할 수 없는 시대의 흐름이었다. 아이폰 출시 초기만 해도 그저 일시적인 붐으로 여겼던 노키아는 물론 모토로라 · 삼성 · 엘지 · 소니 등 기존 거대 휴대폰 업체들은 이 흐름에 편승하기 위해 서둘러 스마트폰을 출시했다. 하지만 아이폰이 세운 진입 장벽은 그리 호락호락하지 않았다. 오랜 기간 세계 휴대폰 점유율 1위를 유지했던 노키아는 물론 그 밖의 많은 업체들은 이 새로운 변화를 감당치 못했다.

그런데 오히려 이 변화를 발판 삼아 일약 휴대폰 점유율 1위를 차지한 기업이 있었다. 바로 삼성이다. 단일 기종만 본다면 아이폰의 판매율이 더 우세했지만, 전체 휴대폰 시장의 기업 점유율은 2011년 이후 삼성이 1위를 차지하고 있다. 원래 삼성은 기존 피처폰 시장에서도 모토로라와 2, 3위를 다투다가 스마트폰 시장이 생기면서 노키아마저 제치고 1위를 차지했다. '옴니아 시리즈'의 실패로 좌절을 맛봤던 삼성이 2010년 '갤럭시S 시리즈' 출시로 반등에 성공한 것이다.

그렇다면 삼성은 어떻게 스마트폰 시장의 강자로 부상할 수 있었을까? 논의의 여지는 있겠지만 갤럭시S가 아이폰에 대응할 만큼 월등히 성능이 좋았던 것은 분명 아니었다. 그럼에도 스마트폰 시장에서 갤럭시S가 위력을 발휘할 수 있었던 이유는 삼성의 타깃이 아이폰이 아니라 노키아와 모토로라였다는 점에서 찾을 수 있다.

사실 2009년 아이폰 3가 출시되면서 아이폰 사용자 규모는 어느 정도 정착 단계에 접어들었다. 아이폰 비구매자들 중에는 아이폰에 대한 구매 욕구가 크지 않아 피처폰을 고수하고 있던 이들이 대다수였다. 즉 당시 스마트폰 시장은 아이폰 사용자와 비사용자로 구분됐는데, 삼성은 노키아와 모토로라가 잠식하고 있던 비사용자 시장을 노렸다.

피처폰을 사용하는 사람들에 대한 접근 방식은 '친숙함'이었다. 먼저 삼성은 갤럭시S에 피처폰 사용자에게도 친숙한 자사 대표 브랜드인 '애니콜'의 이름을 붙여 '애니콜 갤럭시S'라는 스마트폰을 출시했다.[3-22] 또한 피처폰 사용자들이 중요하게 여기는 강한 외장, 빠른 CPU, 메모리 확장 기능을 대폭 업그레이드하고, 국가별 · 통신사별로 사용자가 요구하는 기능들을 조금씩 변형한 형태로 기종을 다양화했다. 가령 한국의 경우에는 지상파 DMB를, 미국의 경우에는 아날로그 라디오 기능을 탑재했다. 이렇게 삼성은 피처폰에 탑재되었던 기능을 대폭 강화하여 '하드웨어'가 좋은 스마트폰을 출시하면서 전통적인 피처폰 시장을 스마트폰 시장으로 바꾸어놓았다.

3-22 삼성 '애니콜 갤럭시S'(2010).

그리고 이는 상상도 못할 상황으로 이어졌다. 수십 년간 세계 휴대폰 시장을 이끌어온 노키아와 모토로라가 몰락한 것이다. 아이폰의 출현으로 새로운 시장에 즉각 대응하지 못하면서 두 기업이 휘청거리는 동안 삼성이 기존 피처폰 시장의 체질을 바꿈으로써 결정타를 날린 결과였다. 어찌 보면 아이폰의 출현이 삼성으로 하여금 거대 기업을 물리치고 비상할 수 있도록 도운 셈이다.

그렇다면 앞으로 '스마트폰'의 운명은 어떻게 될까? 분명 우리가 짐작할 수 있는 범주에서 스마트폰은 더욱 빨라지고 기능은 더욱 다양화할 것이다. 실제로 지금 이 순간에도 스마트폰은 '좋아지고' 있다. 하지만 스마트폰으로 바뀐 세상을 다시 한 번 체감하기 위해서는 아이폰과 같이 '상상 그 이상의 것'이 필요하다.

과학철학자 쿤은 말했다. 세상이 혁명적인 과학을 맞이하려면 지금의 정상과학이 완전히 새로운 정상과학으로 전환되어야 한다고. 마치 뉴턴의 만유인력의 법칙이 아인슈타인의 상대성이론으로 교체되었듯이, 즉 피처폰이 스마트폰으로 교체되면서 세상이 변했듯이 말이다. 따라서 스마트폰 또한 다음 세대에 우리가 상상할 수 없는 그 무언가로 '바뀌며' 사라질지도 모른다.

경복궁을 밝힌 조선 최초의 '전기(電氣)'

국내에 최초로 전화기가 들어온 것은 1882년이다. 그러나 최초로 전화기를 이용한 통화가 이뤄진 것은 1896년 덕수궁에 자석식 전화기가 설치되었을 때였다. 전화기는 음성을 전기신호로 바꾸어 먼 곳에 전송하고 그 신호를 다시 음성으로 바꾸어 통화를 가능케 하는 장치로, 전화기를 사용하려면 당연히 전기시설이 갖춰져야 한다.

얼마 전 한국의 전기 발상지인 '전기등소(電氣燈所)'의 위치가 그동안 알려진 경복궁의 향원지와 그 북쪽 건청궁 사이가 아니라 향원지와 남쪽의 영훈당 사이로 확인되었고, 그곳에

3-23 경복궁 영훈당 전기등소 터 전경. 문화재청.

서 여러 유물을 출토했다는 보도가 있었다. 이는 한국에서 전기의 시작을 명확하게 고증해냈다는 점에서 기념비적 발견이다.[3-23] 그렇다면 이 땅에 언제부터 전기가 들어왔을까?

일부 사람들은 일제 시기부터 이어져온 왜곡된 역사 교육 탓에 조선의 전기 설비가 일본에 의해 처음 갖춰진 것으로 알고 있다. 그러나 전기는 1884년부터 조선 왕실이 추진했던 자주적인 근대화 노력의 일환으로 미국의 에디슨 전기 회사와 계약하면서 처음 들어왔다. 미국에서 전등기사 매케이(William Mckay)를 초빙하여 전기등소를 완공하고 백열등 750개를 점등할 수 있는 발전 규모를 갖추어, 에디슨

(Thomas Edison)이 백열등을 발명한 지 8년 만인 1887년 1월, 한국 최초의 전깃불이 경복궁에 켜졌던 것이다.

한편, 당시 전력은 석탄을 연료로 향원정의 연못에서 물을 끌어올려 생산했다. 발전기를 가동할 때마다 그 소리가 너무 커 마치 천둥이 치는 듯했고, 연못 수온이 상승하여 물고기가 떼죽음을 당한 뒤에는 전등을 일컬어 물고기를 끓인다는 뜻에서 '증어(蒸魚)'라 부르기도 했다. 그리고 성능이 불안정한 탓에 자주 불이 꺼졌다 켜졌다 하는 것을 보고 건들거리는 건달 같다고 하여 '건달불[乾達火]'이라 불리기도 했다. 그러나 전등을 처음 본 사람들은 남녀노소 할 것 없이 그 '해처럼 밝은 빛'을 보며 놀라움을 금치 못했다.

이렇게 궁궐에 처음 들어온 전기는 1898년 고종의 명을 받은 이근배(李根培)·김두승(金斗昇)에 의해 설립된 '한성전기회사'를 통해 민간에 보급되기 시작했다. 이 회사는 오늘날 한국전력의 모태로 여겨진다.[3-24] 경복궁에서의 첫

3-24 1901년 준공된 한성전기회사 사옥. 지금의 서울 종로에 세워졌다.

시등(始燈)이 조그만 자가발전설비로 이루어진 것이라면, 한성전기회사는 중앙의 발전소에서 배전설비를 이용해 일반 가정 및 사무실에 전기를 공급하면서 이 땅 전기사의 토대를 세웠다. 결과적으로 이후 조선의 역사는 일제강점이라는 암울한 시대를 맞이하게 되지만, 19세기 근대화의 상징인 '전기'는 분명 자주적인 노력의 결실이었음을 잊어서는 안 될 것이다.

Chapter 4

역사 속의 과학

──'등자가 중세 봉건시대를 열었다'는 말이 있다. 말에 올라탈 때 발을 거는 등자가 중세 유럽에 도입되면서 기병의 역할이 중요해지고, 기사 계급이 등장하게 됐으며, 기사 계급을 중심으로 봉건 영주가 등장하여 유럽의 봉건시대가 시작되었다는 것이다. 이런 이야기의 이면에는 결국 과학기술이 역사를 바꾸는 원동력이며 기술이 세상을 결정한다는 주장이 담겨 있다.

정말로 등자 같은 작은 기술이 세상을 바꾸었을까? 등자가 봉건시대를 열었다는 주장에는 억지스러운 면이 있는 것이 사실이다. 하지만 이를 중요한 역사적 변화에서 과학기술이 정치적인 요인이나 경제적인 요인만큼 중요한 역할을 했다는 것으로 해석한다면 꽤 설득력 있는 주장이 될 수도 있을 것이다.

역사 속에서 과학기술은 정치적 목적이나 경제적 목적을 달성하는 데 필요한 수단 정도에 머무르지 않았다. 과학기술의 역할은 그보다 더 중요했다. 망망대해에서 길잡이가 되어주는 천문학이 없었다면 대항해시대가 가능하기나 했을까? 유럽의 제국주의 팽창에서 과학기술이 단순히 팽창의 수단이 아닌, 서양의 문화적·정신적 우월성의 상징으로 기능했다는 사실을 생각해보라. 역사의 중요한 변환기를 함께했던 과학기술에 관한 이야기들을 통해, 역사를 만든 과학기술, 과학기술을 바꾼 역사, 그 생생한 모습을 살펴보도록 하자.

순수한 원전을 찾아서

번역이 발전시킨 과학

번역을 통해 살아남은 지식,
다시 전달되다

돈과 지식의 공통점은 무엇일까? 그것을 소유한 사람이 소유하지 못한 사람에 대해 '권력'을 갖는다는 것. 또 다른 공통점은 돈이나 지식 모두 유통되지 않고 한 자리에 머물면 힘을 발휘하지 못한다는 것이다. 돈이나 지식이나 돌고 돌아야 효과가 나고 쓸모가 생긴다. 돈의 경우 모두 저축만 하고 소비하지 않으면 경제가 돌아가지 않고 위축된다. 적정한 소비가 동반되어야 경제가 멈추지 않고 도는 것이다.

지식도 마찬가지다. 지식을 쌓는다, 지식이 누적된다는 말을 자주 하지만, 사용되지 않는 지식은 사라진다. 돈처럼 지식도 이 사람 저 사람의 손을 타야 살아남고 그 값어치가 더 커진다.

과학의 역사를 보면 고이기만 하는 지식이 썩어가는 모습을 종종 볼 수 있다. 대표적인 예로 암흑기로 불렸던 중세 서유럽의 경우, 고대 그리스와 로마의 찬란한 지식이 전수되었음에도 불구하고 사회적 혼란과 경제적 빈곤 속에서 과학 지식이 점점 쇠락해갔다. 과학 지식이 증가하지 않는 정도가 아니라, 있는 지식마저도 왜곡되거나 사라지는 일이 나타난 것이다.

중세에 과학 지식이 쇠퇴한 데는 기독교의 영향도 있었다. 물론 이 시기에 기독교가 과학을 본격적으로 억압한 것은 아니었다. 로마의 국교가 된 기독교는 세를 확장하면서 유럽의 뛰어난 두뇌들을 흡수했다. 그들은 교리를 세우고 정통과 이단을 구분하는 작업을 했으며 성직자들을 양성하는 일에 몰두했다. 기독교가 그나마 있던 인재들을 독점했으므로 다른 학문으로 향할 에너지는 자연히 줄어들었다.

이에 따라 중세 전반기 서유럽 사회에서는 새로운 지식들을 만들어내는 대신, 이미 있는 지식들을 짜깁기하는 일이 주로 이루어졌다. 이 책에서 조금, 저 책에서 조금, 이렇게 모아서 짜깁기한 책을 만들어냈는데, 비판적인 검토 없이 여기저기서 가져다 엮는 일이 반복되면서 지식이 왜곡되기도 했다. 틀린 지식과 잘못된 인용이 빈번히 발생했는데, 사람들의 머리와 입과 손을 거쳐 확인되고 비판되고 걸러졌어야 할 지식들이 그 과정을 거치지 못하자 고인 물처럼 썩어갔던 것이다.

서유럽과는 달리, 이슬람 세계로 건너간 유럽의 과학 지식은 새로운 활력과 쓸모를 찾았다. 기독교는 서유럽에서 지식의 쇠퇴에 기여했지만, 아이러니컬한 방식으로 이슬람 세계로 지식이 전파되는 데 기여했다. 이단 논쟁이 바로 그것이었다.

로마의 국교가 된 기독교는 정통 교리를 세우는 데 주력했다. 그 과정에서 정통 교리와는 다른 믿음을 가진 집단은 이단으로 간주되었는데, 네스토리우스파도 이단으로 몰린 집단 중의 하나였다. 그리스도의 신격과 인격이 일치한다는 해석이 정통 교리로 인정받게 되자, 그 둘이 구별된다고 믿었던 네스토리우스파는 431년 이단으로 판정받았다. 이들은 박해를 피해 시리아로 이주하면서 아리스토텔레스의 과학 저술과 같은 고대 그리스의 저작들을 가지고 갔다.

그렇게 건너온 고대 그리스의 과학 저작들은 시리아어나 아랍어로 번역되면서 점차 이슬람 세계에 자리를 잡기 시작했다. 먼저 고대 그리스어 문헌을 시리아어로 번역한 후 아랍어로 재번역했고, 때로는 중간 단계 없이 아랍어로 직접 번역하기도 했다. 828년에는 바그다드에 '지혜의 집'이라는, 번역을 전문으로 하는 국가기관이 설립되어 체계적인 번역에 나서기도 했다.[4-1] 지혜의 집을 통해 주로 의학과 같은 실용적인 분야에서 번역이 이루어졌지만, 그와 관련된 플라톤이나 아리스토텔레스의 작품이 함께 번역되기도 했다.

이슬람에서 보존, 발전되고 있던 고대 그리스 및 로마의 과학 지식은 12세기 이슬람과 유럽의 시끄러운 만남을 통해 다시 유럽으로 들어오게 되었다. 이런 지식이 들어온 통로는 크게 2가지로 볼 수 있는데, 하나는 이슬람에 빼앗

4-1 '지혜의 집'의 철학자들. 13세기 아라비아 문헌의 삽화.

겄다가 스페인이 회복한 일부 지역들을 통해서였고, 또 하나의 통로는 십자군 원정이었다.

　이슬람이 번창했을 때 스페인의 많은 지역들이 이슬람 세력 아래 놓이게 되었는데, 그중 코르도바나 톨레도 같은 지역에는 고대 그리스와 로마 저작의 이슬람 번역본이 다수 보관되어 있었다. 이 지역들을 다시 유럽이 빼앗아 옴에 따라 이제 이 책들을 서유럽의 언어인 라틴어로 재번역하는 일이 활발하게 이루어졌다. 부지런한 사람들의 노고로 많은 고전 문헌이 라틴어로 번역되어 유럽에 소개됐는데, 특별한 체계나 계획 없이 개개인들에 의해 자발적으로 진행되었기 때문에 번역된 책이 또 번역되는 일도 흔하게 나타났다. 이들의 노력 덕에 아비케나(Avicenna)의 『의학정전(al-Qānūn fi al-Tibb)』, 아리스토텔레스의 『자연학(Physics)』, 프톨레마이오스(Ptolemaios)의 『알마게스트(Almagest)』, 유클리드(Euclid)의 『원론(Elements)』 등 고대 그리스와 로마, 중세 이슬람 세계의 중요한 과학 문헌들이 번역되었다. 12세기 번역의 시대가 열린 것이다.

　이슬람으로부터의 재번역을 통해, 한동안 고갈되었던 서유럽의 지식 저장고는 다시 풍요로워졌다. 하지만 갑자기 늘어난 지식의 홍수는 세계관에 혼란을 가져오기도 했다.

번역이 부활시킨 아리스토텔레스

　　　　　르네상스나 과학혁명을 이야기할 때 아리스토텔레스라는 인물은 2,000년 넘게 서구 사회의 지적 발전을 지체시킨 장애물이나 공적처럼 언급되곤 한다. 때로는 아리스토텔레스주의가 교회의 위세를 등에 업고 서구사회를 오랫동안 지배했던 것처럼 이야기되기도 한다. 하지만 이는 오해다. 아리스토텔레스의 지식조차 중세 서유럽 사회에는 꽤 늦게 들어왔고, 교회와 심한 갈등을 겪은 뒤에야 유럽 사회에 자리를 잡을 수 있었기 때문이다.

아리스토텔레스의 과학 지식은 12세기 번역의 시대를 거치면서 본격적으로 서유럽에 소개되었다. 아리스토텔레스는 플라톤과 함께 고대 그리스 자연철학의 주축을 이루었지만, 중세 전반기에는 유럽 사회에서 그다지 큰 영향력을 발휘하지 못했다.

플라톤의 자연철학에서는 세상이 혼돈 상태였을 때 데미우르고스라는 신이 이 세상에 질서를 부여했다고 설명했는데, 이 신의 존재로 인해 기독교에 받아들여지기가 상대적으로 쉬웠다. 중세 초반에는 플라톤의 자연철학 서적 일부가 번역되어 성경의 자연관을 해석하는 데 이용되기도 했다. 하지만 플라톤의 책도 일부만 소개되어, 자연과 관련한 지식에 대한 갈증은 점점 더 심해졌다.

번역의 시대에 들어온 아리스토텔레스의 자연철학은 상대적으로 빈곤한 상태에 있던 플라톤 자연철학의 대안으로서 사람들을 매혹시켰다. 논리적이고 일관성 있었던 아리스토텔레스의 자연철학은 지적 자극의 갈증을 느끼고 있던 당대 지식인들을 매혹시켰다.

아리스토텔레스의 우주 체계에 따르면 우주는 흙·물·공기·불·에테르의 5가지 물질로 구성되어 있다(제6장 '서양 과학의 토대가 된 플라톤과 아리스토텔레스의 자연철학' 참조). 그중 에테르는 천상계를 구성하는 물질이고, 흙·물·공기·불의 4원소는 지상계를 이룬다. 지상계의 4원소는 지구 중심에서부터 흙·물·공기·불의 순서로 본연의 위치가 정해져 있는데, 본연의 위치를 벗어나면 원래의 위치로 돌아가려는 경향이 있다.

이와 같은 아리스토텔레스의 물질론을 받아들이면 자연계에서 일어나는 여러 현상들을 쉽게 설명할 수 있었다. 물속에서 기포가 발생하는 것은 물속에 있는 공기가 본연의 위치로 돌아가기 위해 물 위로 나오려고 하기 때문에 나타나는 현상이었으며, 돌이 땅으로 떨어지는 것은 흙의 위치로 돌아가기 위해서라고 설명할 수 있었다. 아리스토텔레스는 지구가 우주의 중

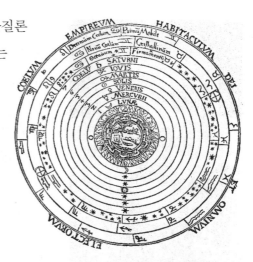

4-2 르네상스 시대 문헌에 묘사된 아리스토텔레스의 우주(1539). 우주의 중심에 지구가 있다.

심에 있다는 지구중심설을 받아들였는데, 지구는 흙으로 이루어져 있기 때문에 그 본연의 위치인 우주의 중심에 있는 것이 마땅했다.[4-2]

자연현상에 관한 아리스토텔레스의 설명은, 때로는 제대로 된 관찰을 놓치기는 했어도 이성적이고 합리적이었으며 정합적이었다. 아리스토텔레스주의에 따르면 신마저도 그 전지전능함이 이성에 의해 제약을 받아야 했고, 그래서 신의 전지전능함이 부정되는 일마저 생길 수 있었다.

신이라 할지라도 비합리적이고 비이성적인 방식으로 행할 수 없다는 아리스토텔레스의 주장은 교회와의 충돌을 피할 수 없었다. 이런 입장은 신의 전지전능함을 제약할 뿐만 아니라 신의 존재를 증명해주는 기적의 가능성 자체를 부정했다. 기적이란 것 자체가 자연의 합리적인 작동 방식에서 벗어나는 현상이었기 때문이다.

1277년 파리의 주교였던 탕피에(Étienne Tempier)는 아리스토텔레스주의의 주장 중에서 교회와 충돌하는 219개의 사항에 대해 가르치거나 논

4-3 고촐리, 〈성 토마스 아퀴나스의 승리〉, 1471, 파리 루브르 박물관. 앉아 있는 토마스 아퀴나스의 양옆에 아리스토텔레스와 플라톤이 서 있고, 아퀴나스의 발밑에는 이슬람 학자이자 아리스토텔레스의 주해자였던 아베로에스가 엎드려 있다.

하는 것을 금지했다. 금지된 주장 중에는 "신이라도 우주를 직선으로 움직일 수는 없다. 그렇게 하면 진공이 만들어지기 때문"이라면서 신의 전능함을 부정하거나, "맨 처음의 인간도, 맨 나중의 인간도 존재하지 않는다. 항상 인간에서 인간이 나오게 될 것이다"라면서 인간 창조를 부정하는 주장, 또 "세계와 그 안에 담긴 모든 것은 영원할 것이다"라는 세계의 무한함을 주장하는 명제 등이 포함되어 있었다.

이런 몇 차례의 갈등을 겪으면서 기독교와 아리스토텔레스를 양립시키기 위한 노력이 펼쳐졌다. 신학자 아퀴나스(Thomas Aquinas)는 신의 계시와 이성은 조화를 이룰 수 있으며, 아리스토텔레스 철학이 신학의 하녀로 신학에 봉사한다고 함으로써 아리스토텔레스주의와 교회를 양립시키려 노력했고, 이들 덕에 아리스토텔레스주의는 서유럽 사회에 무사히 안착할 수 있었다.[4-3]

플라톤의 부활에 중요한 역할을 한 번역

교회의 박해를 받던 아리스토텔레스주의가 중세 교

회와의 갈등을 극복하고 교회를 지탱하는 철학으로 공고해졌다는 사실은 역사의 아이러니가 아닐 수 없다. 아리스토텔레스주의가 교회의 인정을 받고 보수화되자 이에 대한 대안으로 플라톤의 자연철학이 부활했는데, 이번에도 번역이 중요한 역할을 했다.

중세 후반의 번역이 주로 아랍어로 번역된 고대 그리스 원전을 라틴어로 재번역한 것인 데 비해, 이번에는 고대 그리스 원전을 라틴어로 직접 번역하는 일이 이루어졌다. 이탈리아의 시칠리아와 망해가는 동로마 제국에서 다수의 고대 그리스 원전이 유입된 것이 자극제가 되었다. 이슬람 세력의 지배하에 있던 시칠리아가 서유럽 세계로 편입됨에 따라, 그 지역에 보존되어 있던 고대 그리스 문헌들이 서유럽 지식 세계로 들어왔던 것이다. 또 망해가던 동로마 제국의 학자들은 그곳에 보존되어 있던 고대 그리스 원전들을 들고 서유럽으로 건너가 서유럽 사회를 자극했다.

이번 번역의 중심지는 이탈리아의 피렌체였다. 르네상스의 중심지였던 피렌체에서 플라톤의 저작이 집중적으로 번역되었다. 아리스토텔레스에 비해 수학의 가치를 높게 평가했던 플라톤은 자연계를 이루는 기본 입자가 기하학적 도형으로 이뤄져 있다고 생각했는

> **수비학**
> 숫자와 사람·장소·사물·문화 등의 사이에 숨겨진 의미와 연관성을 연구하는 학문으로, 수를 사용해 사물의 본성, 특히 인물의 성격·운명 또는 미래의 일을 해명·예견하는 서양 고래의 점술을 가리키기도 한다.

데, 이런 플라톤의 생각은 수비학(数秘學)과 함께 퍼져나갔다.

모세와 같은 시대를 살았다는 고대 이집트의 마법사 헤르메스 트리스메기스투스의 신비주의 저작들도 번역되어 인기를 끌었다.[4-4, 4-5] 나중에 『헤르메스 전집』은 후대에 만들어낸 위작으로 밝혀졌지만, 이런 저작들은 당대 사람들의 호기심과 상상력을 자극했다. 그 시대를 연구한 학

4-4 우주 전체의 지혜의 세 부문을 알고 있는 헤르메스 트리스메기스투스. 태양·달·별(천구의)은 그 세 부문의 지혜를 상징한다. D. Stolcius von Stolcenberg, *Viridarium chymicum*, 1624.

4-5 『헤르메스 전집』(1471). 고대 신비주의 문헌으로 알려졌던 헤르메스 전집은 르네상스 시기에 번역되어 인기를 끌었으나 후에 위작임이 밝혀졌다.

자들 중 일부는 『헤르메스 전집』과 같은 신비주의 저작들이 자연의 힘을 인위적으로 조작하여 이용하는 마법사의 태도를 퍼뜨렸다고 주장하기도 했다. 자연에 대한 인위적인 개입을 옹호하는 기풍이 실험과 같은 자연의 조작을 가치 있는 것으로 여기게 만들었다는 것이다.

돌고 도는 지식이
과학을 발전시킨다

12세기 번역의 시대와 르네상스기 번역의 영향으로 근대 초 사람들은 고대 지식에 대한 경외심을 갖고 있었다. 그들은 고대 세계에는 순수하고 완벽한 지식이 존재했는데, 시간이 지나면서 그 지식이 점점 오염되고 타락했다고 생각했다. 이런 로망을 지닌 이들 중에는 오염되지 않은 고대의 지식이 보존된 이상향이 존재할 것이라 믿는 사람도 있었다. 또 일부는 당시에 존재하는 고대 지식이 순수한 지식의 실마리를 담고 있다고 여기기도 했다. 그들에게 고대 지식은 순수했던 옛날의 지식을 찾아내는 힌트이자 암호였던 것이다. 뉴턴이 성경이나 고대 로마 시인들의 시를 열심히 파고들었던 것도 그런 이유에서였다.

중세와 르네상스에 아리스토텔레스, 플라톤의 원전이 번역되어 서유럽에 미친 영향을 보면 지식의 유통이 갖는 중요성을 알 수 있다. 번역을 거쳐 서유럽 사회에 유통된 고대 그리스의 과학 지식은 옛날 지식에 머무르지 않고 자연 탐구의 새로운 출발점이 되어 신선한 아이디어의 보고가 되었다. 중세 번역의 시대에 뒤이어 중세 유럽에 대학이라는 새로운 교육기관이 등장하고, 르네상스 번역의 시대에 뒤이어 과학혁명이 시작되었다는 점은 고대 원전의 번역이 미친 영향력을 잘 보여준다.

대항해시대를
가능케 한 과학기술

조선술, 등각도법, 천문학

대항해시대의 도래

15세기부터 서양인들은 유럽을 벗어나 새로운 땅을 찾는 항해를 시작했다. 서양인들은 탐험 · 선교 · 무역 등 다양한 목적을 갖고 배에 올라, 과거에 상상 속 이야기를 통해서만 전해져오던 지역을 찾아 나섰다. 이른바 대항해시대가 시작된 것이다.

대항해시대의 선발 주자는 포르투갈과 스페인이었다. 탐험가였던 포르투갈의 왕족 엔히크는 아프리카 서부 해안을 따라 내려가는 항해를

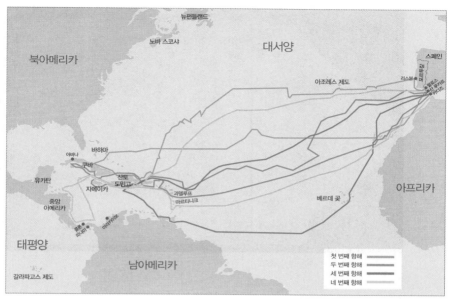

북아메리카

뉴펀들랜드

노바 스코샤

대서양

스페인

아조레스 제도

리스본

아바나

바하마

쿠바

유카탄

산토 도밍고

자메이카

과델루프

마르티니크

베르데 곶

아프리카

중앙 아메리카

마라카이보

콜론

태평양

남아메리카

갈라파고스 제도

첫 번째 항해	
두 번째 항해	
세 번째 항해	
네 번째 항해	

4-6 콜럼버스의 1~4차 항해.

성공시키면서 유럽을 벗어난 항해가 실제로 가능함을 알렸다. 포르투갈 출신의 항해자들은 이후 아프리카의 희망봉을 넘어서는 항해에 성공했고, 이는 옆 국가 스페인을 자극했다. 곧 스페인에서도 왕족의 후원을 받은 항해자들이 먼 바다를 향해 돛을 올렸는데, 이 중 가장 유명한 인물은 아마도 콜럼버스(Christopher Columbus)일 것이다.

콜럼버스는 비록 지구의 크기가 실제보다 매우 작다는 착각에 근거하긴 했지만, 모험심을 발휘해 인도로 가는 서쪽 항로를 찾아 나섰다. 당시 탐험가들에 의해 발견된 인도행 항로는 아프리카를 한 바퀴 돌아서 가는 바닷길이었기에 항해 기간도 오래 걸리고 그만큼 많은 위험이 뒤따랐다. 콜럼버스는 지구가 둥글다면 굳이 아프리카 대륙을 돌아갈 것 없이 대서양을 가로질러도 인도에 도착할 수 있으리라 생각했다. 그는 스

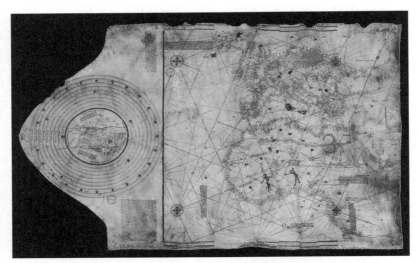

4-7 콜럼버스가 사용한 1490년경의 지도.

페인 이사벨라 여왕에게 이러한 가능성을 설명하며 탐험 항해에 대한 지원을 요청했고, 결국 출항에 성공했다. 잘 알려진 대로 콜럼버스는 이 항해에서 비록 인도는 아니지만 아메리카 대륙을 발견했다.(4-6, 4-7)

포르투갈과 스페인의 주도로 탐험에 나섰던 15세기가 대항해시대 1기였다면, 16세기부터 다른 유럽 국가들도 항해에 가담하기 시작하면서 2기 대항해시대가 열렸다. 2기에 돋보이는 활약을 한 나라는 대서양 연안에 위치한 영국과 네덜란드였다. 1기의 항해가 주로 탐험과 항로 개척을 목적으로 이루어졌다면, 2기에는 선교 활동과 무역을 위한 항해가 본격적으로 진행되었다.

그러다 보니 항해에서 중요하게 여겨지는 사안들도 차차 변해갔다. 탐험을 위한 항해에서 위험을 무릅쓴 도전정신이 중요했다면, 무역이나 선교를 위한 항해에서는 위험을 최소화하는 안전이 우선시되었다. 어렵사리 구한 값비싼 상품을 가득 싣고 있거나 오랜 기간 힘들게 교육시킨 선교사가 탄 배가 항해 중 침몰한다면 그 손해가 너무 막대했기 때문이었다. 안전한 항해를 하려면 다양한 준비가 필요했고, 여기에는 당시의 과학과 기술이 큰 몫을 담당했다.

항해의 준비 단계에 활용된 과학기술

원거리 항해를 성공적으로 완수하기 위해서는 가장 먼저 좋은 배가 필요했다. 그리고 유럽의 조선술은 이 문제를 해결해냈다.[4-8]

원거리 항해를 위한 조선술의 당면 과제는 크게 2가지였다. 하나는 왕복 1년 넘게 걸리는 항해를 견뎌낼 만큼 내구성이 좋고 또 화물을 많이 실을 수 있는 큰 배의 건조였다. 유럽의 조선 장인들은 지붕에 기와를 겹쳐서 얹는 것과 같은 방식으로 판자들을 겹쳐서 배를 건조하여 내구성을 증대시켰다. 여기에 더해 배의 크기도 늘려나갔다. 16세기를 거치면서 배의 규모는 점점 커져 나중에는 1,000명 정도가 승선할 수 있는

4-8 1572년경 리스본 항구의 모습. 갈레온, 카라크, 카라벨 등 다양한 종류의 배가 보인다.

4-9 삼각돛과 사각돛을 함께 장착한 새로운 카라벨선의 모습을 보여주는 16세기의 그림.

750톤급 배까지도 건조되었다.

또 다른 과제는 이런 큰 배를 움직이는 일이었다. 노를 저어서 원거리 항해를 할 수는 없었고, 결국은 바람의 힘을 이용할 수밖에 없었다. 하지만 골칫거리는 바람이 항상 원하는 방향으로만 불어주지는 않는다는 사실이었다. 하지만 이 문제 역시 장인들의 기술혁신을 통해 해결할 수 있었다. 조선 기술자들은 북유럽에서 사용하던 사각돛에 이슬람 지역에서 사용하던 삼각돛을 접목한 배를 만들어냈다. 사각돛은 순풍이 일정하게 불어올 때 유리하고 삼각돛은 바람의 방향이 수시로 변할 때 유리하다는 점에 착안해 여러 개의 마스트를 세우고 2가지 돛을 장착한 카라벨선을 탄생시킨 것이다.[4-9]

배가 만들어졌다면 다음으로는 항로에 대한 정보가 필요하다. 항해가 성공적으로 이루어지려면 무엇보다도 바람에 대한 정보가 중요했다. 항해 도중 길을 잘못 들어 바람이 전혀 불지 않는 무풍지대로 진입하게 되는 경우 그 배의 운명은 그야말로 끝이었다. 따라서 바다의 어느 지역에서 언제 어느 방향으로 바람이 부는가에 대한 정보 수집은 필수적이었다. 여기에 더해 오랜 항해 중 식수와 식량을 해결할 보급항의 위치 파악도 중요했다. 이렇게 모은 정보들을 항해에 직접 사용하기 위해서는 새로운 표현 기법도 필요했다. 바닷길에 대한 여러 정보를 한눈에 알아보기 쉽게 정리한 새로운 지도가 요구되었던 것이다.

땅의 모양을 그린 지도는 아주 옛날부터 사용되었으나 바닷길에 대한 정보들을 수록하고 항해에 직접적으로 사용할 수 있는 해도(海圖)가 본격적으로 출현한 것은 16세기의 일이었다. 이 과정에서는 수학자들이

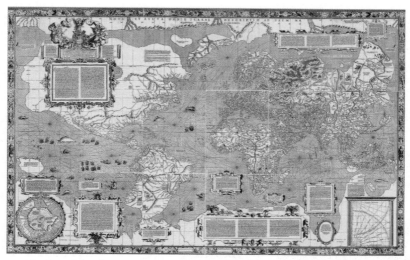

4-10 메르카토르 지도(1569).

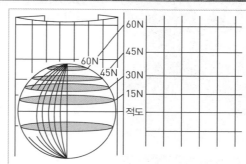

4-11 등각도법.

큰 역할을 했다.

구형인 지구를 평면에 표현하려면 기본적으로 투시법이라고 하는 수학적 기법이 동원되어야 했다. 어떠한 투시법을 선택하느냐에 따라 지도의 모양새와 쓰임새가 달라지기 마련인데, 항해에 필요한 지도는 거리나 면적은 무시해도 각도는 그대로 보존해주는 투시법을 활용한 것이었다. 이러한 등각도법을 활용한 해도를 만들어낸 인물이 바로 네덜란드의 지도학자 메르카토르(Gerhardus Mercator)다.[4-10, 4-11]

메르카토르가 제작한 지도의 특징은, 지도를 펼쳐놓고 출발지에서 목적지까지를 직선으로 연결한 후 측정되는 각도에 따라서 배의 방향을 유지하면 항해 거리는 조금 길어질지 몰라도 결국에는 목적지에 도착할 수 있게 만들어준다는 데 있었다. 이는 당시로서는 혁신에 가까운 발견이었으며, 메르카토르의 지도 덕택에 경험이 그리 많지 않은 항해자도 안전하게 목적지를 향해 출항할 수 있게 되었다. 이 지도가 제작된 이후 항해자들에게 메르카토르 지도는 필수품이 되었다.

4-12 태양이나 별의 고도를 측정하는 데 사용되던 육분의(위)와 천문 관측 기구인 천측구(아래).

실제 항해에 활용된 과학기술

과학자들과 기술자들은 이렇듯 항해 준비 과정에 큰 기여를 했지만 실제 항해 과정에서도 이들의 지식이 활용되었다. 실제 항해에서는 정확하고 빨리, 그리고 무사히 목적지에 도착하기 위한 지식들이 요구되었다. 정확한 목적지를 찾아서 항해하려면 당연히 정확한 지도와 목적지의 정확한 위치가 필요했다. 하지만 이 2가지가 충족되었다 해도 현재 배가 어디에 위치해 있는지를 모른다면 항해는 불가능하다.

어딜 보아도 바닷물만 보이는 망망대해에서 자신의 위치를 안다는 것은 곧 현재 위치의 위도와 경도를 알아내는 것을 의미했는데, 여기에는 고도의 지식과 경험, 그리고 정확한 기구가 필요했다. 위도를 알려면 태양이나 별의 고도를 측정해야 했고, 이 작업을 위해 기구 제작 기술자들은 육분의 · 천측구 등의 정밀한 기구를 제작했다.[4-12] 측정된 자료는 천문표를 이용해 계산해야 했는데, 천문학자들은 별의 고도와 위도의 관계를 표기한 수표들을 제공했다.

위도에 비해 경도 측정은 더 어려웠다. 배에서도 흔들림 없이 방향을 가리키는 나침반이 필요했고, 천문현상을 활용한 위치 측정을 위한 자료 목록도 필요했으며, 정확한 시간을 알아야 경도를 계산할 수 있기 때문에 정밀한 시계

육분의
배의 위치를 판단하기 위해 천체와 수평선 사이의 각도를 측정하는 광학기계이다. 아랍 지역에서 최초로 제작되어 서양으로 전해졌으며, 대항해시대에 필수 항해 도구 중 하나였다.

천측구
수평선 위에서 태양 또는 별의 각도를 측정하는 기구로 위도를 계산하는 과정에 사용되었다.

4-13 네덜란드 항해안내서 『*Licht der Zeevaert*(항해의 빛)』(1608)의 권두화. 컴퍼스, 모래시계, 천측구, 지구의와 천구의, 거리측정기 등이 보인다.

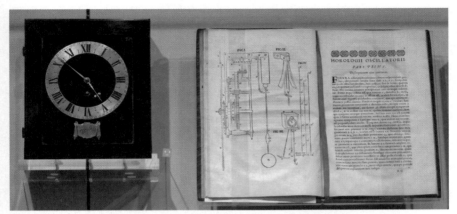

4-14 하위헌스의 진자시계와 그 원리를 설명하는 해설서(1658). 부르하버 과학박물관. 네덜란드 레이덴.

4-15 하위헌스가 1657년에 개발한 최초의 진자시계. Christiaan Huygens, *Horologium Oscillatorium*, 1658.

도 만들어야 했다. 정확하게 위치를 파악하고 목적지를 향해 적절한 항로를 선택해서 유지하는 것은 항해 기간을 단축시켜줄 뿐만 아니라 무풍지대나 암초지대를 피해갈 수 있게 해준다는 점에서 선장이나 항해사가 갖추어야 할 필수 요건이었다. 여기에 과학적 지식이 필요했던 것이다.[4-13]

당시에 수학적 지식으로 여러 문제를 해결해나가고 있었던 학자들은 이러한 요구에 부응해 다양한 연구 결과를 제공했다. 몇 가지 예를 들면 갈릴레오는 자신이 발견한 목성의 위성들이 목성 뒤로 숨는 주기를 경도 측정에 활용하고자 천문표를 제작한 적이 있으며, 유명한 역학 연구자 하위헌스(Christiaan Huygens)는 항해에 활용할 수 있는 진자시계를 개발하기도 했다.[4-14, 4-15] 네덜란드의 수학자 스테빈(Simon Stevin)은 나침반 개량위원회에 참여했으며, 당시 수집한 자료들을 바탕으로 목적지까지의 항로를 선택하는 수학적 기법을 담은 책을 출판했다.

16세기 해상 활동에 관심이 많았던 국가들은 이러한 학자들의 연구 성과들을 실제 항해에 접목하기 위해 항해자를 양성하는 전문적인 학교를 세웠고, 이들 학교에서는 미래의 선장들에게 천문학이나 수학과 같은 과목들을 가르쳤다. 특히 네덜란드와 영국이 해군 장교들에 대한 교육에 적극적이었는데, 이 두 나라가 대항해시대 후반기에 전 세계 해상권을 제패하게 된 배경에는 이러한 과학 연구와 교육이 자리 잡고 있었다.

모두가 평등한
보편적 척도

프랑스 혁명기에 탄생한 1m라는 단위

프랑스 혁명과 과학

　　18세기 말에 일어난 프랑스 혁명은 자유와 평등사상에 입각한 민주사회의 출현을 알린 큰 사건이었다. 18세기 내내 계몽사상가들은 인간 이성의 계발과 잘못된 사회구조의 개혁을 주장했고, 이들이 주장했던 사회구조의 개혁이 급진적인 방식으로 가시화한 사건이 바로 프랑스 혁명이었다.

　　국왕과 귀족, 성직자의 잘못된 정치에 대항하는 시민군이 정치범 수용소였던 바스티유 감옥을 습격한 1789년 7월의 사건으로 본격화한 프랑스 대혁명은 이후 약 25년 동안 프랑스에 엄청난 정치적 변혁을 가져왔다. 그 기간 동안 혁명파의 집권, 자유와 평등을 내세운 인권선언의 발표, 국왕의 공개 처형과 공화국 선포, 혁명파의 실각, 나폴레옹(Napoléon Bonaparte)의 집권과 황제 등극, 대규모 전쟁 수행, 구 왕조로의 복귀까지 많은 일이 일어났다.

이러한 정치적 변혁의 과정에서 과학계 역시 영향을 받을 수밖에 없었다. 특히 프랑스와 같이 과학과 정치의 관련성이 깊은 나라에서 과학은 사회 변화와 결코 무관할 수 없었다. 프랑스에는 1666년 국왕 루이 14세의 명령으로 과학아카데미라는 유명한 과학 관련 기관이 설치되었는데, 이 기관에 소속된 과학자들은 공무원에 준하는 신분을 가지고 있었다. 과학아카데미는 프랑스 과학의 중심이자, 혁명 이전의 과학과 정치의 밀접한 관련성을 보여주었다. 그런데 혁명이 진전되면서 과학아카데미는 구 왕정의 지원을 받은 기관이었다는 이유로 문을 닫게 되었다. 과학아카데미의 폐쇄와 당시 과학아카데미의 대표자 격인 과학자 라부아지에(Antoine-Laurent Lavoisier)의 처형은 혁명기 동안 과학계 역시 정치적 변혁의 불길을 피해갈 수 없었음을 보여준다.

하지만 계몽사상에 입각한 프랑스 혁명이 과학에 부정적인 영향만 미친 것은 아니었다. 이 기간 동안 프랑스 과학자들은 교육 체계를 개선하고, 대규모 연구 프로젝트를 수행했다. 그럼으로써 과학 분야는 점점 전문직업으로서 체계를 갖추어가기 시작했다. 이 시기에 과학자들이 수행한 정부 주도 프로젝트 중에서 가장 규모가 크고 향후 지대한 영향을 미친 것은 바로 '미터법 제정 프로젝트'였다.

과학아카데미와
새로운 단위 1m의 탄생

혁명 이전 프랑스 전역에는 수십 개가 넘는 단위가 사용되고 있었다. 지방마다 다른 길이나 무게의 단위를 쓰는 경우가 많았고, 같은 단위라도 실제 길이나 무게가 다른 경우가 허다했다. 이러한 상황은 정부에도, 시민들에게도 불만족스러웠다. 정부는 단위가 통일되지 않아 효율적인 세금 징수와 통치에 걸림돌이 된다고 여겼으며, 사람들은 귀족이나 부자들이 자기 마음대로 단위를 바꾸기 때문에 자신들만 손해를 본다고 생각했다.

새롭게 정권을 잡아 효율적인 통치를 하고자 했고, 또 귀족이 아닌 시민 또는 국민의 입장에서 정치를 펼친다는 명분을 내세우고 있었던 혁명정부는 이 문제에 심각성을 느끼고 도량형 제도 통일을 위한 작업에 착수했다. 혁명정부는 과학아카데미에 이 문제에 관한 사전 예비조사 보고를 올릴 것을 주문했다.

과학아카데미의 서기였던 콩도르세(Marquis de Condorcet)가 도량형 개혁 계획을 의회에 제출하자, 곧바로 라그랑주(Joseph-Louis Lagrange) · 라부아지에 · 콩도르세 등으로 구성된 준비위원회가 결성되었다. 준비위원회는 길이 · 무게 · 부피의 단위가 십진법에 입각해서 통일되어야 한다고 주장했다. 혁명정부가 들어선 후 프랑스에서는 십진법에 입각한 다른 단위들의 개혁 작업도 수행되었는데, 각도와 달력이 그 대상이었다. 그 결과 혁명기 동안 프랑스에서는 각도를 육십진법이 아닌 십진법으로 대체했고, 한 달에 30일씩 있는 새로운 달력[4-16]을 사용하기도 했다.

십진법을 사용한 도량형 통일의 기초안이 마련된 뒤에는 본격적인 조사위원회가 다시 꾸려졌다. 새로운 위원회에는 라그랑주 · 라플라스

(Pierre-Simon Laplace) · 몽주(Gaspard Monge) · 콩도르세가 소속되었으며, 무엇을 기준으로 하여 단위를 정할 것인지가 논의되었다.[4-17] 처음에는 진자를 이용한 단위의 제정이 논의되었으나 누구라도 인정할 만한 객관적인 잣대를 사용해야 한다는 의견이 우세해지면서 과학자들 사이에서 치열한 논의가 전개되었다.

4-16 프랑스 혁명력(1794).

도대체 무엇이 길이의 단위를 결정할 만큼 객관적인 잣대라는 말인가? 객관적 잣대가 되려면 그 기준이 될 대상이 분명해야 했고, 또 변화가 있어서도 안 됐다. 여기에 더해 누구나 수긍할 만한 것이어야 했다. 다시 말해 기준이 될 잣대는 정치적인 면에서도 모든 사람이 수긍할 만

4-17 왼쪽 위에서부터 시계 방향으로, 라그랑주 · 라플라스 · 콩도르세 · 몽주.

한 보편성을 가져야 했고, 과학적으로 보더라도 항상 일정하고 변동이 없어서 기준으로 선택될 만한 특징을 지니고 있어야 했다. 여러 차례의 회의를 통해 격론이 오갔고, 결국 고심 끝에 과학자들이 합의에 이른 길이 단위의 기준은 바로 우리가 살고 있는 지구였다.

위원회는 지구 둘레의 4,000만 분의 일을 1m로 정한 표준 단위를 제정하겠다고 제안했고, 계획을 받아들인 혁명정부는 1791년 10만 리브

르라는 당시로서는 어마어마한 금액이 투입될 이 프로젝트를 승인했다. 프로젝트가 본격적으로 진행되면서 과학아카데미는 지구의 둘레를 오류 없이 가장 정확하게 측정하기 위해 회원들을 총동원했다. 지구의 둘레를 측정하려면 원정대를 파견해야 했고, 천문학도 응용해야 했다. 길이에 기초해서 무게나 부피의 단위를 정하기 위해서는 물의 정확한 무게도 알아야 했다. 물론 다른 단위들과의 비교도 필요했다. 이 모든 작업을 수행하기 위해서 과학아카데미의 거의 모든 회원들은 총 5개의 분과로 나뉘어 연구를 진행했다.

이 프로젝트는 프랑스 혁명이 격해지면서 과학아카데미가 폐쇄되는 사건으로 잠시 위기를 겪지만 1년여의 공백 기간 후 라부아지에만 빠진 채로 재개되었다. 비록 라부아지에는 징세청부인으로 일했던 탓에 혁명 세력에 의해 단두대에서 처형당했지만, 혁명정부 입장에서 과학자들을 모두 내칠 수는 없었던 것이다.

프로젝트가 진행되는 동안 과학자들은 놀라울 정도로 정밀한 기구들을 제작해서 세밀한 측정을 수행했다. 그리고 이 결과를 토대로 지구의 둘레를 완벽히 측정하고 1m, 1g, 1ℓ 라는 길이, 무게, 부피의 단위를 제정했다. 혁명정부는 사업의 완수를 대대적으로 홍보했고, 전국적으로 새

4-18 십진법에 입각한 새로운 표준단위를 나타내는 1800년대의 목판화. 그림 속 자막은 괄호 속 옛날 단위를 대체하는 새로운 단위들이다.

로운 제도를 시행했다. 우리가 사용하고 있는 단위는 이러한 과정을 통해 만들어진 것이다.[4-18]

프랑스 과학과
미터법 프로젝트

이렇게 만들어진 새로운 길이 단위 1m를 프랑스만의 단위가 아닌 전 세계적인 단위로 변모시킨 인물은 나폴레옹이었다. 포병 장교 출신으로 혁명기의 혼란한 와중에 쿠데타를 통해 정권을 획득한 나폴레옹은 스스로 황제 자리에 오르며, 혁명정부가 힘겹게 수립한 공화정을 무너뜨렸다.

나폴레옹은 유럽 대륙의 절반가량을 점령했던 대규모 전쟁을 벌였으며, 전성기에는 전 유럽의 황제처럼 군림했다. 유럽을 지배하는 동안 나폴레옹은 프랑스 혁명을 통해 새롭게 만들어진 제도들을 유럽 각국에 이식했다. 독일 · 네덜란드 · 스페인 등 서유럽의 대부분을 점령한 나폴레옹은 혁명기에 수립된 자유와 평등을 내세운 법체계를 이식하고, 각 정부 조직을 프랑스와 유사하게 만들었다.

과학아카데미의 작업을 통해 달성된 미터법도 이때 다른 나라들로 퍼졌다. 1m라는 길이의 단위가 전 세계 사람들이 사용하는 공통 단위가 된 것은 프랑스 과학자들의 연구는 물론 나폴레옹의 제도 이식, 그리고 당시 정밀과학 분야에서 가장 앞섰던 프랑스 과학에 대한 신뢰감이 동시에 나름대로의 역할을 한 결과였다.

미터법 제정 프로젝트는 프랑스 과학의 특징을 단적으로 보여주는 사업이었다. 당시에 어느 나라도 이러한 대규모 프로젝트를 위해 과학에 투자한 사례는 없었고, 또 프랑스만큼 조직적으로 그러한 프로젝트를 수행할 만한 능력을 갖춘 나라도 없었다.

중앙집권화하고 조직화한 프랑스 과학아카데미는 혁명기에 여러 가지 고초를 겪기도 했지만 미터법 제정이라는 엄청난 사업을 완수해냈다. 이 프로젝트의 완성은 프랑스 과학자들의 우수성을 과시함과 동시에 과학의 힘을 보여준 사건이기도 했다. 미터법 제정은 과학자가 없었다면 달성하기 힘든 종류의 거대한 사업이었고, 그 결과 국가 운영에 큰 도움이 되었기 때문이다. 프랑스 정부는 과학의 힘과 그 중요성을 다시한 번 실감하게 되었으며, 이는 과학이 사회적으로 인정받으며 사회에 깊게 뿌리 내리는 또 하나의 계기가 되었다.

라부아지에의 처형과 징세청부업자

라부아지에는 근대 화학의 창시자로 평가받는 과학자다. 과거 연금술이라는 명칭 아래 물질의 특성을 탐구했던 과학 분야가 라부아지에를 거치면서 정량적인 화학으로 재탄생했기 때문이다.

라부아지에는 정밀한 실험을 통해 연소 과정에서 특정한 성분의 공기가 반드시 필요하다는 사실을 확인하고, 이를 산소라고 이름 붙였다. 그는 여기에서 출발해 탄소, 수소 등 다른 공기의 성분에 새로운 이름을 붙이며 기본적인 화학원소표를 완성해냈다.[4-19] 이 밖에 라부아지에는 화학 반응을 표기하는 방법을 개선해서 지금의 화학방정식 형태의 표기법을 제안했으며, 원소의 이름에 입각해 화합물을 지칭하는 명명법 체계도 고안했다. 산소 원소 2개, 탄소 원소 1개로 이루어진 화합물을 이산화탄소라고 부르게 된 것은 라부아지에의 업적이다.

4-19 라부아지에가 쓴 최초의 근대적 화학 교과서 『화학원론』(1789)에 실린 원소표. 다양한 이름으로 불리던 원소들(표 우측)을 가운데 열의 원소 이름으로 정리했다.

또한 그는 화학 반응의 경우, 반응 전과 반응 후 물질의 총량은 일정하게 보존된다는 법칙, '물질보존의 법칙'을 제안했다. 이 법칙은 후에 질량이라는 새로운 개념이 보편화한 뒤에는 '질량보존의 법칙'으로 불리게 된다.

하지만 이렇듯 엄청난 과학적 성과를 이뤄낸 라부아지에는 프랑스 혁명의 와중 과학아카데미가 폐쇄됨과 동시에 단두대에서 사형을 당했다. 라부아지에의 처형 이유 중 하나는 과거에 징세청부업자로서 활동했던 경력이었다. 혁명이 일어나기 전 프랑스에서는 세금을 걷을 때 업자를 고용해 세금 걷는 일을 맡기고 있었다. 당연히 세금을 걷어가는 징세청부업자에 대한 시민들의 시선은 곱지 않았다. 혁명정부는 라부아지에 처형의 정당성을 바로 이러한 시민의 불만에서 끌어냈다.

하지만 라부아지에 처형의 진정한 이유는 그가 과학아카데미의 대표자였다는 사실이었다. 과거 국왕의 지원을 받았던 과학아카데미의 폐쇄를 결정한 혁명정부는 상징적으로 라부아지에를 처형하려 했지만, 프랑스를 대표하는 위대한 과학자를 처형하려면 시민들의 불만을 잠재울 필요가 있었다. 이에 혁명정부가 꺼내 든 이유가 라부아지에의 과거 이력이었던 것이다. 당시 상황으로 볼 때 라부아지에는 징세청부 일을 하지 않았어도 다른 이유를 붙여서라도 처형될 운명이었다.

막스 플랑크,
"올곧은 과학자의 딜레마"

애국적인 과학자?

　　　　　과학자의 사회적 책임 같은 주제로 수업을 할 때면 제2차 세계대전의 핵무기 개발 사례를 종종 들곤 한다. 나치와 연합군 양측에서 핵무기 개발에 뛰어든 과학자들은 왜 그런 선택을 했을까, 그 선택이 초래한 결과는 어떤 것이었는가, 그 과학자들에게 대안적인 선택은 없었을까 같은 문제에 대해 학생들과 토론을 하기도 하고, 때로는 "10~20년 뒤에 우리나라가 다른 나라와 전쟁을 치르게 되었는데, 저명

4-20 양자역학의 문을 연 독일의 물리학자 막스 플랑크(1858~1947). 1933년 사진.

한 과학자가 된 당신에게 전쟁무기 연구에 참여해달라고 하면 어떻게 하겠는가"와 같은 질문을 던지고 글을 써보게 하기도 한다. 놀랍게도(혹자에게는 당연하게도) 대부분의 학생들은 주저 없이 전쟁 연구에 참여하겠다고 말한다. 애국심이나 민족에 대한 헌신과 같은 이데올로기가 우리 사회에 강하게 자리 잡고 있고, 특히 학생들의 경우 그런 이데올로기를 무비판적으로 받아들이도록 교육받았기 때문일 것이다.

그런데 그런 선택을 한 학생들로 하여금, 또 그런 선택에 심정적으로 동조하는 사람들로 하여금 과학과 애국심, 민족애의 관계에 대해 좀 더 진지하게 고민하게 만드는 인물이 있다. 바로 독일 과학의 대부라고도 일컬어지는 물리학자 플랑크(Max Planck)이다.(4-20)

보수적인 과학자가
과학의 혁명을 시작하다

최근 2~3년간 한국에서도 막스 플랑크의 이름이 여기저기서 들려왔다. 한국 기초과학연구원이 독일의 막스플랑크 연구소를 벤치마킹하여 세워지면서, 막스플랑크 연구소에 관한 기사가 언론에 종종 보도되거나 연구소 인사들이 국내를 방문하는 일이 잦아진 덕이다. 그러나 독일의 연구소들에 이름을 남긴 영광스러움만큼이나 플랑크의 삶은 고뇌로 가득 차 있었다. 과학사학자 하일브론(John Heilbron)은

막스 플랑크 전기에서 이러한 플랑크를 마치 그리스 비극의 주인공처럼 그려냈다.[1]

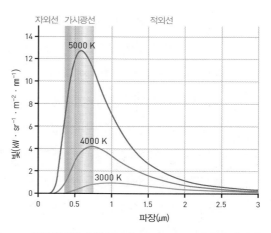

4-21 흑체복사 곡선. 흑체의 온도가 3,000K, 4,000K, 5,000K일 때, 각 흑체에서 방출되는 전자기파의 파장과 강도를 나타내고 있다. 플랑크는 에너지 양자 개념을 도입하여 흑체복사에 관한 문제를 수학적으로 풀어냈다.

플랑크는 20세기 양자역학의 탄생을 야기한 에너지 양자 개념을 처음으로 제시했던 독일의 이론물리학자다. 1900년 플랑크는 입사하는 모든 빛을 흡수하는 흑체가 그 온도에 따라 어떤 전자기파를 얼마만큼 방출하는지에 대한 실험 결과를 이론적으로 설명하는 연구를 진행하고 있었다. 이 문제를 풀기 위해 플랑크는 흑체에서 방출되는 빛의 에너지가 빛의 진동수에 플랑크상수를 곱한 값의 정수배에 해당하는 불연속적인 값만 갖게 된다는 가정을 도입하여 문제를 푸는 데 성공했다.[4-21]

플랑크는 순전히 계산상의 편의를 위해 흑체에서 방출되는 에너지가 특정한 값의 2배, 3배, 4배… 등의 값만 가질 수 있다고 가정했지만, 물리적으로도 그렇게 불연속적인 에너지만 방출할 것이라고는 생각하지 않았고 그런 결과를 원하지도 않았다. 하지만 플랑크가 흑체복사를 수학적으로 유도하는 데 성공한 뒤에 아인슈타인을 비롯한 물리학자들은 플랑크의 에너지 양자가 갖는 불연속성 개념의 혁명성을 알아챘다. 그렇게 플랑크는 의도치 않게 20세기 물리학의 혁명을 이끌어냈다.

사실 플랑크는 혁명과는 거리가 먼 사람처럼 보인다. 플랑크는 과학에서나 그 밖의 생활에서나 전통적인 가치의 보존을 중요하게 여긴 보

수주의자로, 올곧고 일관된 세계관을 지켜나가려는 사람이었다. 10대 시절 독일 제국의 통일을 목도한 사람으로서 통일된 독일 제국에 무한한 애정을 갖고 있었던 애국자였으며, 과학에서도 그런 통일된 세계관을 제시하고 싶어한 물리학자였다.

플랑크의 위대성과 비극성은 자신이 속한 세상의 전통을 보존하려던 인물이 그 세상의 전통과 문화를 깨는 데 일조했다는 바로 그 아이러니에 있다. 고전물리학의 세계관 속에 살던 물리학자가 의도치 않게 양자 개념을 도입하여 고전물리학의 세계관을 깼다는 데 그 첫 번째 아이러니가 놓여 있다.

하일브론은 플랑크의 양자 개념 도입과 그 이론으로 인해 시작된 소동들, 즉 양자역학의 등장이 플랑크에게는 "타협, 더 나아가서는 항복의 결과"였다고 평가한다. 플랑크는 에너지 양자 개념이 갖는 불연속성을 매우 불편해했다. 그래서 에너지 양자를 도입한 지 10년이 더 지난 시점에서도 "에너지 양자의 이론적 도입은 가능한 한 보수적으로 이루어져야 한다"고 말하며 에너지 양자에 대한 불편함과 신중함을 드러냈다.

하지만 그런 보수적인 플랑크가 아인슈타인의 상대성이론에서 인간의 감각 또는 뿌리 깊은 직관까지 초월하는 보편적인 물리학의 가능성을 보고 열렬히 환영했다는 것은 또 다른 아이러니가 아닐 수 없다. 당시 과학계에서 거의 무명에 가까웠던 아인슈타인이 쓴 논문의 진가를 알아채고 스위스에 있었던 아인슈타인을 독일로 데리고 온 것도 플랑크였고, 제자들로 하여금 아인슈타인의 상대성이론을 다룬 논문을 쓰도록 하여 상대성이론을 확대 발전시키는 데 일조한 사람도 플랑크였다.[4-22] 고전물리학을 지키고 싶어했고 새 물리학에 거부감을 가지고 있었지만, 바로 그 새 물리학을 발전시킨 사람이 플랑크였던 것이다.

4-22 왼쪽부터, 독일의 물리화학자 네른스트, 아인슈타인, 플랑크, 미국의 물리학자 밀리컨, 독일의 물리학자 폰 라우에(1931).

통일 독일의 애국자, 나치에 협력하다

정치에서도 플랑크는 독일 문화의 보존과 독일 통일이라는 일관된 목표를 위해 신중히 행동했으나 그런 행동의 결과가 오히려 그것들을 파괴하는 데 일조하는 아이러니를 겪는다. 나치 정권하에서 플

빌헬름 황립학회
1911년 과학 진흥을 위해 설립된 독일의 과학기관으로, 제3제국 기간 동안 나치의 과학적인 조작에 관여했다.

랑크는 빌헬름 황립학회 회장이자 독일 과학의 대표자로서 독일 과학 및 문화의 보존을 위해 조용하고 신중하게 행동했다.

하지만 국제적 명성과 국내적 신망을 얻고 있던 플랑크가 나치 정권의 과학 정책에 대해 적극적인 저항과 반대의 목소리를 내지 못했던 것은 나치 정권에 협력하는 것처럼 보이는 결과를 낳았다. 소동과 분란을 일으키지 않고 최대한 드러나지 않게 일을 처리함으로써 독일 과학계를 보존하고자 했던 그의 소망은 바로 그 신중함으로 인해 아인슈타인이나 보른(Max Born) 같은 유태인 학자들이 자의로든 타의로든 독일 과학계를 떠

나는 것을 막지 못했다. 이들이 떠나자 독일 과학계는 점차 위축되었다.

나치 정부에 대해, 그리고 유태인 동료를 떠나보내고 나치 정당 가입을 강요하는 독일 과학계에 대해 비판의 목소리를 내기보다 그렇게 해서라도 독일이라는 국가와 민족을, 그리고 독일 과학계를 보존하려던 플랑크의 노력은 결국 그의 가족사의 가슴 아픈 비극을 막지 못했다. 1945년 2월 23일 그의 아들 에르빈 플랑크가 히틀러 암살 기도에 연루되어 사형에 처해졌던 것이다.

플랑크의 삶은 존경받을 만한 인간적 성품이 격동의 시대를 만나 갈등과 고뇌, 비극을 낳는 요소로 작동하는 모습을 보여준다. 그런 점에서 플랑크의 삶은 비극적 영웅담 같은 느낌을 준다. "그의 세계관이 그를 고귀하게 했는가, 아니면 욕되게 했는가?" 하일브론이 던진 마지막 질문을 우리에게 다시 던져볼 수 있지 않을까? "우리의 애국적 열정이 조국을 고귀하게 만들 것인가, 아니면 욕되게 할 것인가?"[2]

세종 시대를 빛낸
과학 유산들

한민족 역사에서 가장 위대한 왕을 꼽으라면, 대부분의 한국인들은 주저 없이 '세종'이라고 답할 것이다. 세종 최고의 업적은 당연히 '한글 창제'지만, 이외에도 백성들을 위한 제도 개혁과 같은 치적을 쌓고 유난히 많은 유산들을 남겼다. 그리고 그중에서도 세종의 과학 유산은 가장 찬란했던 조선의 모습을 보여주는 상징물이다. 세종의 과학 유산들을 이해함으로써 조선의 르네상스라 불리는 세종 시대의 모습을 살필 수 있을 것이다.

독자적인
천문 기구의 개발

세종 시대에는 무엇보다 다양한 천문 기구들이 만들어졌다. 먼저 장영실(蔣英實) 등이 만든 앙부일구(仰釜日晷)를 들 수 있다. '가마솥이 위로 열려 있는 형상의 해시계'란 뜻을 가진 이 장치는 다른 해시계와 모양은 물론이고 사용 방식도 달랐다. 보통 해시계는 시반(時盤, 해그림자가 지는 오목한 부분)에 시각선만 그어져 있지만, 앙부일구는 시각선과 함께 계절선이 함께 있어 시간과 절기를 동시에 알 수 있게 만든 혁신적인 기구였다.[4-23] 세종은 이 앙부일구를 하나는 저잣거리에서 사람들이 볼 수 있도록 대형으로, 다른 하나는 휴대하여 사용하도록 소형으로 제작하여 보급했다.

또한 천체의 위치를 측정하는 기구인 간의(簡儀)도 이 시기에 개발됐다. 원래 간의는 원(元)나라의 과학자 곽수경(郭守敬)에 의해 만들어졌다고 전해 내려왔으나 그 실체가 없

> **곽수경**
> 1231∼1316. 원나라 때의 과학자로 수리·토목 사업에 큰 공적을 남겼으며, 중국 역법 사상 가장 획기적이고 새로운 수시력(授時曆)을 만들었다.

4-23 앙부일구. 보물 제845호. 테두리 맨 바깥에는 24방위, 그 안쪽으로 24절기, 솥 안쪽에는 절기와 시계선 등이 새겨져 있다. 국립고궁박물관.

어, 세종의 명으로 어렵게 문헌을 구해 이천(李蕆)·장영실이 함께 연구하여 복원했다. 복원된 간의는 청동으로 매우 화려하고 웅장하게 제작되었으며, 동시대 어떤 나라의 천문 기구보다 정확해 당시 조선 천문 기술의 우수성을 잘 보여주는 유물로 남아 있다.[4-24]

4-24 세종대왕릉에 있는 간의 모형. 경기도 여주시. ⓒ doopedia.co.kr

> 내가 간의 만드는 것을 명하여 경회루 북쪽 담안에다가 대(臺)를 쌓고 간의를 설치하게 하였는데, 사복시(司僕寺) 문안에다가 집을 짓고 서운관(書雲觀)에서 번들어 숙직하면서 기상을 관측하게 함이 어떻겠는가.(세종 15년)[3]

그 밖에 낮에는 해시계, 밤에는 별시계로 이용되는 일성정시의(日星定時儀)가 있었다. 이는 낮과 밤의 시간을 함께 잴 수 있어서, 다른 시계가 잘못되거나 오차가 생기면 교정할 때 쓰는 교정용 시계였던 만큼 매우 정밀하게 제작되었다.

> 처음에 임금이 주야(晝夜) 측후기(測候器)를 만들기를 명하여 이름을 '일성정시의'라 하였는데, 이에 이르러 이룩됨을 보고하였다. 모두 네 벌(件)인데, 하나는 내정(內庭)에 둔 것으로 구름과 용을 장식하였으며, 나머지 셋은 다만 발이 있어 바퀴 자루(輪柄)를 받고 기둥을 세워

정극환(定極環)을 받들게 하였다. 하나는 서운관에 주어 점후(占候)에 쓰게 하고, 둘은 함길·평안 두 도의 절제사 영에 나누어주어서 군중의 경비하는 일에 쓰게 하였다.(세종 19년)[4]

간의대(簡儀臺)는 오로지 천기(天氣)를 살펴서 백성에게 절후(節候)를 알려주기 위한 것이며, 옆에 규표(圭表)·혼상(渾象)·혼의(渾儀)를 설치한 것도 모두 천기를 보는 기구이다. 따로 관원을 보내어 천기를 살피도록 한 것은 장구한 계책이 아니니, 금후로는 서운관에서 주장하게 하되 밤마다 다섯 사람씩 입직시켜서 천기를 살피게 하라.(세종 20년)[5]

이처럼 세종은 각종 천문 기구를 제작하는 동시에 하나의 건축물을 세웠다. 바로 자신이 만든 천문 기구들을 이용하기 위해 간의대를 만들었던 것이다. 즉 세종은 조선에 맞게 독자적으로 개발한 천문 기구들을 가지고 조선의 하늘을 관찰했다.

자주적인 천문역산학

그렇다면 세종은 왜 직접 천문 기구들을 만들어서 하늘을 보려 했을까? 사실 이전의 왕들은 사대적 차원에서 중국의 것들을 가져와 그대로 사용했던 만큼 세종의 행보는 자칫하면 중국과의 외교적 마찰을 불러올 수 있는 일이었다. 그럼에도 불구하고 세종이 독자적으로 천문 기구를 제작했던 이유는 무엇보다 당시 중국의 기구들을 이용한 천문 예측이 정확하지 않아서였다.

동양에서 천문학은 '제왕의 학문'이라 불릴 만큼 왕과 밀접했다. 왕은 하늘이 정해준 사람으로 하늘과의 소통이 가능한 유일한 인물이라고 생각되었기 때문에, 왕이 천문현상을 잘 예측하는 것은 왕권의 당위성을 증명하는 일로 여겨졌다.

여기서 우리는 세종이 왕위에 오른 배경을 되새길 필요가 있다. 세종은 새롭게 건국된 조선에서 형제들을 제거하고 왕에 오른 태종 이방원(李芳遠)의 셋째아들이었다. 즉 정통 왕위계승자가 아니었던 것이다. 따라서 천문 예측은 세종에게 왕권의 존립 및 당위성과 밀접할 수밖에 없었다. 위험을 감수하더라도 중국이 아닌 조선에 맞는 천문 기구가 필요했던 것이다.

조선에 맞는 천문 기구로 세종은 조선의 천문역산학(天文曆算學), 즉 역법을 개발했다. 고대부터 당연하게 중국의 역법을 이용하여 달력을 생산하다 보니 천문 예측이 자주 빗나가 왕들이 곤욕을 치르는 일이 많았다. 그나마 체제가 안정됐을 때는 예측이 틀려도 큰 문제가 되지 않을 수 있지만 그렇지 않을 경우, 즉 세종의 상황에서는 문제가 될 소지가 다분했다.

결국 세종은 조선에 맞는 정확한 천문 관측을 위해 독자적으로 천문 기구를 제작했을 뿐 아니라, 1442년 역서(曆書) 『칠정산(七政算)』을 편찬하여 자주적인 역법 체계를 마련했다.[4-25] 『칠정산』은 한양을 표준시로 하여 제작한, 명나라의 대통력(大統曆)이 아닌 우리의 관측 기술을 이용해 개발한 조선 최초의

> **대통력**
> 중국 명나라의 역법으로, 1년을 365.2425일로 계산했다. 명나라 말기까지 260여 년간 사용되었는데, 한반도에는 고려 말기에 들어와 청나라의 역법인 시헌력이 도입된 조선 효종 때까지 사용되었다.

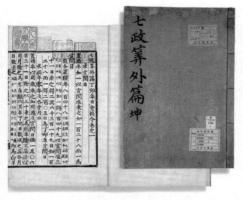

4-25 『칠정산』「외편」. 서울대학교 규장각한국학연구원.

역법이었다.

『칠정산』은 「내편(內篇)」과 「외편(外篇)」으로 구성되어 있는데, 「내편」은 날짜, 24절기, 한양의 일·출물 시각을 계산하는 데 사용했고, 「외편」은 일·월식을 예보하는 데 사용했다. 『칠정산』은 정확성 면에서 동시대 명나라와 일본을 훨씬 앞서 있었다는 평을 받고 있으며, 세종 시대 천문학이 대단히 우수했음을 증명해주는 유산의 하나다.

천문에는 칠정(七政)에 법 받아 중외의 관아에 별의 자리를 배열하여, 들어가는 별의 북극에 대한 몇 도 몇 분을 다 측정하게 하고, 또 고금의 천문도(天文圖)를 가지고 같고 다름을 참고하여서 측정하여 바른 것을 취하게 하고, 그 28수(宿)의 돗수(度數)·분수(分數)와 12차서의 별의 돗수를 일체로 『수시력』에 따라 수정해 고쳐서 석판으로 간행하고, 역법에는 『대명력』·『수시력』·『회회력(回回曆)』과 『통궤(通軌)』·『통경(通徑)』 여러 책에 본받아 모두 비교하여 교정하고, 또 『칠정산』 내외편을 편찬하였는데(……).(세종 27년)[6]

백성을 위한 과학 유산들

　　　　　　　한편 세종이 백성들을 '어여삐(불쌍히)' 여겨 한글을 창제했다는 이야기는 너무나도 유명하다. 그만큼 백성을 위해 많은 유산을 남겼고 그중에는 당연히 과학 유산도 있었다. 대표적으로 『농사직설(農事直說)』(1429)이라는 농법책을 들 수 있다.

　종래에는 중국의 농법을 지방 지도자들이 익혀 농사를 장려했기 때문에 해당 지역에 맞는 농사법을 적용하기가 쉽지 않았다. 그런 상황을 알게 된 세종은 각 지역에 퍼져 있는 민간 농법과 기존의 중국 농법들을 재정리하여 조선 지역에 맞는 농법책인 『농사직설』을 간행했다. 이 책은 지방 권농관(勸農官)의 지침서가 되었을 뿐 아니라, 이후 조선 농서 출현의 계기가 됐다.

　　하교하기를, "국가는 백성을 근본으로 삼고 백성은 먹는 것을 하늘처럼 여긴다. 그러므로 농사는 의식(衣食)의 원천이며 왕정의 최우선인 것이다. 오로지 백성들의 목숨과 관계가 되기 때문에 세상에서 지극히 수고로운 일을 하는 것이다. (……) 덕이 적은 내가 왕위를 계승하여 밤낮없이 염려하면서, 전 시대에 잘한 정치를 본받고자 하여 오로지 조종(祖宗)을 법으로 삼고 있다. 그러나 농사 문제만큼은 백성들과 가까이에 있는 관리에게 맡겨야 하겠기에 신중을 기하여 선발해서 친히 힘쓰도록 유시하기도 하였다. 그리고 주현(州縣)을 방문하여 토지에 따라 시험한 것을 가지고 『농사직설』을 엮어서 농사 짓는 백성들로 하여금 분명히 쉽게 알 수 있도록 하였으며(……)".(『국조보감(國朝寶鑑)』 제7권, '세종조 3')[7]

도내가 땅은 넓고 사람은 드물어, 집집마다 토전을 넓게 차지하고 있는데, 경작할 때에 힘쓰는 것은 간단하고 쉬우나 수확하는 것은 매우 많으니, 만일 타도와 같이 힘을 다하여 경작한다면 반드시 곡식이 잘되어 쉽게 풍작을 이룰 수 있을 것이다. 지난번에 『농사직설』을 찬집(撰集)하여 각도에 반포하였으니, 성의껏 친절하게 가르치고 일러서 농민으로 하여금 고루 알지 못하는 사람이 없게 하고(……).(세종 19년)[8]

또한 세종은 『향약집성방(鄕藥集成方)』(1433)과 『의방유취(醫方類聚)』(1445)라는 의서를 간행하기도 했다. 당시 중국산 약을 '당재(唐材)'라고 불렀는데, 세종은 이 당재보다 조선 풍토하에서 나오는 약재가 조선 사람에게 더 적합하다는 생각을 갖고 전국의 약재 및 처방전을 모아 자주적인 의약서인 『향약집성방』을 편집하여 보급했다. 그리고 이후 의서 편찬 작업을 한층 확대하여 조선은 물론이고 중국 고대 의서까지 수집한 뒤 수년간의 교정을 거쳐, 당시 동양 최대의 의서로 꼽히는 『의방유취』를 간행했다.

『향약집성방』이 완성되었다. (……) 신농(神農)과 황제(黃帝) 이후 대대로 의관을 두어 만백성의 병을 맡아보게 하였다. 유명한 의사가 병을 진찰하고 약을 쓰는 데는 모두 기질에 따라 방문을 내는 것이요, 처음부터 한 방문에만 구애되는 것은 아니다. 대개 백 리나 천 리쯤 서로 떨어져 있으면 풍속이 다르고, 초목이 생장하는 것도 각각 적당한 곳이 있고, 사람의 좋아하는 음식도 또한 습성에 달린 것이다. 그러므로 옛 성인이 많은 초목의 맛을 보고 각 지방의 성질에 순응하여

병을 고친 것이다.(세종 15년)⁹

여러 방서(方書)를 수집해서 분문류취(分門類聚)하여 합해 한 책을 만들게 하고, (……) 안평대군 이용(李瑢)과 (……) 감수하게 하여 3년을 거쳐 완성하였으니, 무릇 3백 65권이었다. 이름을 『의방유취』라고 하사하였다.(세종 27년)¹⁰

이처럼 세종은 자신이 아끼는 집현전 학자들과 함께 한글뿐 아니라 농업·의학과 관련된 연구를 수행하면서 말 그대로 백성을 이롭게 했다. 천문 관측을 통해 왕권의 정당성만 확보한 것이 아니라, 획득한 왕권으로 백성들을 아끼며 조선이라는 새로운 왕조의 체제를 구축하고 안정시키고자 노력했던 것이다. 그래서 오늘날 그를 '세종대왕'이라 부르는 게 아닐까?

중국인들은 서양 과학을
어떻게 받아들였나?

역법 문제와 서양 과학의 중국기원론

서양 과학의
중국 상륙

16세기 초 중국 본토에 본격적으로 상륙하기 시작한 서양의 선교사들은 자신들의 종교인 기독교를 전파하는 도구로 과학을 이용했다. 선교사들은 서양의 과학을 앞세워 중국 지배계층의 환심을 산 후 이들을 통해 단계적으로 기독교를 전파하는 방식을 중국에서의 선교 전략으로 채택했다. 이러한 배경에서 중국으로 대표되던 동양 문화권은 드디어 낯선 서양 과학을 접하게 되었다.

선교사들은 중국인들이 관심 가질 만한 자신들의 과학 성과를 선별적으로 전달했다. 중국인들이 관심을 가질 만한 성과란 제법 신기해 보이거나 아니면 중국에 비해 확실히 앞섰다고 판단되는 분야에 관한 지식을 의미했다. 선교사들은 중국에는 없는 자명종과 같은 기계류를 선보이거나, 중국인들은 모르는 세계에 관한 정보를 담은 지도 등을 선물하며 신기한 서양 과학의 성과를 알렸다.

이와 더불어 선교사들은 진보한 지식을 대표하는 분야로 수학과 천문학을 선택해 이를 중국 지배계층에 전해주었다.

4-26 유클리드의 『원론』을 중국어로 번역한 『기하원본』(1607)에 실린 리치와 서광계의 초상.

중국의 지배계층이었던 사대부들은 기본적으로 과거시험을 통과한 학자층에 속했으므로, 진기하거나 더 발전된 것으로 보이는 서양의 문물과 학문은 이들 사대부들의 관심을 끌기에 충분했다.

중국 것에 비해 확실하게 앞서 보이는 서양의 수학과 천문학은 중국 학자층 사이에서 본격적인 탐구의 대상이 되기 시작했다. 중국인 서광계(徐光啓)는 직접 서양 수학을 공부해 선교사 마테오 리치(Matteo Ricci)와 함께 유클리드의 책을 중국어로 번역하여 출판했으며,[4-26] 중국의 천문학자들도 서양 천문학의 세부적인 계산법을 학습하기 시작했다(제6장 '과학으로 무장한 기독교: 마테오 리치의 선교와 과학' 참조).

서양 학문의 침투와
이에 대한 반발

이런 갑작스러운 변화가 일어난 때는 마침 명(明)나라가 나라 안팎으로 어려움을 겪던 시기였다. 일본이 일으킨 임진왜란에 조선을 돕기 위해 참전하면서 타격이 있었던 데다가, 북쪽에서는 만주족이 세력을 확장하고 있었던 것이다. 본토 내부에서도 민란이 일어나면서 나라 안팎이 뒤숭숭한 상황이 계속되었는데, 명나라 조정에서도 이를 인식하고 있었다. 게다가 만들어진 지 꽤 되는 명나라의 역법은 오차가 누적되면서 여러 가지 문제점을 노출하고 있었다.

중국에서는 역법의 반포를 황제 고유의 권한으로 여겼는데, 역법에 문제가 있다는 것은 거꾸로 국가 및 황제의 통치에 문제가 있는 것으로 비칠 여지가 있었다. 이에 명나라의 황제는 새로운 역법을 제정하여 반포하기로 마음먹고 천문 관청에 명을 내렸다. 바로 이러한 상황에서 등장한 새로운 천문학이 서양의 천문학이었던 것이다.

중국 천문학자들은 새로운 서양 천문학을 학습한 후 그 내용이 상당히 우수함을 인정할 수밖에 없었다. 그들은 선교사들을 통해 서양 천문학의 계산법과 우주 구조를 학습하고 이러한 내용을 새 역법에 반영했다. 그렇게 명나라 말에 반포된 새 역서가 바로 『숭정역서(崇禎曆書)』였다.

그러나 새로운 역법과 역서를 반포하여 재도약의 기회로 삼으려 했던 명나라 황제의 의도는 결국 빛을 보지 못했다. 명나라는 북쪽에서 점점 더 세력을 확대하던 만주족의 침공을 버텨내지 못했고, 결국 새로운 왕조

『숭정역서』
명나라 말기인 숭정 4년(1631)부터 4년에 걸쳐 제작된 역서로, 서양 천문학 이론을 받아들여 만들어졌다. 이때 사용된 서양 천문학은 당시 교황청에서 공인되고 있던 티코 브라헤의 우주론에 입각한 것이었다. 135권.

인 청(淸)나라가 들어서게 되었다. 청나라 조정은 명나라에서 제작한 새로운 역법을 채용해서 자신들의 것으로 만들었다. 또한 천문 관청의 책임자로 서양 선교사인 아담 샬(Adam Schall)을 임명할 정도로 서양 천문학을 우대했다.

물론 서양에서 전래된 천문학이 갑작스럽게 중요한 학문으로 대접받자 이러한 분위기에 반대하는 목소리도 나타났다. 가장 대표적인 서양 천문학 반대자들은 전통적인 동양 천문학을 고수하는 유학자들과, 서양 세력이 천문학을 앞세워 중국에 이교(異敎)를 전파하려는 사실을 알아챈 사람들이었다. 이들은 서양 천문학이 정밀성에서는 중국보다 조금 뛰어날지는 모르나 기본적으로 잘못된 우주 구조에 바탕하여 이론 체계가 성립되어 있기 때문에 그릇된 결과를 가져올 뿐이라고 주장했다.

전통적으로 동양에서는 땅은 평평하고 하늘은 둥글다는 천원지방(天圓地方)의 우주론을 고수하고 있었는데,[4-27] 서양의 천문학은 땅이 둥글다고 가정하고 있기 때문에 잘못된 결과를 산출하게 된다는 주장이 줄

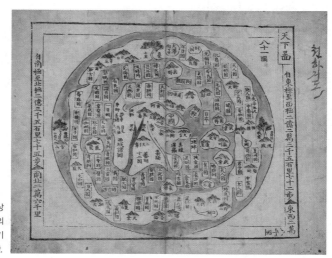

4-27 천원지방 사상에 입각한 조선시대의 〈원형천하도〉, 18세기 후반. 국립중앙박물관.

을 이었다. 비판자들은 여기에 선교사들이 감추고 있는 불순한 의도, 즉 그들이 황제나 조상보다 신을 더 중요시한다는 사실을 거론하면서 선교사들과 서양 천문학을 싸잡아 비난했다.

이러한 비판이 최고조에 이른 시기는 8세의 어린 나이로 황제에 즉위한 강희제(康熙帝)의 통치 초기였다. 황제를 대신해서 정치를 좌우하던 대신들이 비판자들의 편을 들면서 서양 천문학은 결국 청나라 조정에서 퇴출당하고 만다.

서양 학문은 중국에서 시작되었다
: 매문정과 강희제의 중국기원론

위기에 몰렸던 서양 천문학은 강희제가 대신들로부터 권력을 회수하고 친정을 하면서 재기의 기회를 마련할 수 있었다. 강희제는 직접 통치를 시작하면서 이전 섭정 시기에 결정된 여러 사안들에 대해 의견을 달리하며 대신들의 권력을 무력화하는 방식을 취했는데, 그중 하나가 천문학에 대한 입장이었다. 강희제는 자신이 어려서 통치를 못하던 시기에 대신들의 입김으로 서양 선교사들이 천문 관청에서 내쫓긴 것을 문제 삼고, 공정한 방식으로 심사를 통해 더 우월한 계산 결과를 산출하는 천문학을 채택하겠다고 발표했다.

황제의 명으로 서양 선교사들은 다시 북경의 궁궐에 모습을 나타냈고, 전통적인 중국 천문학을 고집하는 학자들과의 공개시험을 통한 경쟁에 뛰어들었다. 그러나 치열하게 진행될 줄 알았던 경쟁은 예상보다 싱겁게 끝나버렸다. 공개 경쟁 문제는 정확한 달력 제작에 사용할 수 있도록 춘분(春分)부터 우수(雨水) 사이 해 그림자 길이 변화와 달의 위상 변화를 예측하는 것이었다.

앞서 지적했듯이 서양 천문학이 들어오기 이전에 사용하던 중국의 전통 천문학은 이미 오차가 누적되어 정확한 계산이 불가능했다. '오차가 누적된 역법을 사용한 예측'과 '새로운 측정을 통해 마련된 자료에 기반한 예측'의 경쟁은 사실상 이미 승패가 결정되어 있는 것이나 마찬가지였다.

전통 천문학자들은 황제가 서양 오랑캐의 학문을 받아들이는 것은 큰 잘못이라고 상소를 올렸지만, 황제로부터 돌아온 답은 경쟁에서 천문학 이외의 내용을 거론할 경우 엄벌에 처하겠다는 말뿐이었다. 서양 천문학자보다 더 정확하게 문제를 풀어낼 수 없음을 스스로 알고 있었던 전통 천문학자들은 결국 패배를 선언했다. 강희제는 자신의 의도를 관철하기 위해 서양 천문학에 일방적으로 유리한 방식으로 문제를 제시했던 것이다.

서양 천문학자들을 조정에 다시 받아들인 강희제는 스스로 서양 학문에 관심을 보이며 서양의 수학과 천문학에 대한 학습을 시작했다.[4-28, 4-29] 그러나 강희제 역시 서양 학문을 전적으로 드러내놓고 옹호할 수는 없었다. 서양 과학 뒤에 숨어 있는 기독교도 그렇거니와, 중국 대륙을 통치하는 황제가 중국의 전통 학문을 무시하고 서양 오랑캐의 학문만을 추종하는 모습은 결코 바람직해 보이지 않았기 때문이다. 이런 강희제에게 해답을 제시한 인물이 바로 중국의 수학자 매문정(梅文鼎)이었다.

매문정은 중국 남부 출신으로 명나라에서 청나라로 왕조가 바뀌자 과거급제를 통한 출셋길을 포기하고 혼자 수학을 공부하던 인물이었다. 그는 우연한 기회에 서양의 기하학을 접하고 독학으로 서양 수학을 터득했다.

4-28 청나라 4대 황제인 강희제. 서양 과학에 우호적인 입장을 취한 것으로 유명하다.

4-29 예수회 선교사들과 함께 천문을 보고 있는 강희제. 18세기 프랑스 태피스트리.

처음에 매문정이 학습한 서양 수학의 분야는 리치와 서광계의 번역을 통해 중국에 알려진 평면기하학이었다. 이때까지만 해도 매문정은 서양 수학이 중국 전통 수학에 비해 그리 뛰어날 것이 없다는 입장을 가지고 있었지만, 더 어려운 분야인 서양의 구면기하학을 공부하면서 서양 수학에 대한 그의 견해는 완전히 달라졌다. 서양의 구면기하학은 중국의 수학에 비해 훨씬 심오한 진리를 담고 있을 뿐만 아니라, 중국 수학을 통해서는 풀 엄두도 내지 못할 문제들을 척척 해결해내는 능력을 가진 학문으로 보였던 것이다. 이후 매문정은 서양 수학과 관련된 책들을 집필하고 북경의 수학자 및 천문학자와의 개인적인 교류를 통해 서서히 자신의 이름을 알려나갔다.

강희제는 천문 관청의 학자들을 통해 이러한 매문정에 관한 소문을 듣고 있었다. 강희

구면기하학

평면 위의 도형을 연구하는 유클리드 기하학을 구면 위의 도형에 적용하여 연구하는 기하학으로 주로 천문학에서 많이 사용되었다. 당연히 평면기하학에 비해 그 수준이 높았으며 계산도 훨씬 복잡했다.

제는 매문정이 북경을 방문한다는 소식을 듣고 그를 궁궐 안으로 불러들여 서양 수학을 공부해야 하는 이유에 대해 심도 있는 대화를 나누었다. 중국의 뛰어난 전통 수학이 있음에도 불구하고 서양 수학을 공부해야 하는 이유, 왜 서양 수학이 중국 수학에 비해 더 뛰어나 보이는가 등의 주제에 관한 대화에서 매문정은 중국의 황제가 서양 오랑캐의 학문에 관심을 가져도 아무런 문제가 생기지 않는다는 점을 설득할 새로운 논리를 제공했다. 그 논리란 바로 서양 학문의 중국기원설이었다.

매문정은 아주 오래전 중국에는 다양한 학문 분야가 있었으며, 그중 어떤 것은 중국 안에서 자리 잡아 전래된 반면 어떤 것은 멀리 서양으로 전파되어 나름대로의 발전을 거쳤다는 논리를 펼쳤다. 그는 지금 새롭게 전래된 서양의 기하학은 겉보기에는 중국의 수학과 전혀 다르지만, 고대 중국의 수학서인 『구장산술(九章算術)』의 「구고(勾股)」편을 보면 서양의 기하학과 유사한 내용을 다루고 있음을 확인할 수 있다는 점을 지적했다.[4-30] 매문정은 이는 과거 중국에 서양의 기하학에 해당하는 학문이 존재했음을 보여주는 증거라고 설명했고, 지금 전래된 서양 수학은 고대 중국의 수학 중 일부가 서양에서 발전한 결과에 불과하다고 주장했다. 즉 서양 수학은 원래는 중국 수학에서 출발한 것이라는 의견이었다.

서양 수학이 원래는 중국에서 시작된 학

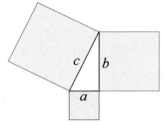

4-30 『구장산술』「구고」편에 나오는 내용(위)과 피타고라스정리(아래).

문이라는 주장은 곧바로 강희제의 마음을 사로잡았다. 이제 서양 수학을 공부하는 것은 중국 고대의 학문을 학습하는 것이 되었다. 중국의 황제라면 당연히 고대 중국의 위대한 학문을 부흥시켜야 한다는 새로운 정당화가 가능해진 것이다. 매문정과의 만남 이후 강희제는 서양 수학의 중국기원론을 적극적으로 설파하며 서양 학문에 대한 자신의 관심을 합리화했고, 또 천문 관청에 서양인들을 임명하는 것에 대한 반대 의견들을 무마했다.

물론 이 중국기원론이 만사형통의 특효약은 아니었다. 중국기원론을 앞세운 중국인들에게 인정받을 수 있는 서양의 학문은 어떻게든 그 기원을 중국의 고전 문헌에서 찾을 수 있는 분야에 국한되었다. 하지만 중국기원론이, 전부는 아니더라도 몇몇 분야에서 서양 과학이 동양 문화권으로 성공적으로 전파되는 데 적잖이 기여했음은 분명하다. 매문정과 강희제의 중국기원론 덕택에 서양의 학문은 조선에까지 전파될 수 있었던 것이다.

근대화로 향하는 갈림길

한국과 일본의 서양 과학의 수용

이순신 장군을 주인공으로 한 영화 〈명량〉은 역대 최다 관객을 끌어모으며 한국 영화사에 기념비적인 기록을 세웠다. 한국 사람 3명 중 1명이 봤다는 이 영화의 백미는 단연코 12척의 배로 330척의 적선을 물리치는 전투신일 것이다. 그런데 이 짜릿함을 주는 전투신의 이면에는 한 가지 분명한 역사적 사실이 있다. 임진왜란 당시 이순신을 비롯한 몇몇 장군들이 여러 전투에서 승리를 거뒀지만, 전체적으로 보면 조선은 명나라가 개입하기 전까지 일본에 열세를 면치 못하고 있었다.

그 이유 중 하나는 바로 서양식 '총'의 존재였다. 일본은 서양 무기를 가지고 조선을 침략했고, 조선은 이에 대응할 무기가 없어 고전할 수밖에 없었던 것이다. 그렇다면 일본은 가지고 있었던 총을 왜 조선은 보유하지 못했던 걸까? 이는 조선이 서양 과학을 뒤늦게 수용한 사실과 깊은 관련이 있다.

일본의 적극적인 서양 과학 수용

한국 · 중국 · 일본 동아시아 3국 중 서양 과학을 가장 먼저 접한 나라는 일본이었다. 1543년 포르투갈의 상선이 일본 규슈에 표착하면서 처음 철포가 전해졌다. 철포를 처음 본 가고시마의 영주는 당시 내전이 한창이었던 만큼 즉각 그 기술을 받아들였고, 이를 접한 다른 지역의 영주들 역시 앞다투어 서양 무기를 도입하여 개발했다. 그

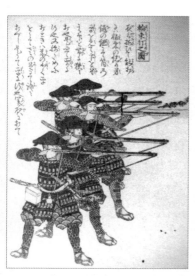

4-31 조총 사격 자세를 설명하는 그림(1855).

결과 종자도총(種子島銃), 일명 조총(鳥銃)이 만들어졌고, 일본 전국시대에는 조총을 앞세운 철포대를 중심으로 내전이 치러졌다.[4-31]

조총을 계기로 서양 과학에 눈을 뜬 일본은 예수회(Jesuit) 선교사 하비에르(Francisco Xavier)를 비롯한 서양 선교사들을 통해 적극적으로 서양 문화를 수용하기 시작했다. 서양 의서와 함께 서양식 외과술이 들어와 서민 구휼에 이용됐는데, 이는 훗날 일본 최초의 서양 해부서 완역본

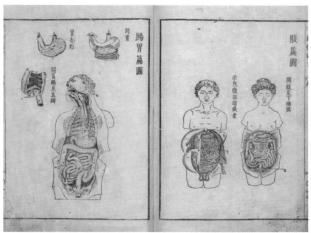

4-32 『해체신서』의 내용.

4-33 17세기 일본 나가사키에서의 순교 장면을 그린 작자 미상의 그림.

『해체신서(解体新書)』(1774)가 출간되는 바탕이 되었다.[4-32] 또한 각 지역 영주들의 도움을 받아 세운 선교사들의 교리 학교에서는 어학 교육과 함께 서양 기독교를 전파했다. 그렇게 시간이 흐르자 기독교는 자연스럽게 일본 전역으로 퍼져나갔고, 교세 확장을 못마땅하게 여긴 17세기

도쿠가와 막부는 선교사들을 강력하게 탄압했다.[4-33]

하지만 기본적으로 일본의 지배층은 서양 문화의 우수성을 인정했으며, 종교적인 부분을 배제한 서양 과학을 수용하는 데 주저하지 않았다. 서양 과학은 봉건제를 유지하고 있던 일본의 막부들이 지역의 패권을 차지하기 위해 소유해야 할 대상이었기 때문이다. 따라서 일본은 기독교 문화와는 별개로, 사무라이를 비롯한 일본 지식인들을 중심으로 서양 과학을 받아들였고, 그 결과 한국·중국·일본 3국 중 가장 먼저 서양 문화를 자기화하여 19세기 메이지유신이라는 근대화의 기틀을 다졌다.

조선의 간접적인 서양 과학과의 접촉

한편 조선은 일본과 중국이 서양과의 교류가 한창일 때 서양의 어떤 나라와도 접촉이 없었다. 우연히 당도한 상선도, 포교를 위해 오려는 선교사도 없었던 것이다. 그러다 보니 동아시아 3국 중 조선에는 이웃나라 일본보다도 무려 200년이나 늦게 서양 과학이 들어오게 됐고, 그나마도 서양인에게 직접 배우는 것이 아니라 조선인 스스로 중국으로 건너가 한역서를 구해 간접적으로 익혀야 했다.

당시 중국에서 서양 문물을 접한 사람들은 우리가 '실학자'라고 부르는 이들이었다. 실학의 시조 격인 『성호사설(星湖僿說)』의 이익(李瀷)을 비롯해 『열하일기(熱河日記)』를 저술한 박지원(朴趾源), 무한우주론을 주장한 홍대용(洪大容), 『북학의(北學議)』를 쓴 박제가(朴齊家) 등이 대표적이다. 실학자들은 중국에 퍼지기 시작한 서양 학문의 우수성을 경험하고 그것을 조선에 도입해 고루한 유학과 그로 인한 폐해를 개선하고자

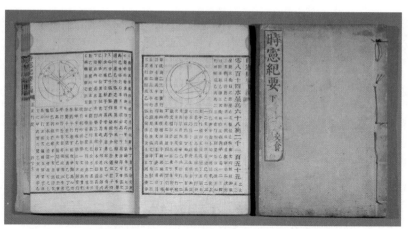

4-34 남병길(南秉吉)의 『시헌기요(時憲紀要)』(1860). 조선 중기에 대표적인 천문학자 아담 샬의 시헌력을 도입한 후 이를 학습할 수 있게 펴낸 서양 역법 입문서이다. 국립중앙박물관.

했다. 하지만 결과적으로 이러한 시도는 그다지 성공하지 못했다. 무엇보다 그들은 실권자가 아닌 사회적으로 소외된 이른바 비주류였기 때문이다.

결국 실학자들에 의해 어렵게나마 소개되기 시작한 서양 과학은 현실 정치에 반영되지 못했고 조선 사회에 큰 영향을 주지도 못했다. 물론 '시헌력(時憲曆)'과 같은 서양의 달력이 조선의 새로운 역법으로 수용되긴 했으나, 조선 입장에서 그것은 어디까지나 이미 중국의 개력을 거친 중국의 달력이었다.[4-34] 따라서 조선에서 서양 과학은 실학자들에 의해 자구적으로 매우 단편적인 지식만 받아들여졌을 뿐, 일본과 같은 근대화는 이끌어내지 못했다.

결론적으로 조선과 일본의 서양 과학에 대한 수용 방식과 태도는 중국을 포함한 동아

시헌력
1653년 이후 1910년까지 조선에서 쓰인 역법으로, 서양의 수치와 계산법이 채택된 명나라의 숭정역법을 교정한 것이다.

시아 3국의 문화적·지리적 지형도를 바꿔놓았다. 조선과 중국은 메이지유신을 거쳐 서양식 근대화를 이룬 일본의 침략을 막지 못한 채 피지배국으로 20세기를 맞이해야 했다.

식민지 조선에서 과학을 배우다

식민지 시기 이공계 대학을 졸업한 조선인은 400여 명이었고, 그중 박사학위를 취득한 사람은 10명 정도였다. 35년이라는 식민지 기간을 생각하면 1년에 대략 10명만이 국내외 이공계 대학에 진학한 셈이다. 당시 인문사회계 졸업자가 수천 명에 이르렀던 것을 고려하면 이공계 졸업자의 수는 매우 적었다고 볼 수 있다. 이를 두고 조선인들이 이공계로의 진학을 선호하지 않은 탓으로 돌리는 이도 있지만, 근본적인 문제는 제도적으로 조선인들이 고등 과학을 제대로 배울 수 없었던 데 있었다.

일제는 식민통치 초기 하급 기술 인력 양성은 장려하면서도 고등 과학자 양성은 강력히 억제했다. 과학이라는 학문이 지닌 근대성을 피지배민인 조선인에게 알게 했다가는 통치체제 유지에 부담이 될 수 있었기 때문이다. 따라서 1910년대 조선총독부는 처음부터 조선인에게는 하급 기술 교육만 받을 수 있게 하고, 대학 수준의 고등교육

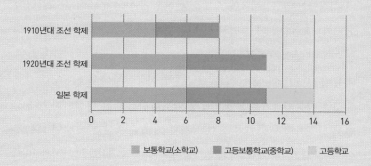

4-35 일제강점기 조선과 일본의 학제.

은 제도적 차별을 통해 강력하게 차단했다.[4-35]

1922년 조선총독부는 3·1운동으로 표출된 민족저항의식을 누그러뜨리기 위한 전략의 하나로 조선의 교육제도를 전면적으로 개편했다. 먼저 조선의 수업연한을 일본과 동일하게 보통학교 6년, 고등보통학교 5년으로 수정하여, 조선에서 정규교육을 받고도 일본의 고등학교를 통해 대학으로 진학할 길을 열어주었다. 그리고 조선인들이 가장 열망했던 제국대학을 설치했다. 이렇듯 제도상으로는 일제의 교육적 차별이 줄어든 것처럼 보였지만 실상은 달랐다. 학제를 바꾸었어도 일본 대학에 진학하는 것은 여전히 쉽지 않았다. 교육 내용에 수준 차이가 있어, 매우 뛰어난 학생이 아닌 이상 일본 고등학교에 진학하기가 어려웠던 것이다. 게다가 1924년에 설립된 경성제국대학에는 1941년까지 이공학부가 없었다. 자주적으로 민립대학 설립을 추진하려 했던 조선인의 노력을 무산시키고 조선에 와 있던 일본인 관료의 자제들을 진학시키는 것이 제국대학 설치의 주목적이었기 때문에 굳이 이공학부를 설치할 필요가 없었던 것이다.

결국 조선의 교육제도가 개편되었어도 여전히 조선인이 과학자가 되는 것은 쉬운 일이 아니었다. 그래도 과학계 인력이 조금이나마 늘기 시작했는데, 그 이유는 3·1운동 이후 조선의 근대화가 시급하다고 느낀 조선인들이 늘면서 사비를 들여 이공계 대학으로 진학하려는 이들이 있었기 때문이었다.

더욱이 1930년대에는 일본 제국대학 이공학부에서 이태규(李泰圭, 화학)와 리승기(李升基, 화학공학) 등 박사학위를 받은 과학자가 등장하면서 이들처럼 과학자가 되고자 하는 이들도 생겼고, 조선인 과학자의 수도 점차 증가했다. 그리고 이들은 해방 후 한국 과학기술 발전에 중요한 인력이 되었다. 그들 중에는 현신규(玄信圭, 임학), 석주명(石

宙明, 생물학)과 같이 한국 과학계를 이끌었던 과학자도 있고, 안동혁 (安東赫, 상공부), 박철재(朴哲在, 문교부)와 같이 행정관료가 되어 한국의 과학기술 제도를 구축한 인물도 있었으며, 조백현(趙伯顯, 농학), 윤일선(尹日善, 의학)과 같이 후학 양성에 힘쓴 교육자도 있었다. 여기서 분명한 것은 그들이 식민지의 피지배민으로 신분적·제도적 차별을 극복하며 매우 힘겹게 과학을 배웠고, 그 지식을 후대에 오롯이 남겼기에 지금의 한국 과학이 있을 수 있다는 사실이다.

조선인? 일본인? 한국인?

우장춘을 논하다

한국에서 가장 잘 알려진 과학자 중 한 명이 우장춘(禹長春)이다. 으레 그를 '씨 없는 수박'과 함께 떠올리면서 한국을 대표하는 과학자로 여기곤 한다.[4-36]

그런데 사실 우장춘은 씨 없는 수박을 개발한 적이 없다. 씨 없는 수박은 일본의 농업유전학자인 기하라 히토시(木原均)가 개발한 것으로, 우장춘이 한국에 귀국하여 국민들에게 육종학의 중

4-36 우장춘(1898~1959).

요성을 설명하면서 언급한 것이 와전된 것이다. 결국 우장춘이 씨 없는 수박을 개발했다는 것은 애초부터 허구였던 셈이다.

그렇다면 우장춘은 더 이상 한국을 대표하는 과학자가 아닌 걸까? 결론부터 말하자면 우장춘은 씨 없는 수박보다 더 중요한 과학적 성취를 이룬 과학자였다.

조선인 아버지와 일본인 어머니 사이에서 태어나다

우장춘은 일본 도쿄에서 조선인 아버지 우범선과 일본인 어머니 사카이 나카 사이의 장남으로 태어났다. 그렇다 보니 그는 일제강점기라는 시대적 암흑기에 조선과 일본 양쪽에 뿌리를 둔 혼혈아로서 민족적 정체성을 선택해야 하는 입장에 놓여 있었다. 하지만 우장춘에게 아버지의 나라 조선을 조국으로 여기는 것은 쉬운 일이 아니었다. 그의 아버지가 명성황후 시해의 가담자로 민족의 지탄을 받으며 살해당했기 때문이다. 어찌 보면 우장춘에게 조선은 조국이라고 하기엔 너무 어렵고 먼 곳이었을 것이다.

그렇다고 우장춘이 완전히 일본인으로 살았던 것도 아니다. 홀로 남겨진 어머니는 어떻게든 아들을 교육시키기 위해 그를 일본인이 아닌 조선인으로 살아가게 했다. 당시 조선총독부는 일본으로 유학 간 조선인을 선발하여 학비를 지원해주는 프로그램을 운영하고 있었는데, 경제적으로 어려움을 겪고 있던 우장춘의 어머니는 그것을 받기 위해 그를 조선인으로 두었던 것이다. 이로 인해 우장춘은 의도치 않았지만 일본에서 조선인으로 학창시절을 보내며 조선인으로서의 정체성을 고민해야 했다.

조선총독부의 학비 지원으로 우장춘은 중학교를 졸업한 뒤 도쿄 제국대학 농학실과에 입학한다. 당시 일본에서 중학교를 졸업한 사람에겐 2가지 선택지가 있었는데 하나는 고등학교로 진학하여 대학에 입학하는 것이고, 다른 하나는 전문학교로 진학하여 졸업 후 취업을 하는 것이었다. 여기서 우장춘은 후자를 택해 제국대학 부속으로 있던 전문학교인 농학실과(훗날 도쿄 농업전문학교)에 입학한다. 이는 가정형편이 어려워 하루라도 빨리 취업하여 가계를 이끌어야 했던 그에게는 당연한 선택이었지만, 덕분에 생각지도 않게 농학자로서의 길을 걷는 계기가 됐다.

조선인 우장춘, 일본인 나가하루 우

농학실과를 졸업한 우장춘은 일본 농림성 농사시험장에 하급관료로 취직했다. 그곳에서 우장춘은 전문학교에서 배웠던 농사 실습과는 다른 연구원들의 연구 과정을 보면서 점차 농학에 눈을 뜨기 시작한다. 우장춘은 모르는 것은 물어가며 열정적으로 연구를 도왔고, 이를 좋게 본 일본인 상사는 전문학교 출신인 그를 연구원 자격이 주어진 기수로 승진시켜 본인의 연구를 할 수 있게 해주었다.

연구원으로서 우장춘은 처음 나팔꽃을 대상으로 유전학 연구를 시작했다. 10여 년간 나팔꽃과 관련된 연구를 진행하면서 농사시험장 내에서도 실력 있는 연구자로 알려지자 우장춘 본인 또한 진정한 연구자로 인정받기 위해 박사학위를 취득하고 싶다는 생각을 하게 된다. 그렇게 연구에 매진한 우장춘은 「Aburana속(屬)에 있어서 Genome 분석」(일명 '종의 합성')이라는 논문을 써서 1936년 제국대학 출신 일본인도 받기 어렵다는 농학박사학위를 취득하며 명실상부한 농학자로 거듭났다. 참고로 이 박사논문은 종간 합성이 불가능하다는 기존의 학설을 실험적 증거로 무너뜨린 매우 획기적인 내용을 담고 있다.

'우 박사의 삼각형'을 보면 그 내용을 알 수 있다.[4-37] 양배추와 흑겨자를 교배하면 에티오피아 겨자가 만들어지고, 흑겨자와 배추를 교배하면 갓, 배추와 양배추를 교배하면 유채가 만들어진다. 즉 삼각형의 꼭짓점인 에티오피아 겨자, 유채, 갓이 자손이고, 그 사이에 있는 것이 부모 종이다. 이는 서로 다른 종끼리 교배했을 때 새로운 종이 나올 수 있다는 것을 의미하며, 이 같은 방식으로 '신품종'을 개발할 수 있는 것이다.

그러나 이 박사학위는 우장춘에게는 명성을 가져다줌과 동시에 고뇌의 시작을 알리는 신호였다. 사실 박사학위를 취득한 우장춘은 일본인 연구원들처럼 기사로 승진할 것을 기대하고 있었다. 그러나 그는 여전히 기수에서 벗어나지 못했는데, 이유는 간단했다. '조선인'이었기 때문이다. 사실 농사시험장에 근무한 후 굳이 조선인임을 밝힌 바가 없고 심지어 논문도 '나가하루 우'라는 일본 이름으로 제출했기 때문에 주변에서 그가 조선인이라는 것을 아는 사람은 별로 없었다. 그럼에도 불구하고 이 승진 사건은 우

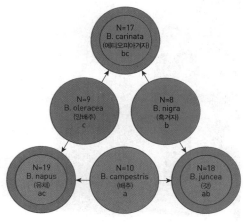

4-37 '우 박사의 삼각형(U's Triangle)'. 김근배, 「우장춘의 한국 귀환과 과학연구」, 「한국과학사학회지」(2004).

장춘으로 하여금 피지배민인 조선인이라는 태생이 일제강점기에 무거운 짐이 될 수밖에 없다는 것을 느끼게 했고, 아버지의 나라인 조선을 다시 돌아보게 했다.

한국인 우장춘으로 돌아오다

1937년 9월 우장춘은 더 이상 승진에 희망을 가질 수 없는 농사시험장을 그만두고 교토에 있는 다키이 종묘회사에 들어간다. 입사 당시 농학자로서 우장춘의 명성은 이미 업계에 널리 알려져 있었기 때문에 그는 높은 급료를 받으며 연구농장장으로 취임했다. 그리고 그곳에서 각종 채소의 우량종을 개발하며 더 이상의 논문 발표는 하지 않고 조선인 연구자 우장춘으로 살아간다. 그러다 1945년 9월 돌연 회사를 관두었는데, 그 이유를 정확히 알 수는 없으나 시기상 해방과 맞물린 점은 결코 우연이 아닐 것이다.

4-38 1950년 귀국환영회장에서 연설을 하고 있는 우장춘(오른쪽). 과학기술인 명예의 전당.

1948년 대한민국 정부가 수립되자 이승만 대통령의 지시에 따라, 일본에서 농학 잡지의 기자로 일하던 김종을 중심으로 '우장춘 박사 귀국추진 운동'이 펼쳐졌다. 김종은 우창춘이 은거한 절을 수차례 방문해 그를 설득했고, 마침내 1950년 우장춘은 단신으로 한국으로 귀환한다.[4-38]

그렇다면 우장춘에게 한국으로의 귀환

은 어떤 의미였을까? 일본에서 태어나서 자라고 결혼하여 자식까지 낳은 그에게 한국은 그다지 그리움의 대상은 아니었겠지만, 어릴 적부터 느껴왔던 민족적 감정이 그를 한국에 오게 했을 것이다.

그렇기에 우장춘의 한국에서의 과학 활동은 일본에서와는 사뭇 달랐다. 그는 무언가를 새롭게 연구하거나 개발하기보다 한국농업과학연구소의 소장으로 취임하여 당시 궁핍했던 한국에서 가장 필요로 했던 우량 채소 종자를 대량생산해 보급하고, 식량 확충을 위한 다각적인 노력을 기울였다. 가장 절실했던 식량 문제를 한국인의 입장에서 가장 효율적으로 해결하려고 한 것이다.

결국 우장춘은 씨 없는 수박이 아니라 한국 근현대사의 역사적 굴곡 속에서 능력 있는 과학자로 성장하여 한국 농업 발전의 초석을 마련해준 인물이며, 앞으로 이러한 사실을 조명하는 노력이 더욱 필요할 것이다.

Chapter 5

과학기술,
전쟁에 동원되다

—— 과학기술과 전쟁의 동거 관계는 그 역사가 길다. 이미 기원전 3세기에 아르키메데스가 로마군의 침략을 막기 위해 여러 종류의 기계를 만들었다고 전해진다. 아르키메데스가 정말로 그런 기계를 만들었는지에 대해서는 논란이 있지만, 그럼에도 불구하고 꽤 옛날부터 아르키메데스의 전쟁 무기 관련 이야기가 전해 내려온다는 사실 자체가 과학과 전쟁의 오랜 관계를 보여주는 것이리라.

20세기에 들어와서는 이 관계가 한층 더 강화되었다. 제1차 세계대전에는 비행기와 화학가스라는 첨단 과학기술이 도입되어 전쟁의 양상을 바꾸어놓았다. 제2차 세계대전 때는, 평화 시였다면 상상도 할 수 없을 만큼의 속도로 원자폭탄이 개발되었다.

과학기술과 전쟁에 관한 이야기는 대부분 특정 신무기에 집중되어 있지만, 실제로는 더 복잡하게 전개되었다. 대부분의 신무기는 다른 과학기술의 뒷받침이 없으면 효과를 제대로 내지 못하는 경우가 많았다. 가령 사거리가 긴 총이 개발되었더라도 망원렌즈가 없다면 큰 쓸모가 없다. 개발된 무기 기술을 전쟁에 어떻게 배치하고 사용할 것인가 하는 전략 또한 전쟁과 과학기술의 관계에서 빠질 수 없는 부분이다. 무기 기술에 맞춰 그것을 막는 방어기술이 함께 개발된다는 점도 전쟁과 과학기술에 관한 이야기를 다채롭게 만들어준다. 이제 이 다채로운 관계 속으로 들어가보자.

무기만큼 중요한 방어술

이탈리아식 성채의 유행

점점 더 가까워진
과학과 전쟁

　　전쟁에서 승리하기 위해서는 여러 가지 조건들이 어우러져야 한다. 먼저 강력한 무기가 있어야 한다. 제2차 세계대전이 원자폭탄으로 마무리 지어진 이후 20세기 내내 각국은 강력한 무기를 개발해서 확보하고자 끊임없는 노력을 기울였다. 그리고 이러한 흐름 속에서 과학과 전쟁의 관련성은 더욱 밀접해졌다.

　　하지만 전쟁은 무기만 갖고 되는 것은 아니며, 전쟁을 수행하는 국가의 경제력도 뒷받침되어야 한다. 이에 더해 병력의 수 또한 여전히 중요하다. 그리고 여기에 한 가지를 더하자면, 방어 기술이 발전되어 있어야 한다. 전쟁에서 승리를 거두려면 적을 공격하는 수단도 필요하지만, 적의 공격을 막아낼 방어력 또한 필수적이다. 즉 전쟁에서 승리하기 위해서는 강력한 무기 이외에도 여러 가지 요소가 충족되어야 하는 것이다.

하지만 충족되어야 하는 다양한 조건 각각의 비중은 시대에 따라 달랐다. 아주 먼 옛날 고대에 가장 중요했던 요소는 아무래도 병력의 수와 장수의 능력이었다. 물론 강력한 신무기가 있을 경우 승리할 확률이 조금 높아지기는 했지만, 결정적인 요소는 못 되었다. 그리스·로마 시대의 서양 전쟁 이야기나 『삼국지』를 통해 소개된 동양 전쟁 이야기 속에서 "십만 대군" 혹은 "백만 대군" 같은 표현을 자주 접할 수 있는데, 이는 그만큼 병력의 수가 결정적이었기 때문이다. 병력수와 더불어 자주 등장하는 것은 엄청난 힘을 가진 장수나 뛰어난 작전을 세우는 참모의 존재다. 가령 『삼국지』의 관우·장비·제갈량·주유 등의 등장인물들은 육체적인 힘 또는 뛰어난 작전을 통해 승패를 뒤집어버리기도 한다.

하지만 근대에 들어서면서 전쟁에서 차지하는 다른 요소들의 비중이 커지기 시작했다. 16, 17세기 유럽에서는 전쟁의 양상에 획기적인 변화가 일어났는데, 전쟁의 역사를 연구하는 전쟁사가들은 이 시기에 일어난 변화를 일컬어 '군사혁명'이라 부른다.

군사혁명이 일어나면서 전쟁에서는 병력수와 장수의 능력 이외에 다른 요소의 비중이 커지기 시작했다. 용병이 아닌 일반인들로 군대를 꾸리게 되면서 훈련이라는 새로운 요소, 즉 '훈련도'가 중요해졌고, 전쟁이 장기전으로 변화하면서 국가의 경제력이 전쟁에서 차지하는 비중도 커졌다. 또 하나의 변화는 무기와, 반대로 무기를 방어하는 방어술의 비중

이 커졌다는 점이다. 무기와 방어술이 중요
해지면서 이를 발전시키는 데 기여할 수 있
는 과학과 기술의 영향력도 함께 커졌다. 드
디어 과학기술과 전쟁이 본격적으로 만나는
시대가 열린 것이다.

과학과 전쟁의 관련성을 이야기할 때 과학이 공격력 강화, 바꾸어 말
하면 무기 개발에 어떻게 사용되었는지를 거론하는 경우가 많다. 하지
만 과학은 무기 개발뿐만 아니라 방어술의 개발에도 깊이 개입했다. 최
근 거론되고 있는 미사일 방어체제도 결국에는 과학을 사용한 방어 시
스템 구축의 한 예다. 여기에서는 과학이 방어력 강화에 사용된 예를 군
사혁명의 사례를 통해 한번 살펴보기로 한다.

5-1 백년전쟁(1337~1453) 때의 공성전.

대포의 등장과
성채의 변화

중세까지 화살
공격과 직접 성벽을 넘어 공격하는
백병전으로 수행되던 공성 전투의
모습은 대포가 등장하면서 급격하
게 변화하기 시작했다.[5-1] 대포는
아랍인들이 먼저 사용했는데, 유명
한 콘스탄티노플 전투에서 아랍인
들이 대포를 활용해 천년 동안 난공
불락의 요새로 여겨지던 콘스탄티

5-2 조나로, 〈메흐메트 2세의 콘스탄티노플 정복〉, 1903, 돌마바체 궁전, 터키 이스탄불. 그림 오른쪽에 커다란 대포가 보인다.

노플 성채를 함락시키자 서양인들은 큰 충격을 받는다.[5-2] 강력한 신무기인 대포를 접한 서양인들 역시 곧이어 대포를 만들어 전투에 사용하기 시작했고, 대포의 사용은 전쟁 양상의 전반적인 변화를 몰고 왔다. 가장 먼저 변화한 것은 효과적인 방어를 위한 성채의 변화였다.

이전까지 성채는 사다리를 놓고 올라오는 적군을 방어하기 위해 석재를 높이 쌓아 올린 형태를 가지고 있었다. 하지만 석재를 높이 쌓아 만든 성채는 대포 공격에 속수무책이었다. 물론 당시 대포의 명중률이 그리 높은 편은 아니었지만 어쩌다 한번 제대로 명중당하기라도 하면 성벽은 쉽게 파괴되어버렸다. 높은 벽 한복판의 석재 일부가 파괴되면 하중을 견디지 못해 윗부분의 석재가 내려앉고, 그렇게 되면 연달아 내려앉게 된다. 이런 상황은 순식간에 연쇄적으로 일어났고, 결국 성 전체가 대포 공격 한 번에 와르르 무너져 내리는 것이다.

대포의 공격을 방어하는 방법의 하나로, 포격의 충격을 완화할 수 있는 흙벽으로 이루어진 성채가 등장했다. 흙을 두껍게 쌓아 올려서 성벽을 만들 경우 석재를 쌓아 올린 벽과 달리 대포알의 충격이 흡수된다는 사실이 알려지면서 새로운 형태의 성채가 건설되기 시작한 것이다. 하지만 흙벽은 석벽에 비해 높이 쌓을 수 없다는 치명적인 단점을 지니고 있었다. 이는 대포는 방어할 수 있지만 성벽을 직접 넘는 공격에는 취약할 수 있음을 의미했다.

16세기의 축성가들은 바로 이와 같은 흙벽의 단점을 보완하기 위해 성벽을 돌출시키거나 뒤쪽으로 후퇴시켜 마치 별과 같은 모양의 성벽을 탄생시켰는데, 이러한 형태의 성채가 바로 이탈리아식 성채다.

이탈리아식 성채에 동원된 수학

그 명칭에서 알 수 있듯이 새로운 형태의 성채가 가장 먼저 등장한 곳은 이탈리아였다. 이는 이탈리아가 15, 16세기에 지중해 지역의 해상권을 장악하며 아랍 문화권과 가장 활발히 교류했고, 르네상스와 같은 변화를 통해 건축술의 큰 발전을 이룩했기 때문이었다.

이탈리아식 성채는 등장할 당시부터 수학자들의 지식을 활용하는 경우가 많았다. 이탈리아식 성채 건축법에 대한 해설서를 출판한 인물도 3차방정식의 일반해를 발견한 것으로 유명한 이탈리아의 수학자 타르탈리아(Nicooló Tartaglia)였다.

'성채를 지어 올리는 데 뭐 그리 대단한 수학적인 지식이 필요했을까?'라는 의문은 실제 이탈리아식 성채의 도면들을 보면 쉽게 풀린다. 그림 5-3은 수학자 스테빈이 축성술을 설명한 책에서 제시한 설계도다.[5-3] 스테빈은 17세기 초에 네덜란드를 대표했던 수학자로 십진소수 체계의 발명자이기도 하다. 그가 제시한 3개의 그림은 각각 이탈리아식

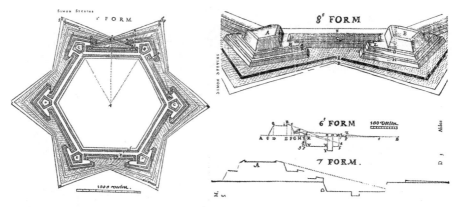

5-3 스테빈이 설계한 이탈리아식 성채의 평면도(왼쪽)/투시도(오른쪽 위)/단면도(오른쪽 아래). Simon Stevin, *De Stercktenbouwing*, 1594.

성채의 평면도와 투시도, 단면도이다.

먼저 평면도에서는 이탈리아식 성채의 전반적인 모양이 드러난다. 정말로 별의 형태를 지니고 있으며, 뾰족하게 돌출된 부분에는 무언가 복잡한 형태의 구조물들이 설치되어 있음을 볼 수 있다. 전체적인 형태를 별 모양으로 만든 이유는 직선 형태의 성벽에 비해 낮은 높이에서도 벽을 기어 올라오는 직접 공격을 효과적으로 방어할 수 있기 때문이었다. 다음 그림은 투시도로, 뾰족하게 돌출된 부분을 자세하게 보여주고 있다. 이렇게 돌출된 부분을 능보(稜堡)라고 부르는데, 여러 개의 단을 쌓아 올려 건축한 것임을 알 수 있다.

마지막 그림은 단면도이다. 이 단면도를 보면 평면도와 투시도에서 보였던 능보가 사실은 상당히 복잡한 계산을 통한 설계를 거쳐 건축된 것임을 알 수 있다. 능보의 높이와 벽면의 기울기는 그 위에서 무기를 사용했을 때의 사정거리 및 각도 등 다양한 요소를 고려하여 설계되었고, 성벽 밖에 위치한 물을 채운 해자도 능보와의 거리 및 기울기 등을 고려하여 지어졌다. 이러한 설계에는 기하학적 지식이 필수적이었다. 네덜란드의 스테빈이나 이탈리아의 타르탈리아 같은 수학자들이 이탈리아식 성채 건축에 관여한 이유가 여기에 있었다.

이탈리아식
축성술의 확산

이탈리아식 성채의 도입은 전쟁 양상에도 큰 변화를 불러왔다. 이탈리아식 축성술이 발전하면서 수비군도 능보 위에 화기(火器)를 배치할 수 있게 되었고, 결국 공성전은 직접적인 공격보다는 포위를 통해 도시를 고립시키는 형태로 변화했다. 공성전이 포위 공격의 형태로 바뀌면서 고립된 성이 스스로 항복할 때까지 기다리다 보니 전쟁이 장기화되었고, 포위를 위해서는 많은 병력이 필요했기에 군인의 수가 급증하는 변화도 뒤따랐다.

한편 이탈리아식 성채가 대포를 막아낼 수 있음이 알려지자 이 성채 모델은 유럽 각국으로 퍼져나갔고, 그러면서 더 복잡한 구조를 갖는 방식으로 변화했다. 별 모양이 겹겹이 겹친 모양의 성이 축조되기도 했고, 성 주위에 복잡한 물

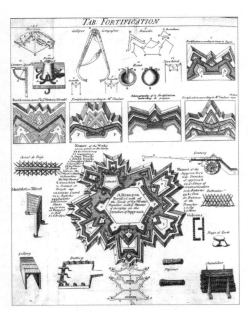

5-4 이탈리아식 성채의 방어시설. "Table of Fortification", the 1728 *Cyclopaedia*.

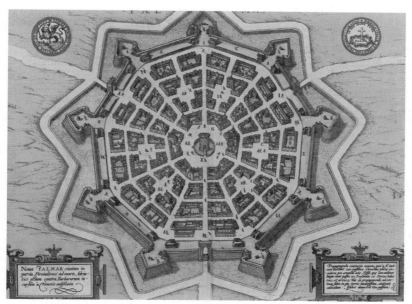

5-5 이탈리아의 도시 팔마노바의 17세기 지도. 이탈리아식 성채의 전형이다.

웅덩이들을 파내어 방어의 효과를 극대화하기도 했다.[5-4, 5-5] 성의 모양
이 복잡해질수록 수학의 활용과 수학자의 참여는 점점 늘어났다. 이러
한 성채는 유럽인들이 아시아 국가들을 식민지로 삼은 19세기에는 아시
아에서도 등장하게 되었다.

제국주의 팽창의
호위병이 된 과학기술

유럽,
바깥 세계로 눈을 돌리다

　　　　　동시대의 중국이나 한국과 비교했을 때, 르네상스
나 근대 초의 유럽인들은 유럽 바깥 세상에 대한 관심이 컸다. 이런 관심
에는 정치적 · 경제적 · 사회적 요인들이 복합적으로 작용했지만, 그와
함께 종교적인 요인도 매우 중요하게 작용했다. 유럽 바깥 어딘가에 고
대부터 기독교를 믿어왔던 나라가 존재할 것이라는 믿음이나, 이교도들
에게 기독교를 전파해야 한다는 의무감이 유럽인들로 하여금 바깥 세상

5-6 벨기에의 지리학자 오르텔리우스는 1573년 프레스터 존 왕국(현 에티오피아 지역)의 지도를 제작하기도 했다. 도판은 1604년본.

의 위험에 기꺼이 몸 바치도록 했던 것이다.

프레스터 존(Prester John)과 그가 다스린다는 풍요로운 기독교 왕국에 관한 신화는 중세 말부터 유행하여 근대 초까지 사람들의 상상을 자극했다. 프레스터 존은 예수의 탄생에 함께했던 동방박사의 후손이라거나, 그가 다스리는 나라에는 청춘의 분수가 있어서 그 물을 마시거나 그 물로 목욕을 하면 젊음을 되찾게 되며, 그곳이 바로 지상낙원이라는 소문이 떠돌기도 했다.[5-6] 이런 전설들은 사람들의 상상력을 자극해 새로운 이야기를 끊임없이 낳으며 무한 증폭되어갔는데, 한 예로 베이컨의 『새로운 아틀란티스(New Atlantis)』에 등장하는 과학기술 이상향 벤살렘 왕

5-7 베이컨의 「새로운 아틀란티스」에 등장하는 벤살렘 왕국은 기독교 국가이면서, 과학기술을 발전시켜 활용하고 있는 과학기술 이상향이다.

국도 순수한 기독교 왕국이자 풍요로운 사회라는 점에서 프레스터 존 신화의 영향을 받았다.[5-7]

이교도들에게 기독교를 전파해야 한다는, 선교사들의 목숨을 건 사명감도 유럽의 팽창을 재촉했다. 선교사들은 기독교를 전파하고 미개인을 문명화해야 한다는 사명감으로 아메리카 대륙과 아시아, 아프리카로 향했다. 그들이 의도했든 아니든 간에, 이 과정에서 선교사들은 바깥 세계의 지리 · 경제 · 정치 · 생태에 관한 풍부한 정보를 유럽 세계에 전달했으며, 유럽 세력이 이들 지역으로 진출하는 데 중요한 공모자가 되었다.

과학기술이 호위한 새로운 유럽의 팽창

종교적인 동기로 추동된 유럽의 지리적 팽창은 수백 년 넘게 지속돼왔지만 19세기에 들어서는 이전과는 다른 양상을 띠었다. 이전의 팽창은 네덜란드나 영국의 동인도회사 등 그 나라의 정부로부터 칙허(勅許)를 받은 회사들이 주도했다. 물론 이 회사들은 경제적

착취를 위해 군사력을 동원하고 그 지역을 정치적으로 다스리기까지 했다는 점에서 오늘날의 기업보다는 국가 권력에 가까웠지만, 그럼에도 19세기 이전까지는 국가가 직접적인 개입에 나서지 않았다. 하지만 19세기 신제국주의 시대에 들어서면 국가가 제국주의 팽창의 전면에 나서게 된다.

이와 함께 나타난 중요한 변화는 과학기술이 제국의 팽창에 적극적인 호위병 역할을 하게 됐다는 것이다. 19세기 이전까지만 해도 유럽은 자신들이 지배하려 했던 나라들보다 월등히 나은 과학기술을 지니고 있지 않았다. 활을 쏘거나 도끼를 던지는 야만인을 총으로 제압하는 유럽인, 총의 위력에 놀라는 미개인 같은 전형적인 이미지는 아메리카 원주민이 등장하는 옛날 서부영화에나 등장하는 것일 뿐, 실상 총의 위력은 그다지 대단하지 못했다.

총구 앞쪽으로 화약을 넣어야 하는 전장식 총은 불편한 데다가 장전할 때마다 시간이 오래 걸렸다.(5-8) 또한 화약이 물에 젖으면 발사되지 않기도 했고, 별일 없이 발사됐더라도 명중률이 높지 않았다. 범선을 타고 바람에 의지하는 항해는 오랜 시간이 걸렸으며, 내륙 수로를 따라 올라가는 것도 여의치 않았다. 거기에 식민지 풍토병에 대한 예방책이나 치료책도 마땅치 않아, 전장에서 죽는 사람보다 병상에서 죽는 사람의 수가 더 많을 지경이었다.

5-8 전장식 총에 화약을 넣는 모습.

이런 상황이 변하기 시작한 것이 19세기였다. 19세기에 이르러 과학기술과 제국주의는 서로를 북돋는 관계가 되었다. 서구 열강들로 하여금 세력 확장을 꺼리게 했던 비용 부담이 과학기술의 발달로 인해 어느 정도 낮아지자 제국주의의 팽창은 가속도를 얻었다.

또 제국주의적 팽창을 향한 열망은 과학기술을 발달시키는 데 소요되는 비용들을 기꺼이, 때로는 무리를 하면서도 부담하게끔 만들었다. 후발장전식 총과 기관총, 내륙 수로로의 진입을 가능하게 한 증기선, 말라리아 치료제 등이 서구 제국주의 팽창에 소요되는 비용을 확실히 덜어주자 서구 열강의 팽창은 급물살을 타게 됐으며, 이는 다시 과학기술 개발을 위한 추동력으로 작용했다. 처음으로 서구 열강은 식민지에 비해 과학기술에서 확실한 우위를 점할 수 있게 되었다.

전신의 지배자, 세계를 지배하다

1830년대에 처음 등장한 전신(telegraphy)은 장거리 통신을 단시간 안에 가능케 해준 과학기술의 놀라운 성과였다. 전 세계로 팽창하던 서구 열강 제국들에게 전신은 큰 축복이었다. 1837년 처음으로 영국에 육상 전신이 가설됐고, 1850년 프랑스와 영국을 잇는 최초의 해저 전신이 설치되면서 전신으로 전 세계를 연결할 가능성이 열렸다. 1866년 아일랜드와 아메리카 대륙을 잇는 대서양 해저 전신이 설치되고 인도 · 홍콩 · 오스트레일리아 · 뉴질랜드 · 남아프리카에까지 전신이 연결되자, 지구촌을 전신으로 연결한다는 꿈은 현실이 되었다.[5-9]

전신에서 단연 두각을 나타냈던 나라는 영국이었다. 19세기 말이 되

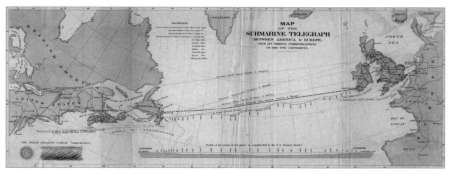

5-9 대서양을 횡단하여 유럽과 아메리카 대륙을 잇는 해저 케이블의 경로를 그린 1858년 지도.

면 전 세계 전신 산업의 66%를 관장할 만큼, 전신에서 영국은 단연 앞서 나갔다. 이러한 전신 산업의 지배는 정치적이고 전략적인 의미를 지니고 있었다. 전 세계 전신의 반 이상을 가진 덕에 영국은 정보의 흐름을 장악할 수 있었다.

그런 힘을 잘 보여주는 예가 바로 1898년에 일어난 파쇼다 사건이다. 아프리카에서 종단 정책을 추구하던 영국과 횡단 정책을 추진하던 프랑스, 두 제국 열강이 이집트의 파쇼다에서 충돌 위기에 놓였을 때 영국군은 잘 설치된 전신을 이용해 본국과 빠르게 연락할 수 있었던 반면 프랑스군은 영국의 전신망을 빌려 겨우 본국과 연락을 취했다. 그 와중에 전신을 중계하던 영국은 파쇼다에 있는 프랑스군의 정보를 제대로 파악할 수 있었다.

마찬가지로 독일은 제1차 세계대전이 일어났을 때에야 그동안 자신들이 영국의 전신망에 상당히 의존해왔음을 깨닫게 되었다. 적군이 된 영국이 전신을 끊자 해외로 전신을 보내기 어려워졌던 것이다. 영국은 전신을 지배함으로써 정보를 지배하고, 이를 통해 전 세계를 아우르는 대영제국을 만들 수 있었다.

원자폭탄은
순수과학의 산물일까?

순수한 호기심에서 시작된
원자폭탄 연구

　　　　　　　제2차 세계대전은 원자폭탄으로 끝이 났다. 1945년
8월, 일본 히로시마와 나가사키에 투하된 두 발의 원자폭탄은 거의 끝
나가던 전쟁에 완전히 종지부를 찍었다. 두 도시에 떨어진 원자폭탄은
TNT 2만 톤가량의 폭발력으로 일순간에 도시를 회색빛으로 만들고
10만~25만 명가량의 목숨을 앗아갔으며, 피폭당한 사람들을 방사능으
로 인한 원자병 후유증에 시달리게 만들었다.[5-10~12] 이후 원자폭탄은

5-10 1945년 8월 6일 히로시마에 투하된 미군의 원자폭탄 리틀보이. 세계 최초로 실전에 사용된 원자폭탄으로 그 폭발력이 TNT 약 2만 톤에 달했다.

5-11 1945년 나가사키에 원자폭탄이 떨어지며 만들어진 버섯 구름.

5-12 1945년 원자폭탄 투하 후의 히로시마.

더 이상 실전에 사용된 적이 없지만, 가지고 있다는 사실만으로 어마어마한 위력을 발휘하는 역사상 전례가 없는 무기가 되었다.

매우 강력한 무기로 발전하지만, 원자폭탄의 근간을 이루는 기초 연구는 실용성과는 전혀 상관없이 시작되었다. 1930년대 일군의 물리학자들과 화학자들은 우라늄보다 무거운 초우라늄 원소를 찾는 문제에 몰두하고 있었다. 그들 중에는 무거운 원소에 중성자를 쏘아서 인공적으로 초우라늄 원소를 만들어낼 수 있지 않을까 생각했던 과학자들도 있었다.

이런 아이디어를 가진 연구팀 중 하나가 독일의 한(Otto Hahn), 마이트너(Lise Meitner), 슈트라스만(Fritz Strassmann) 팀이었다.[5-13] 화학자 한과 슈트라스만, 물리학자 마이트너로 이루어진 이 팀은 이탈리아의 페르미

(Enrico Fermi)가 원자핵에 중성자를 쏘아 동위원소를 만드는 데 성공했다는 소식을 전해 듣고 우라늄에 중성자를 쏘아 초우라늄 원소를 만들어내는 실험을 계획했다.

5-13 핵분열 현상을 처음 발견한 슈트라스만, 마이트너, 한(왼쪽부터).

　하지만 실험은 순조롭지 못했다. 우라늄에 중성자를 더했는데도, 우라늄보다 더 가벼운 라듐과 같은 원자가 발견되는 것처럼 보였던 것이다. 여기에 실험 외적인 난관도 작용했다. 나치 치하였던 독일에서 유태인이었던 마이트너의 위치가 불안해지자, 마이트너는 한과 동료들의 도움을 받아 스웨덴으로 몸을 피했다.

　스웨덴에서 마이트너는 한과 편지를 교환하며 독일에서의 실험 결과를 논의했다. 1938년에 보낸 편지에서 한은 이상한 결과를 언급했다. 우라늄 핵과 중성자를 충돌시켜 만든 화합물에서 라듐을 분리하기 위해 라듐과 화학적 성질이 비슷한 바륨을 사용했는데, 이렇게 해서 얻은 라듐-바륨 화합물에서 라듐을 검출해내지 못했다는 것이다. 라듐은 어디로 간 것일까? 이 현상에 대해 고민하던 마이트너는 우라늄 핵에 중성자를 합치면 더 무거운 원소가 되는 대신 중성자가 총알처럼 작용하여 우라늄 핵을 가벼운 원소핵 2개로 쪼갠다는 생각에 이르렀다. 그렇게 쪼개져서 나온 핵 중에 하나가 바로 바륨이라는 것이다. 처음으로 원자핵분열이 규명되는 순간이었다.

　원자핵분열 과정에서 나오는 중성자가 새로운 총알이 되어 주변의 원자핵을 다시 분열시키고 그런 연쇄 반응 과정에서 손실되는 질량이 어마어마한 에너지로 변환된다는 사실이 금세 물리학자들에게 알려졌

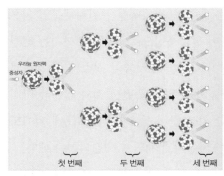

5-14 핵분열 연쇄반응. 무거운 우라늄 원소의 원자핵에 중성자를 충돌시키면 우라늄의 원자핵이 두 종류의 가벼운 원소의 원자핵으로 분열하면서 중성자를 내놓는다. 이 중성자는 다시 우라늄 원소에 충돌하여 우라늄 원자핵의 연쇄분열을 일으킨다.

5-15 슈트라스만과 한이 1938년 핵분열 실험에 사용했던 도구. 뮌헨 국립독일박물관. ⓒ J Brew

다.[5-14, 5-15] 나치의 위협과 고조되는 국제적 갈등 속에서 원자핵분열 폭탄의 제조 가능성이 빠르게 논의되고 진행되었다. 미국과 영국을 중심으로 한 연합국과 독일 양쪽에서 원자폭탄 개발이 비밀리에 진행되었고, 결국 미국이 원자폭탄 개발에 성공한다. 순수한 호기심에서 시작된 연구가 원자폭탄으로 이어졌던 것이다.

성공한 원자폭탄, 실패한 원자폭탄

의도치 않은 연구에서 파생된 원자폭탄은 이후 과학자들이 순수과학에 대한 정부의 지원을 요구할 때마다 중요한 예로 거론되었다. 핵분열 연구 같은 순수 연구가 미래 어느 순간에 핵폭탄처럼 예기치 않은 결과물을 내놓을 수도 있으니, 당장에 실용성이 없는 연구라도 정부가 지원을 해줘야 한다는 논리였다.

이런 논리는 반쯤은 맞고 반쯤은 틀렸다. 원자폭탄은 원자핵분열 이론에서 시작된 것이 맞지만, 그 이론이 원자폭탄으로 실현되기까지는 해결되어야 할 것들이 많았다. 핵폭발이 가능한 우라늄의 최소 질량 계산과 같은 순수 물리학적인 문제, 우라늄 농축 및 핵폭탄 설계와 같은 공학적인 문제, 폭탄 개발에 드는 막대한 비용 문제 등, 과학적인 문제 외에도 공학적·재정적·산업적인 다양한 차원의 문제들이 해결되어야 했다.

핵폭탄 개발이 순수과학 영역만의 문제가 아니라는 점은 원폭 개발에 나섰던 두 나라, 미국과 독일을 비교해보면 잘 알 수 있다. 독일 나치 정권 아래서 박해받던 유태인 과학자들이 미국이나 영국 등으로 망명하기는 했지만, 독일은 19세기부터 쌓아온 탄탄한 순수과학 전통과 하이젠베르크, 한 같은 뛰어난 과학자들을 보유하고 있었다. 핵분열을 처음 알아낸 것도 한과 마이트너의 독일 팀이었다. 이에 비해 미국은 1920년대 후반에 가서야 과학 연구가 궤도에 올랐다. 그전까지 미국 과학자들은 유럽에서 선진 과학을 배워왔다. 하지만 원자폭탄 개발에 성공한 것은 독일이 아니라 미국이었다.[5-16] 어떻게 이런 일이 가능했을까? 나치의 박해를 피해 미국으로 간 독일 과학자들 덕분일까?

제2차 세계대전 종전 직후부터 어떻게 미국이 독일을 제치고 원자폭탄 개발에 성공할 수 있었는지를 두고 다양한 설명이 제시되었다. 나치를 피해 미국으로 망명한 독일 과학자들의 역할이 강조되기도 했고, 미국의 정치 이데올로기적 우수성

5-16 최초의 원자폭탄 폭발 시험 후에 폭발의 위력을 확인 중인 오펜하이머(중앙의 중절모 쓴 인물)와 그로브스(오펜하이머 우측의 군인). 물리학자 오펜하이머는 미국 원자폭탄 개발 프로젝트의 과학 부문 책임자였고, 미 육군 소속의 그로브스 준장은 총괄 책임을 맡았다(1945).

이 강조되기도 했다. 본토가 공습의 피해를 입지 않은 미국이 연합군의 공습으로 황폐해진 독일보다 산업적 역량에서 뛰어났기 때문이라는 설명도 제시되었다. 전쟁 중 원자폭탄 개발의 가능성을 낮게 평가했던 나치 정권이 이 프로젝트에 상대적으로 자원을 덜 집중한 반면, 미국은 훨씬 많은 자원을 원폭 개발에 쏟아부었다는 사실도 중요한 차이로 제기되었다. 전후 연합군의 포로가 된 독일 원폭 개발 과학자들을 도청한 기록을 통해, 원폭 개발에 참여했던 독일 과학자들 스스로가 이 프로젝트의 전쟁 중 실현 가능성을 매우 낮게 보았다는 사실도 알려졌다.

이와 함께 원자폭탄 개발을 과학과 공학이 결합된 문제로 보고 접근했던 미국 쪽의 태도도 중요했다. 미국 원폭 개발 계획인 '맨해튼 프로젝트'에는 순수 연구를 추진했던 과학자들만큼이나 많은 공학자들이 참여했으며, 과학자와 공학자 간의 소통을 원활히 하여 밀접하게 협력하도록 함으로써, 원폭 개발 단계에서 풀어야 할 문제들을 빠르게 해결할 수 있었던 것이다.

순수과학 연구가 원자폭탄의 근본원리를 찾아냈다는 점에서 응용 가능성을 염두에 두지 않았던 순수과학의 가치를 찾을 수 있다. 하지만 그것만으로는 원자폭탄 개발에 성공할 수 없었을 것이다. 순수과학과 그것의 실용화 사이의 거리는 멀며, 그 간극이 채워지기 위해서는 순수과학 이외의 것들이 더 많이 필요하다.

원자폭탄을 만드는 비밀 공식?

순수과학의 산물이라는 원자폭탄의 이미지는 원

5-17 미국의 원자폭탄 개발 정보를 소련에 넘겨준 영국 물리학자 클라우스 푹스. 미국 로스 알라모스에서 원자폭탄 개발에 참여하고 있을 때 착용했던 신분증 배지의 사진이다.

자폭탄 개발을 가능케 하는 비밀 공식이 있다는 생각을 퍼뜨렸다. 알기만 하면 원자폭탄을 개발할 수 있을 정도의 핵심 공식이 있다는 것이었다. 미국에서는 원자폭탄의 비밀 공식을 알고 있는 과학자가 그 공식을 소련 스파이에게 넘겨주었다는 소문이 돌았다. 1949년 소련이 예상보다 일찍 원폭 개발에 성공하고 1950년 맨해튼 프로젝트에 참가했던 푹스(Klaus Fuchs)가 실제로 소련에 정보를 넘긴 혐의로 체포되자, 비밀 공식과 그것을 숨겨 전달한 스파이 과학자의 이야기는 진짜인 것처럼 여겨졌다.[5-17]

비밀 공식에 관한 이야기는 한때 한국에서도 유행했다. 재미 이론물리학자 이휘소(李輝昭)가 핵 개발의 핵심 공식을 적은 종이를 허벅지 살속에 숨겨 들여와 한국 정부에 넘겨주고, 그로 인해 그가 미국 정보부에 의해 교통사고를 위장한 사건으로 암살되었다는 것이다. 이 이야기는 1990년대 베스트셀러 소설을 통해 유명해졌으며, 저명한 시인의 시에도 담겼다.

원자폭탄의 비밀 공식 이야기는 원자폭탄이 하나의 공식, 하나의 발견으로부터 만들어질 수 있다는 생각을 담고 있지만, 사실은 그런 공식도, 그런 발견도 존재하지 않는다. 원자폭탄은 과학과 공학·경제·정치 등 여러 분야의 역량이 모인, 말 그대로 융합의 산물이기 때문이다.

문학 속 원자폭탄이 현실이 되다

원자폭탄이 제2차 세계대전 중에 개발되었다는 것을 모르는 사람은
별로 없을 것이다. 하지만 원자폭탄의 원리가 알려지기 몇 십 년 전
에 원자폭탄이 문학작품에 등장했다는 사실은 그다지 많이 알려져
있지 않다.

『타임머신』으로 유명한 영국의 SF 작가 웰스(Herbert G. Wells)는
1914년에 발표한 『해방된 세계(*The World Set Free*)』에서 방사능 붕괴
를 이용한 폭탄을 제시한 바 있다. 웰스가 생각해낸 폭탄은 기존 폭
탄에 비해 폭발력이 더 강하지는 않지만, 방사능 붕괴가 빠르게 진행
되어 계속해서 폭발하는 특징을 지니고 있었다.

5-18 미국 루스벨트 대통령에게 원자폭탄 개발을 촉구한 아인슈타인의 편지(사본). 이 편지의 초안은 실라르드에 의해 작성되었다.

이 이야기에서 영감을 얻은 사람 중 한 명이 바로 헝가리 출신의 미국 물리학자 실라르드(Leó Szilárd)였다. 제2차 세계대전이 일어나자 실라르드는 미국이 원자핵분열을 이용한 새로운 폭탄 개발에 나서야 한다고 생각해 1939년 그 제안을 담은 편지에 아인슈타인의 서명을 받아 당시 미국 대통령이었던 루스벨트(Franklin Roosevelt)에게 보냈다.[5-18] 그리하여 미국은 알려진 것처럼 1945년 최초로 원자폭탄 개발에 성공한다.

레이더,
발명과 사용 사이

하늘을 감시하는
레이더

제2차 세계대전을 승리로 이끌었던 신무기로는 핵무기가 유명하지만, 그와 함께 빼놓을 수 없는 것이 바로 레이더이다. 제2차 세계대전 중 핵무기가 공격형 무기의 대명사였다면, 레이더는 방어형 무기로서 특히 중요했다. 공중전에서 적 공격기의 존재를 미리 탐색해 위험을 알리고 대비 태세를 갖추게 함으로써 레이더는 효과적인 방어를 가능케 했다.[5-19]

5-19 1944년 항공모함에 배치된 레이더(미 해군 『네이벌 애비에이션 뉴스』 1946년 3월호).

1~3, 5~9, 11, 14, 16~20, 24, 25, 28, 29: 무선통신 안테나
4: Mk4 화력 관제 레이더가 장착된 Mk37 함포 관제 시스템
10: SM 레이더
11: SM 레이더에 부착된 피아 식별 장치
12: 귀함용 CPN-6 레이더 비컨
13: 수상 탐지용 SG 레이더
15: 귀함용 YE 비컨
21: 항공기 탐지용 SK 레이더
22: 귀함용 비컨
23: 항공기 탐지용 SC 레이더
26: 피아 식별용 ABK-7 레이더

핵무기가 제2차 세계대전이 시작될 무렵 그 원리가 알려지고 제2차 세계대전이 본격적으로 발발한 뒤에야 개발에 들어가기 시작한 반면, 레이더는 제2차 세계대전 훨씬 전부터 개발된 무기였다. 이미 1920~1930년대에 라디오파를 이용한 탐지기의 가능성이 알려졌다. 강한 전자기파를 쏜 후 그것이 물체에 부딪혀 되돌아오면 이 반사파를 분석하여 물체의 방향, 물체와의 거리 등을 알아낼 수 있다는 것이었다. 1939년 제2차 세계대전이 발발했을 때, 영국·독일·프랑스·미국·일본·소련·이탈리아·네덜란드 등 세계 8개국에서 레이더 개발 프로젝트를 진행시키고 있었다.

전쟁 전부터 미리 준비하고 있던 덕분에 제2차 세계대전 중 레이더는 적군의 비행기가 다가오는 것을 탐지하여 미리 아군에 정보를 보내줄 수 있었다. 적기가 닿기 전에 방어태세를 갖출 시간을 확보하고 먼저 적기를 추격해 나가 선제공격을 가할 수 있게 해주는 등, 레이더는 제2차 세계대전 중에 훌륭한 활약을 펼쳤다. 하지만 전쟁 초부터 연합군과 주축국 모두가 레이더의 기능을 적극 활용할 수 있었던 것은 아니었다. 양측 모두 기계를 가지고 있었지만, 이 기계를 어떻게 사용하는지 잘 알지 못했다. 실제로 전장에서 사용하면서 그들은 이 기계가 어디까지 활용

가능한지 깨우칠 수 있었다.

영국 하늘을 지킨
레이더

　　　　　　　제2차 세계대전 중 레이더의 진가가 제대로 확인된
것은 1940년 독일이 영국을 공습했던 '영국전(Battle of Britain)'에서였다.
'영국 본토 방어전'이라고도 하는 이 전투는 1940년 여름과 가을 사이에
집중적으로 일어났다. 프랑스를 항복시키고 다음 목표로 영국을 함락하
려던 독일은 대대적인 상륙작전에 앞서 적의 공군을 무력화하고 영국
상공의 제공권을 확보하기 위해 1940년 7월부터 런던과 영국 해안의 주
요 항만, 항공 관련 시설 등에 대해 대대적인 주간 공습을 실시했다.

독일군의 폭격으로 런던 시가지를 비롯해 영국 곳곳이 폭격의 피해를
입었지만, 이 전투는 영국의 승리로 끝이 났다. 영국 공군은 영국 상공
의 제공권을 지켜내며 독일 공군에 우위를 확보했으며, 이에 고무된 영
국 국민들은 독일군의 공습에 대해 더욱더 일치단결하는 모습을 보였
다. 독일군의 공습에도 불구하고 나
라는 건재하다는 믿음이 영국 국민들
내에, 영국과 영연방 국가들 사이에
강한 연대감을 형성했던 것이다.

영국과 독일의 공중전에서 영국이
우위를 점하는 데 기여했던 것이 바
로 레이더였다.(5-20) 잉글랜드와 스코
틀랜드 동부 및 남부 해안에 이미 장

5-20 제2차 세계대전 중에 레이더 정보를 수신하여 지도에
기입하고 분석 중인 영국군. 런던 임페리얼 전쟁박물관.

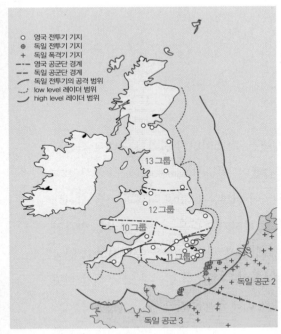

5-21 제2차 세계대전 당시 영국군의 레이더 포착 범위.

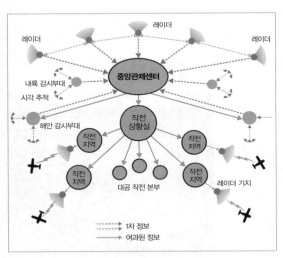

5-22 다우딩 시스템의 레이더 정보 보고 체계 개념도. 런던 왕립공군박물관 자료 참고.

파 레이더가 준비되어 있었던 덕에 영국은 독일 공격기를 사전에 탐지하여 대비할 수 있었다. 영국 공군기는 독일군 적기가 오는 경로를 지키고 있다가 막아냈다.[5-21]

영국 공군이 레이더를 적극 활용할 수 있었던 것은 영국이 구축해놓은 중앙관제시스템 덕분이었다. 주도적으로 이 시스템을 구축한 영국 공군 전투기 사령부 사령관 휴 다우딩의 이름을 따서 '다우딩 시스템(Dowding system)'이라고 불렀던 이 시스템은 중앙관제센터를 중심으로 레이더 기지와 공군 전투기를 연결시켜 빠르고 효과적으로 정보를 전달, 분석하고 명령을 내렸다.[5-22]

이 시스템에서는 레이더에 물체가 나타나면 그 정

보를 중앙관제센터로 보냈다. 중앙관제센터는 지도에 물체의 출현 시간과 이동 경로를 시간별로 표시하여 예상 경로를 분석하고 이를 전투기 부대에 알려 전투기를 출격시킨다. 출격한 전투기는 적기를 추격하여 막아낸다. 적기가 육안으로 확인되기 전 레이더로 사전 탐지하여 그 정보를 빠르게 전투기로 보내는 것이 다우딩 시스템의 핵심이었던 것이다. 이 시스템에서는 각지의 레이더 기지와 관측 부대에서 보내온 많은 정보를 종합적으로 분석하여 방어태세를 갖추고 공격을 판단하는 중앙관제센터의 역할이 특히나 중요했다.

다우딩 시스템이 얼마나 효과적이었는지는 영국 공군이 독일 전투기를 막아낸 비율로 확인할 수 있다. 전쟁 전 30~50%에 불과했던 영국 공군의 저지율은 영국전 중 80%까지, 때로는 100%에 육박할 정도로 높아졌다. 중앙관제센터에서 보내오는 정보가 정확하고 빨라, 적기 예상 출몰 지점에서 영국 본토에 폭격하러 가는 적기를 미리 막을 수 있는 확률이 높아진 것이다. 전쟁 전 10대 중 3~5대만이 적기를 발견할 수 있었다면, 다우딩 시스템이 구축된 이후에는 10대 중 8대 이상이 적기를 발견하여 전투를 벌일 수 있게 되었다. 이는 적은 수의 전투기만 갖고도 전쟁 전에 비해 2배의 효과를 낼 수 있음을 의미했다. 레이더의 탐지 능력과 이를 제대로 운용한 다우딩 시스템에 힘입어 영국 공군은 더 우월한 공군력을 보유하고 있던 독일에 대항해 자국의 하늘을 지켜낼 수 있었다.

있으면 뭐해,
사용할 줄 알아야지

이처럼 영국전은 레이더의 활용 가치를 제대로 보

5-23 프레야 레이더(1945).

여줬지만, 제2차 세계대전 중반까지도 전쟁에 참가한 여러 나라들은 최신식 레이더를 갖고 있으면서도 어떻게 사용하는지 몰라 레이더를 무용지물로 만드는 경우가 많았다.

영국전에 임했던 당시 독일 공군은 '프레야(Freya)'라는 최신식 레이더를 갖추고 있었다.[5-23] 그중 일부는 영국을 마주 보고 있는 프랑스 해안에 설치해 영국 공군기의 움직임을 탐지할 수 있는 능력을 갖추고 있었지만, 영국의 레이더에 비하면 독일의 최신식 레이더는 독일 공군에 그다지 큰 힘이 되어주지 못했다. 독일군에는 레이더의 탐지 정보를 분석하여 전투기 조종사들에게 전달할 만한 효과적인 시스템이 마련되어 있지 않았고, 고위장교들은 레이더가 포착하는 정보를 크게 신뢰하지 않았기 때문이다.

실제로 1942년 8월 영국군이 독일 점령하에 있던 프랑스 디에프에 상륙작전을 펼쳐 기습적인 점령을 하려고 했을 때, 당시 프랑스 해안에 설치되어 있던 독일군의 프레야 레이더는 영국 공군 전투기를 탐지했다. 담당자는 즉각 이 사실을 상부에 알렸으나, 신무기였던 레이더에 회의적이었던 상급자들은 그 정보를 무시했다. 그러나 이런 호재에도 불구하고 영국군의 상륙작전은 처참한 실패로 끝나고 말았다. 쓰디쓴 실패를 겪고 난 연합군은 상륙작전에서 준비해야 할 사항들을 다시 돌아보게 되었고, 1944년 노르망디 상륙작전 때에는 적군의 레이더 교란을 비롯해 디에프 기습의 실패를 통해 배운 교훈들을 착실하게 실천했다.

태평양 전쟁 때의 미국과 일본도 레이더의 활용 방법을 제대로 모르기는 마찬가지였다. 1941년 진주만 기습 당시 하와이에는 미군이 설치한 레이더가 작동하고 있었다.[5-24] 레이더에는 진주만으로 다가오고 있는 물체가 표시되었다. 그러나 담당자는 마침 그 시간에 미군의 B-17기가 들어오기로 되어 있었으므로, 그 물체가 미군기일 것이라고 여겨서 사전 경고를 하지 않았다. 폭격이 시작되고 나서야 그 비

5-24 진주만 기습 당시 하와이에 설치된 미군 레이더 SCR-270.

행기가 일본의 전투기라는 것을 깨달았지만 때는 너무 늦었다.

한편 미드웨이 해전에서 일본군은 레이더 장비가 설치되어 있던 군함을 대동하지 않고 미국 공습에 나섰다가, 일본군의 공습 정보를 알고 있던 미군에 역습을 당했다. 레이더만 있었더라면 미군 폭격기가 다가오는 것을 미리 알아챌 수 있었을 테고, 미군 공습을 위해 기름을 가득 채운 채 대기하고 있던 폭격기를 당장 가동시킬 수 있었을 것이다. 하지만 레이더가 없어 속수무책으로 선제공격을 당한 일본 항공모함에서 기름을 가득 채우고 대기 중이던 일본군 비행기는 항공모함 위의 폭발물일 뿐이었다. 결국 독일도, 미국도, 일본도 모두 최신식 레이더를 개발하는 데는 성공했지만 처음부터 그것을 제대로 활용하지는 못했던 것이다.

최신식 레이더를 가지고도 제대로 쓰지 못해 낭패를 본 이러한 쓰디쓴 경험들은 레이더 사용 및 개발에 빠른 발전을 가져왔다. 방어 무기로서 레이더를 제대로 활용한 영국의 성공을 본 나라들은 레이더라는 기술을 제대로 활용하려면 그 기술과 그것을 사용하는 사람 모두를 포괄하는 전략적 시스템이 필요하다는 것을 깨달았다.

레이더의 단점을 보완하는 기술도 전쟁 중에 빠르게 개발되었다. 적군

과 아군의 비행기를 구분하기 어렵다는 맹점을 보완하기 위해 여러 방법들이 고안되었고, 적군이 레이더 신호를 알아채기 힘들도록 교란 신호를 보내는 방법도 개발되었다.

레이더는 10년이 넘는 오랜 시간 동안 여러 나라에서 최신 기술로 개발되어왔지만, 그 기술이 완성된 것은 실제 전쟁 중 사용을 통해서였다. 이런 레이더의 사례는, 새로운 기술의 발명도 중요하지만 그 기술은 결국 사용 과정을 통해 보완되고 수정되며 완성된다는 것을 보여준다.

암호,
승리를 부르는 공식

**카이사르 암호에서
단일 치환 암호까지**

제2차 세계대전은 흔히 과학이 전면에 내세워진 전쟁으로 소개되고 있으며, 그 주인공으로 원자폭탄과 레이더 방어 시스템이 거론된다. 하지만 제2차 세계대전 중에는 잘 알려지지 않은 또 다른 영역의 과학전이 펼쳐지고 있었는데, 그것은 바로 암호 해독과 관련된 경쟁이었다.

암호의 생성과 해독에는 여러 가지 원리가 적용될 수 있는데, 암호론이 발전하는 과정에서 수학, 특히 정수론의 원리들이 많이 사용되었다. 따라서 암호 관련 분야에서는 수학자들의 활약이 두드러질 수밖에 없었고, 특히 제2차 세계대전 기간에는 수많은 수학자들이 한쪽에서는 풀기 힘든 암호를 만들기 위해, 다른 한쪽에서는 암호의 해독을 위해 연구에 참여했다.

암호의 역사는 고대 로마 시대로 거슬러 올라간다. 로마의 황제 카이사르(Julius Caesar)는 자신의 가족과 중요한 정보를 주고받을 때 로마자 알파벳을 변환한 암호문을 사용했다. 역사가들은 이를 암호의 시발점으로 평가하며 '카이사르 암호(시저 암호)'라 부른다.

카이사르는 알파벳을 몇 글자씩 뒤로 물려 쓰는 암호키를 사용해서 비밀스러운 암호를 작성했다. 그림 5-25는 세 글자씩 뒤로 물려 암호문을 만드는 경우를 보여준다.[5-25] 이 경우 안전하게 암호문을 전달받은 수취인은 키를 역으로 적용해서 알파벳을 세 글자씩 당겨 해독하면 암호문을 복호화할 수 있다. 카이사르는 암살당한 날에도 측근으로부터 암호문을 전달받았다고 알려졌는데, 그가 해독한 정보는 "암살자를 조심하라"는 말

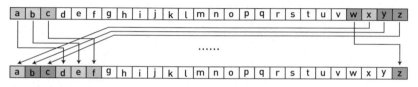

5-25 카이사르 암호.

이었다. 비록 그 암살자가 전혀 예상치 못했던 인물인 브루투스였기 때문에 결국 살해당하고 말았지만 말이다.[5-26]

하지만 카이사르 암호는 치명적인 단점을 갖고 있기 때문에 근대 이후에는 그다지 사용되지 않았다. 카이사르 암호의 단점은 어느 정도의 시간과 노력을 들이면 비교적 쉽게 암호가 풀린다는 것이었다.

암호론에서는 전달하는 정보가 제3자 또는 적의 손에 들어가리라는 사실을 기본으로 깔고 있다. 따라서 성공적인 암호가 되려면 중간에서 정보를 가로챈 제3자가 암호를 아예 풀 수 없거나, 아니면 적어도 꽤 많은 시간을 들여야만 풀 수 있어야 한다. 그러나 카이사르 암호법으로 제작된 암호는 이론적으로는 모두 풀어낼 수 있을 뿐만 아니라, 푸는 데 시간도 그리 오래 걸리지 않는다. 알파벳을 늘어놓고 한 칸을 미는 경우, 두 칸을 미는 경우, 마지막으로 스물다섯 칸을 미는 경우를 따져보면 암호를 해독해낼 수 있는 것이다.

암호키의 수가 너무 적은 카이사르 암호의 문제점을 해결하기 위해 등장한 새로운 암호 체계는 단일 치환 암호였다. 단일 치환 암호는 카이사르 암호가 정해진 규칙에 따라서 알파벳을 변환했던 것과 달리 알파벳

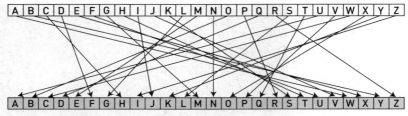
5-27 단일 치환 암호의 암호 생성 방식을 보여주는 암호키의 예.

을 무작위로 변환한다. 이를 그림으로 나타내면 위의 그림과 같다.(5-27)

위의 그림에서 A는 W로, B는 Y로, C는 H로, N은 N으로 변환된 것을 볼 수 있다. 이 변환에서 고수되고 있는 유일한 원칙은 일대일대응을 하고 있다는 것뿐이다. 이러한 단일 치환 암호법에서 키는 위의 치환 그림, 또는 이 내용을 표로 만든 치환표가 된다. 정보를 보내고자 하는 송신자는 위의 그림을 키로 사용해서 평문을 암호문으로 만든다. 이 암호문이 수취인에게 전달되고, 미리 키를 알고 있던 수취인은 키를 역으로 적용해 복호화 과정을 거쳐 정보를 읽어내는 방식이다.

단일 치환 암호는 카이사르 암호에 비해 훨씬 안전한 방식이라고 평가받았다. 그 이유는 중간에서 암호문을 가로챈 제3자가 키를 모르는 상태에서 복호화하기가 이론적으로는 불가능에 가까웠기 때문이었다. 영어 알파벳을 변환한다고 가정할 경우 단일 치환 암호에서 가능한 암호키의 가짓수는 총 26!개로, 10^{18}개 이상이다. 물론 26!번의 시도를 모두 감행한다면 결국에는 암호가 풀리겠지만 이는 이론적인 이야기일 뿐이고, 실제로는 어마어마한 시간이 들 것이다. 엄청난 시간을 들여 복호화에 성공했다손 치더라도 이즈음에는 획득한 정보가 무의미해진 뒤일 것이다.

풀 수 없는 암호를
만들려고 했던 독일군

5-28 제2차 세계대전 중 독일군이 제작하여 사용한 단일 치환 암호 제작 기계인 에니그마.

이러한 단일 치환 암호법을 구현해낸 암호 제작 기계가 제2차 세계대전 중 독일군이 사용했던 에니그마(Enigma)다.(5-28) 에니그마는 슈에르비우스(Arthur Scherbius)라는 인물이 발명한 것으로, 단일 치환 암호를 훌륭하게 제작해내는 기계였다.

단일 치환 암호법은 하나의 단점을 가지고 있었는데, 그 단점은 역설적이게도 치환의 가짓수가 무수히 많다는 장점에서 비롯되었다. 송신자와 수신자가 원활한 의사소통, 즉 복호화를 하기 위해서는 서로 암호의 키를 공유해야 했다. 카이사르 암호의 경우 매달 1일에는 1칸을 밀고 8일에는 8칸을 미는 식으로 정해진 규칙에 따라 키를 정하면 됐지만, 단일 치환 암호에서는 그러한 약속을 통해 키를 공유할 수가 없었다.

제2차 세계대전 이전에 사용한 방법은 암호표를 책자로 만들어 송신자와 수신자가 그것을 보관하는 방식이었다. 그런데 여기에 문제가 있었다. 만약 이 암호표 책자가 암호와 함께 적군의 손에 들어가는 경우에는 손쉽게 복호화가 이루어질 수 있었다. 그리고 실제로 독일군은 제1차 세계대전을 치르는 동안 암호표를 탈취당해 비밀 암호 통신이 연합군에 의해 해독되는 경험을 한 바 있었다.

에니그마는 암호표를 책자로 만들어야 한다는 단점을 극복하면서도 무수한 치환수를 갖는다는 장점을 극대화한 암호 제작 기계였다. 슈에

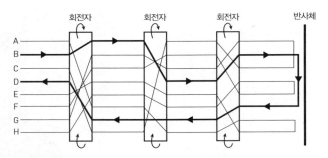

5-29 에니그마의 작동 원리. 'B'가 3개의 회전자를 거쳐 'D'로 변환하는 과정을 보여주고 있다. 3개의 회전자 각각이 26개의 원소(알파벳)를 가진 순열이라 할 때, 이 경우에 가능한 조합의 수는 26×26×26＝17,576이다.

르비우스는 리셋 버튼을 누를 경우 여러 개의 장치가 서로 동일하게 작동하되, 거기에 특정한 알고리즘은 포함되어 있지 않은 것처럼 보이는 획기적인 기계를 제작했다. 물론 특정한 알고리즘이 없는 기계가 동일하게 작동할 수는 없다. 따라서 그는 알고리즘이 없는 것처럼 보이게 설계를 진행했던 것이다.[5-29]

슈에르비우스는 이 기계의 안전성을 확보하기 위해 여러 개의 리셋이 가능하도록 기계를 제작했다. 즉 정해진 리셋 번호를 입력할 경우 이후에는 모든 기계가 동일하게 작동하되, 일단 리셋 후의 작동은 외관상 일정한 규칙이 없는 것처럼 보이는 장치였다.

에니그마의 장점은 과거에 암호표 책자를 빼앗길 경우 그 책자에 담겨 있는 암호키는 사용할 수 없게 된다는 문제를 해결했다는 데 있었다. 과거에는 암호표 책자를 탈취당할 경우 새로운 책자를 제작해서 송신자와 수신자가 다시 나누어 가져야 하는 번거로움이 있었다. 하지만 에니그마가 발명된 뒤에는 연합군이 기계 1대를 탈취해 가더라도 큰 문제가 발생하지 않게 되었다. 서로 정해진 약속에 따라 리셋 버튼을 새롭게 누르기만 하면 차후의 암호는 안전성이 보장되었기 때문이다.

독일은 1926년부터 에니그마를 해군의 주요 암호 시스템으로 사용하기 시작했고, 곧이어 1928년에는 육군으로까지 사용을 확대했다. 슈에르비우스 박사는 만약 적군이 1대의 에니그마를 탈취해서 1,000명의 암호 분석가가 1분에 4개의 키를 하루 종일 검사한다고 하더라도 모든 키를 검사하는 데는 1억8,000만 년이 걸릴 것이라고 호언장담했는데, 이는 이 암호 시스템의 안전성을 보장하는 발언이나 다름없었다.

결국 암호를 풀어낸 연합군

제2차 세계대전 초기에 독일군은 승전을 거듭했고 연합군은 수세에 몰려 있었다. 프랑스마저 독일에게 함락되고 유럽 대륙 대부분이 위태로워진 상황에서 영국군은 독일군의 작전 상황과 폭격 정보를 미리 입수해서 대처하기 위해 '정부 코드와 암호학교(Government Code and Cypher School, GC&CS)'라는 비밀 암호 해독 기관을 운영한다. 이 기관에서는 암호 해독과 관련된 전공자, 특히 언어학자들과 수학자들을 채용해 독일군에게서 감청하거나 빼앗은 암호문들을 해독하기 위한 노력을 기울였다. 이 기관에서 활약했던 유명한 수학자가 바로 튜링(Alan Turing)이다.

GC&CS는 연합군 측에서 수집한 여러 방법을 종합해 에니그마의 비밀을 캐내려고 시도했다. 에니그마의 발명가가 공언한 바와 같이 에니그마로 제작된 암호를 무작위로 복호화하려는 시도는 무의미했다. 에니그마가 생성해낼 수 있는 키의 가짓수가 너무나 많았기 때문이다. GC&CS는 괴팅겐 대학의 폴란드 태생 수학자 레옙스키(Marian Rejewski)

가 제시한 아이디어를 진지하게 받아들였다. 레옙스키의 발상은 에니그마가 제작한 암호를 무작정 공략하기보다는 언어의 특징을 활용해서 선택적인 공략을 하는 것이었다.

모든 암호문은 원래는 평문이었던 것을 변환한 것이다. 따라서 아무리 무작위하게 변환된 것처럼 보이는 암호문도 어딘가에는 평문의 흔적을 가지고 있게 마련이다. 그 흔적은 바로 알파벳의 빈도수였다. 레옙스키가 제안한 방식은, 입수한 암호문에서 어떤 철자가 가장 많이 사용되는지를 점검하는 것이었다.

만약 입수한 암호문에서 H란 철자가 가장 많이 사용되고 있고, 그다음으로는 D가 많이 사용되었다고 가정하자. 레옙스키는 이 암호문에서 H는 독일어 문장에서 가장 많이 사용되는 철자 E일 것이고, D는 그다음으로 많이 사용되는 T가 변환된 결과일 것이라고 가정했다. 그는 실제로 이러한 방법을 동원해 몇몇 암호문을 해독해내는 데 성공했다.

GC&CS는 레옙스키의 방식을 채용할 경우 에니그마의 비밀을 풀 가능성이 상당히 높아진다 여기고 이 방법을 발전시켜나갔다. 그리고 새로운 방법을 적용하자 결국에는 암호가 풀리는 경우가 늘어나기 시작했다. 하지만 문제는 여전히 시간이 너무 지체된 뒤에 암호가 풀린다는 것이었다. 이때 튜링이 획기적인 발상의 전환을 통해 암호 해독 시간을 단축시키는 방안을 마련해냈다. 튜링이 제안한 방식은 레옙스키의 방식을 발전시키되 그에 새로운 전환을 추가한 것이었다.

튜링은 먼저 레옙스키가 제안한 대로 철자의 사용 빈도수를 활용해 가능한 키의 가짓수를 줄였다. 그런 뒤 독일군에게서 빼앗은 서류 등에 보이는 평문을 거꾸로 암호화하는 작업을 수행해 독일군이 에니그마에서 사용한 키를 찾아내려고 시도했다. 평문으로 된 작전 명령이나 폭격 명

령문을 독일군에게서 탈취한 에니
그마로 변환했을 때 나온 결과가
입수한 암호문과 비슷한 유형이라
면 이를 힌트로 키의 가짓수를 획
기적으로 줄이는 방식을 고안했던
것이다. 물론 이 작업에는 여러 명
의 암호 분석가와 계산 기계가 동
원되었다.(5-30)

5-30 영화 〈이미테이션 게임〉에서 튜링이 에니그마 해독을 위해 만든 기계.

결국 튜링이 제안한 방식은 제대로 작동되
었고, 영국군은 1941년 말이 되면 암호문을
입수한 지 6시간 정도 뒤에는 분석을 끝내는
수준에 이르게 된다. 암호문에는 폭격 명령
뿐만 아니라 독일 U-보트들의 위치를 지정해
주는 내용도 들어 있었다. 연합군은 분석한
암호를 토대로 독일군의 U-보트를 효과적으
로 공격해서 격침시킬 수 있었고, 이는 전쟁
초반 승기를 잡았던 독일군이 점차 열세로
몰리는 데 적지 않은 공헌을 했다. 제2차 세

U-보트

제1·2차 세계대전 때 대서양과 태
평양에서 활동한 독일 중형 잠수함
의 이름. 특히 제2차 세계대전 초기
에 독일이 승기를 잡는 데 크게 기
여한 것으로 평가된다. 무음(無音),
급속 잠항 능력 등에 뛰어난 성능을
보였던 U-보트는 전통적으로 해군
이 강했던 영국군을 궁지에 몰아넣
었다. 영국의 수상 처칠은 "전쟁 기
간 동안 나를 진짜로 겁먹게 만든
것은 독일의 U-보트였다"고 회상
하기도 했다.

계대전에서 연합군의 승리 이면에는 풀 수 없는 암호를 만들려 했던 독
일과 어떻게든 그 암호를 풀어내려는 영국 암호학자들의 경쟁이 있었던
것이다.

전쟁의 영웅, 그러나 비극적으로 삶을 마감한 앨런 튜링

앨런 튜링은 제2차 세계대전 기간 동안 영국의 암호 분석 기관인 정부 코드와 암호학교에서 활약하며 독일군의 암호 생성 기기인 에니그마의 비밀을 푸는 데 크게 공헌한 수학자다. 2014년, 전쟁 기간 동안 그의 행적을 다룬 영화 〈이미테이션 게임〉이 개봉하면서 세간의 주목을 받게 됐지만, 사실 튜링은 과학이나 수학의 역사를 연구하는 사람들 사이에서는 꽤 유명한 인물이다.

앞에서 살펴본 대로 튜링은 독일군의 암호를 해독해내는 방법을 고안하여 결국에는 연합군이 제2차 세계대전에서 승리하는 과정에 크게 기여한 인물이다. 그는 전쟁 기간 동안 암호 해독을 위해 영국 및 미국의 수학자·과학자·언어학자 들과 함께 연구를 수행했고, 초기의 디지털컴퓨터에 해당하는 '콜로서스'라는 기계가 만들어지는 과정에 도움을 주기도 했다.

종전 후 튜링은 전쟁 중의 공로를 인정받아 대영제국에서 수여하는 훈장을 받으며 연구 현장으로 복귀한다. 국립물리연구소, 케임브리지 대학교, 맨체스터 대학교 등에서 암호론 및 컴퓨터에 관한 연구와 생물학에 수학을 응용하는 연구를 추진했지만, 1951년 동성애자라는 혐의로 체포되었고 그때부터 인생 후반부의 비극적인 상황이 시작되었다.

당시 영국에서 동성애는 범죄 행위로 여겨지고 있었는데, 사실 전쟁 시기부터 이미 튜링이 동성애자라는 사실이 공공연하게 알려져 있었음에도 불구하고 갑작스럽게 체포가 이루어진 것이다. 튜링은 감옥행과 호르몬 약물 투여 중 하나를 선택해야 했고, 연구를 지속하길 원했던 튜링은 약물 투여를 선택했다. 형을 선고받은 뒤에도 튜링은 연구를 계속 진행하여 1952년에는 생물학에 수학을 응용한 내용을 담은 논문을 발표하기도 했지만, 결국 그의 연구는 얼마 지나지 않아 마감되고 만다.

1954년 6월 튜링의 시신이 그의 자택에서 발견되었다. 사망 후 조사가 이루어졌고, 튜링이 독성이 강한 약물에 담가두었던 사과를 베어 먹고 자살했다고 발표되었다.

튜링의 사망에 대해서는 지금까지도 여러 추측이 존재한다. 그중 하나는 튜링이 호르몬 투여의 부작용으로 극심한 우울증을 앓았으며, 그 결과 자살로 이어졌다는 것이다.

다른 추측으로 타살 가능성도 제기되고 있는데, 군사기밀을 너무 많이 알고 있던 튜링을 정부가 자살로 가장해 살해했다는 주장이다. 이

5-31 엘리자베스 2세는 1952년 튜링에게 내려졌던 유죄 판결을 수정했다. 『데일리메일』 2013년 12월 24일자.

러한 음모론은 당시 1950년대가 6·25가 일어나면서 냉전이 본격화한 시기였고, 미국에서도 원자폭탄 제조의 영웅이었던 오펜하이머(J. Robert Oppenheimer)가 소련 스파이로 몰려 모든 공직을 사임해야 했던 사실로 미루어볼 때 전혀 터무니없는 주장은 아닌 것처럼 보이는 게 사실이다. 하지만 어찌 되었건 분명한 점은, 전쟁 후 튜링의 삶이 전쟁 중 그의 공적에 비해 볼 때 매우 불운했다는 사실이다.

2009년 영국 브라운 총리는 과거 튜링이 겪었던 일들에 대해 공식으로 사과했다. 이어 2013년 영국의 엘리자베스 2세는 튜링을 사면하며 과거의 잘못된 판결을 수정했다.[5-31] 사망한 지 반 세기가 지나서야 튜링은 세상 사람들에게 자신의 이름을 떳떳하게 알릴 수 있게 된 것이다.

과학전쟁을 위한 일본의 선택, 731부대

731부대, 과학전쟁을 계획하다

'731부대'는 제2차 세계대전 시기 일본 육군 산하에 존재했던 기관으로 정식 명칭은 '관동군 방역급수부 본부'이고 일명 '이시이 부대'로 알려졌으며, 정작 우리에게 가장 보편적으로 알려진 '731부대'라는 이름은 은닉 명칭이었다. 이 3개의 명칭이 존재했던 것을 볼 때 그곳이 당시에도 군대로 위장한 은밀한 기관이었음을 짐작할 수 있다.

실제 731부대는 전쟁이 끝난 뒤에야 독일 아우슈비츠 수용소와 더불어 포로들을 대상으로 생체 실험을 했던 곳으로 알려졌고, 지금은 일본 제국주의의 잔인함의 상징이 됐다. 그렇다면 일본은 왜 731부대를 만들었을까? 이는 그들의 제국주의의 실체와 관련이 깊다.

731부대는 1936년 병리학자이자 군의관이었던 이시이 시로(石井四郎)에 의해 설치됐다.[5-32] 교토제국

5-32 이시이 시로(1892~1959).

대학 의학부를 졸업한 이시이는 3년간 독일을 비롯한 유럽 각지를 시찰한 후 생물무기의 유용성을 깨달았다. 귀국 후 그는 곧바로 일본군 고위 관료를 찾아가 "세균을 사용한 생물무기는 자원이 부족한 일본에게는 경제성 뛰어난 무기이며, 세계 각국도 생물무기 연구에 이미 착수하고 있다"며 새로운 연구시설의 건립을 요청했다.

하지만 일본 정부는 이시이의 요청을 수락할 수 없었다. 당시 일본은 대만과 조선을 식민지화한 후 제국주의 노선을 취했지만, 여전히 서구 열강에 경제적·정치적으로 종속되어 있어 군을 증강하는 일을 자력으로 결정할 수 있는 입장이 아니었다.

일반적으로 일본이 메이지유신 이후 근대화를 발판으로 강성해졌을 것이라 생각하지만, 일본의 제국주의를 연구한 비즐리(William G. Beasley)가 일본은 1930년대까지 중국을 둘러싼 서구 열강의 견제 속에서 각종 불평등조약을 맺으며 겨우 제국의 형태를 유지했을 뿐이라고 평가했을 정도로 그리 강력한 국가가 아니었다. 따라서 일본은 서구 열강과의 외교적 관계를 고려해 생물무기 연구를 시도할 수 없었다.

그러나 이런 상황은 1930년대 중반이 되자 변화했다. 세계경제공황의

여파로 서구 열강은 물론이고 일본도 주변을 돌아볼 틈 없이 자국의 경제적·정치적 이익을 최우선으로 생각하기 시작했던 것이다. 이때부터 일본은 대동아공영을 국가 슬로건으로 내세워 '서방 세력에서 독립된 아시아 각국의 블록화'라는 명목으로 동아시아 지배를 정당화하여 중국까지 점령할 야욕을 드러냈다. 그리고 '군국주의'를 내세우며 대내외적으로 강한 군대 양성 의지를 표명했고, 드디어 비밀스럽게 731부대를 창설했다.

일본이 731부대를 만든 배경에는 이시이의 주장이 있기도 했지만, 기관총·독가스와 같은 과학적 전쟁무기가 등장한 제1차 세계대전 이후 과학전쟁의 중요성이 부각되고 있었던 점이 더욱 결정적이었다. 서구 열강들은 앞으로의 전쟁이 단순한 무력전이 아닌 과학전이 될 것이라 예측하며 과학자를 동원해 신무기 개발을 추진하고 있었다. 일본 역시 이러한 분위기에 편승하여 과학전쟁을 준비하는 차원에서 731부대를 설립한 것이다.

세균폭탄을 위해 희생된 포로들

731부대는 '관동군 방역급수부'로 중국 하얼빈에 군 방역 활동을 명목으로 설치됐지만, 사실상 '세균폭탄'을 만들기 위한 비밀기지였다. 어떤 신무기도 그 개발 과정이 철저히 비밀로 부쳐지는 것은 당연하다. 그러나 세균폭탄의 개발은 인간이 컨트롤하기 어려운 세균을 대상으로 반인륜적 행위를 곁들여야 하는 연구인 만큼 더욱더 은밀하게 진행될 수밖에 없었다. 따라서 일본 정부는 일본 본토와 멀리 떨어져 있고 실험에 사용할 '모르모트'가 많은 식민지에 위장 조직인 731부대를 설치했다.

731부대는 군조직의 위치로 보면 육군 산하 부대면서 동시에 육군군의학교의 연구실로 이중 편성되어 있었다. 부대장은 이시이가 맡아 전권을 위임받았으며, 대부분의 고위장교는 의사 또는 생물 관련 과학자 출신들로 구성됐다. 따라서 간혹 원래는 진짜 방역급수부였다가 이후 성격이 변했다는 주장이 있는데, 이는 조직의 형태로 보아 잘못된 이야기다. 애초부터 731부대는 특수한 목적을 가지고 만들어졌는데, 그 목표란 바로 세균폭탄 개발이었다.

731부대의 잔인한 행적은 지금까지 공개된 사진 자료와 피해자 진술 등을 통해 적나라하게 밝혀졌다. 뱃속 태아에서부터 여성 · 남성 할 것 없이 중국인 · 조선인 · 대만인 · 러시아인 포로들을 '마루타(통나무라는 뜻)'라 부르며 그들을 대상으로 끔찍한 생체 실험을 실시했던 것이다.[5-33] 생체 실험의 내용은 당시에는 철저히 비밀로 부쳐졌지만, 종전 후에 참여 군의관들이 해당 데이터를 갖고 발표한 논문들과 미군이 수거해간 자료를 통해 세균 연구가 주를 이루었다는 것은 어느 정도 알려졌다.

일례로 건강한 사람에게 페스트나 장티푸스, 이질 등의 생균을 주입하

5-33 731부대의 생체 실험.

는 시험, 매독에 걸린 군인들을 통한 임신 및 태아 시험, 독가스와 세균을 섞어 살포한 시험, 페스트에 걸린 환자를 시기별로 해부해본 기록 등이 공개되었다. 더불어 전범재판 과정에서 이들 균 중 몇 가지를 추출 배양한 뒤 폭탄으로 제조하여 시험까지 실시했다는 증언도 나왔다. 실제로 731부대의 군의관이었던 가네코 준이치가 1949년 도쿄 대학에 제출한 박사학위 논문을 보면 1940년부터 3년간 중국의 한 지역에 페스트를 감염시킨 벼룩을 공중에서 투하한 기록이 있다.

결국 일본은 과학전쟁을 위해 수많은 사람을 희생시켜 세균폭탄을 제작했고 어느 정도 성공했던 것으로 보인다. 다만 실전에 투입했는지 여부는 지금도 의견이 분분하다. 어쨌든 일본은 서구 열강이 핵분열을 이용한 새로운 전쟁무기를 개발하고 있을 때 세균을 이용한 전쟁을 준비하며 제2차 세계대전의 중심에 섰다.

731부대
해체 그 이후

일본의 패전이 거의 확실시되고 소련이 참전하자 731부대는 1945년 8월 8일 다른 부대보다 먼저 철수를 시작했다. 철수의 최우선 사항은 인체 실험의 증거를 인멸하는 것으로, 당시 남아 있던 피실험자들을 모두 독가스로 살해했다. 그리고 실험실, 실험 도구는 물론이고 건물 전체에 폭약을 설치한 뒤 자료들을 모아 모조리 소각했다. 일본 정부는 731부대의 모든 것을 완전히 없앨 것을 지시했지만, 이시이와 몇몇 간부들은 잔인함의 대가로 얻은 실험 결과들을 차마 모두 없앨 수 없어 일부 자료를 갖고 귀국했다.

5-34 이시이의 세균폭탄.

전쟁이 끝나자 미국과 소련의 연합군 최고사령부는 일본에 들어가 전범재판을 준비했다. 이 과정에서 소련은 억류하고 있던 731부대의 간부를 심문하여 이시이의 존재와 생체 실험 및 세균폭탄에 관한 진술을 얻어냈다.[5-34] 그리고 그 사실을 미국 측에 전하며 두 나라가 연구 자료를 공유하되 이시이 등 간부들의 신병은 소련 측이 확보하겠다는 입장을 밝혔다. 이에 미국은 우선 소련의 제의에 동의했지만, 내부 회의를 통해 소련보다 먼저 731부대의 자료는 물론이고 부대원들의 신병도 확보할 계획을 세운다.

이렇게 미·소 양국이 731부대의 실험 자료에 관심이 있다는 것을 알게 된 이시이는 자신을 따르는 부대원들과 상의한 끝에 미국 측과 협상을 하기로 결정했다. 이시이가 왜 소련이 아닌 미국을 택했는지 정확히 알 수는 없지만, 아마도 생체 실험 대상에 러시아인이 포함되었던 것이 영향을 끼쳤을 것이다.

미국의 사령부를 찾아간 이시이는 실험 데이터를 넘기는 조건으로 자신을 비롯한 20명의 간부들을 전범재판에 회부하지 않고 보호해줄 것과 주요 연구자들의 미국행을 허용해줄 것을 요청했다. 미국은 731부대의 자료뿐만 아니라 실험에 참여했던 연구자들의 필요성을 인식하고 이시이의 청을 수락했다.

결과적으로 생체 실험을 자행했던 731부대의 고위간부들은 어느 누구도 전범재판에 회부되지 않았다. 오히려 미국과 일본의 대학, 국립연구소 및 병원에 자리를 잡아 전후에도 활발히 활동했고, 자신들의 경험을 바탕으로 일본 녹십자(미도리주지)와 같은 제약회사를 설립하거나 일본 의학계의 중진으로 활약하기까지 했다. 결국 일본 제국주의의 상징이 될 뻔한 731부대의 세균폭탄은 제국의 붕괴와 함께 공중분해됐지만, 잔혹한 방식으로 얻은 연구 자료는 냉전체제의 이데올로기 속에서 미국으로 건너가 전쟁의 유산으로 남게 됐다.

Chapter 6

철학이 묻고
과학이 답하다

—— 플라톤, 아리스토텔레스, 베이컨, 데카르트, 이들은 철학만큼이나 과학
에도 심오한 영향을 미친 사상가들이다. 관념론을 대표하는 플라톤, 합리론의
데카르트, 경험론의 아리스토텔레스와 베이컨은 자연의 본질이 무엇인지에 대
해, 그리고 그 본질에 어떻게 접근할 수 있는지에 대해 치열하게 고민했다. 그 고
민과, 시대를 뛰어넘는 그들 사이의 치열한 논쟁은 과학이 막다른 길에 도달할
때마다 중요한 돌파구가 되어주었다.

자연의 본질과 올바른 탐구 방법에 대한 이들 철학자의 생각이 조용한 사색을
통해서만 이루어진 것은 아니다. 과학자로서의 경험이 그들의 철학을 발전시키
는 중요한 밑거름이 되었다. 플라톤은 우주의 구조와 물질의 본질을 탐구했고,
아리스토텔레스는 생물학 연구를 수행해서 고래가 포유류라는 사실을 처음 알
아내기도 했다. 데카르트는 무지개가 생기는 원리를 알아내고 렌즈를 연구하여
망원경으로 눈의 시력을 연장할 생각까지 했다. 베이컨은 추운 겨울날 눈의 냉
동 효과에 대한 실험을 하다가 감기에 걸려 목숨을 잃었다. 철학적 질문에 대한
답변은 과학적 탐구를 통해 완성되었던 것이다.

신학과 과학 또한 다양한 접점을 통해 만나고 대립하며 서로를 자극했다. 신이
만든 자연을 통해 그것을 만든 신을 이해하고 찬양하고자 하는 생각이 서구 과
학자들의 연구를 이끈 중요한 동기가 되었다. 때로 신학적인 질문들을 과학적
인 질문으로 대체해가면서 과학과 신학의 강렬한 충돌이 일어나기도 했는데, 이
런 충돌을 겪으면서 과학은 더 단단하고 튼튼해졌다. 철학이 던진 질문을 과학
이 어떻게 다루는지를 보면서 과학을 더 깊이 이해해보자.

서양 과학의 토대가 된
플라톤과 아리스토텔레스의
자연철학

최초의 본격적인
자연철학자들

과학을 이야기하는 책에서 왜 느닷없이 고대 그리스의 철학자들을 거론할까? 그 이유는 플라톤과 아리스토텔레스, 이 두 인물이 서양에서는 상당 기간 과학 활동에 영향을 미쳤던 자연철학자들이기 때문이다.

플라톤과 아리스토텔레스는 지금으로부터 약 2,300년 전에 자신들의 철학 체계를 정립하는 과정에서 그 일환으로 우주의 구조와 물질, 운동

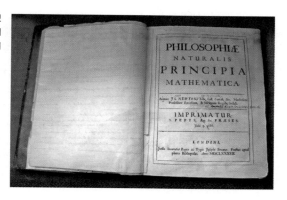

6-1 서양의 과학혁명을 완결 지었다고 여겨지는 책 중 하나인 뉴턴의 『자연철학의 수학적 원리(프린키피아)』 초판(1687). ⓒ Andrew Dunn

에 관한 사유를 진전시켰고, 이를 체계적으로 정리해서 후세에 남겼다. 이후 서양 세계에서는 16~17세기에 과학혁명이라고 부르는 대규모 변화가 있을 때까지 플라톤과 아리스토텔레스가 제시한 자연에 대한 생각들을 토대로 과학 활동이 이루어졌다. 과학은 그 출발점에서부터 철학과 융합되어 있었던 것이다.

플라톤과 아리스토텔레스의 철학 및 과학을 이해하려면 먼저 조금은 생소한 용어부터 살펴볼 필요가 있다. 그것은 바로 '자연철학(natural philosophy)'이다. 자연철학이라는 용어는 19세기 중반까지 서양에서 사용되던 말로 지금의 '과학(science)'과 비슷한 의미를 가지고 있었다.[6-1] 서양 사람들은 자연철학이라는 용어로써 지금의 물리학이나 화학, 우주구조론 같은 분야를 지칭했다.

자연철학이란 용어가 19세기 중반까지 통용되었다는 점은 비교적 최근까지도 과학이 철학의 일부로 간주되었음을 보여준다. 자연에 관한 학문이 철학의 일부로 인식될 수 있도록 토대를 마련한 인물들이 바로 플라톤과 아리스토텔레스다. 이 두 사람은 본격적인 의미에서 최초의 자연철학자였다.

수학을 강조한
플라톤의 자연철학

흔히 철학의 역사에서는 고대 그리스 철학의 대표적 인물로 사제지간이었던 세 사람을 꼽는다. 소크라테스와 그의 제자인 플라톤, 그리고 플라톤의 제자 아리스토텔레스가 그들이다. 하지만 과학의 역사에서는 가장 윗대의 스승인 소크라테스를 제외한 플라톤과 아리스토텔레스를 중요시 여긴다. 소크라테스가 과학의 역사에서 주목받지 못하는 이유는 다름이 아니라 그가 주로 윤리학이나 정치학과 같은 인간사회에 관련된 문제에만 관심을 가졌고 자연에 대해서는 비교적 무관심했기 때문이다. 하지만 플라톤은 자연에 대해서도 나름대로의 생각을 제시하며 후대에 큰 영향을 미쳤다.

플라톤은 여러 권의 저술을 통해 자신의 전반적인 철학 체계를 제시했다. 플라톤의 철학 체계는 잘 알려져 있듯이 이데아(idea) 이론을 중심으로 해서 구성되었다. 이데아란 우리가 살고 있는 지상의 현실세계와 분리되어 있는 완벽한 가상의 세계다. 다시 말해 플라톤은 세상을 완벽한 이성의 세계인 이데아와 이 이데아가 불완전하게 복제된 현실세계로 구분했다. 우리 눈에 보이는 모든 사물은 이데아의 복제품인 모형일 뿐이고, 실재는 이데아에만 존재한다. 플라톤은 이러한 이데아 이론과 연관시켜 자연세계를 설명했다.

플라톤의 자연철학은 그의 저서 중 하나인 『티마이오스(Timaios)』에 상세하게 설명되어 있다. 『티마이오스』는 대화체로 서술된 책으로, 이 책에서 플라톤은 우주가 어떻게 만들어졌는지, 세상은 어떠한 물질로 구성되어 있는지에 관한 문제와 수학의 중요성에 대해 논의를 펼쳤다.

"(……) 바로 그래서 신은 물과 공기를 불과 흙 사이의 중간에 놓고서 이것들을 가능한 한, 그것들이 서로에 대해 같은 비례 관계를 갖게 하여, 즉 불이 공기에 대해 갖는 비(比)는 공기가 물에 대해 갖는 비이고, 공기가 물에 대해서 갖는 비는 물이 흙에 대해서 갖는 비이도록 하여 묶은 다음, 천구를 볼 수 있고 접촉할 수 있는 것으로 구성했습니다."(32b)[1]

"그 자신 살아 있는 것으로서 자신 안에 모든 살아 있는 것을 포용하게 되어 있는 것에는 가능한 모든 형태를 자신 안에 포용하는 형태가 적절할 것입니다. 그 때문에 그는 그것을 중심에서 모든 방향으로 끝점들에 대해서 같은 거리를 갖는 구형으로 둥글게 돌려 만들어냈는데, 이것은 모든 형태 가운데서도 최대의 자기동일성을 지닌 것입니다."(33b)[2]

플라톤에게 수학은 가장 중요한 학문이었다. 수학은 수 그리고 완벽한 도형과 같은 가상의 대상을 설명하는 학문이기 때문이다. 게다가 수학은 다른 경험적인 방법을 동원하지 않고 순수한 논리로만 증명을 제시하며, 이렇게 증명이 제시된 수학적 명제는 완벽한 진리라고 여겨진다. 플라톤은 이러한 특성을 강조하며 수학을 이데아의 학문이라고 생각했다.

따라서 플라톤의 자연철학에서는 우주의 생성 과정과 물질론 모두에서 수학이 강조되었다. 먼저 플라톤은 우주의 창조 과정을 설명하면서 데미우르고스라는 유일신을 상정했다. 위의 인용문에서 거론되는 신이 바로 데미우르고스다.

데미우르고스는 혼돈 상태에서 질서 없이 흩어져 있던 여러 재료를 사용해 우주를 창조했는데, 그 과정에서 이데아의 학문인 수학적 원리에 따라 질서를 부여했다. 이렇게 해서 만들어진 우주 또는 자연세계는 아름답고 선하며 지적으로 만족스러운 세계였다. 플라톤이 자신의 철학 체계 안에 자연에 관한 설명을 포함해야만 했던 이유는 여기에 있었다. 우주와 자연세계는 인간이 경험할 수 있는 것들 중 그나마 이데아에 가장 가까운 대상이었던 것이다.

물질에 관한 설명에서도 수학을 중시하는 플라톤의 태도는 계속 유지되었다. 플라톤은 인간이 사는 세상을 구성하는 물질의 원소로 물·불·공기·흙의 4원소를 제시했다. 4원소 이론은 원래 엠페도클레스(Empedocles)가 제시한 것으로, 플라톤은 이를 수용하면서 여기에 수학적인 색채를 입혔다. 플라톤은 4개의 원소를 당시에 알려져 있던 정다면체에 대응시켰는데, 정사면체는 불, 정육면체는 흙, 정팔면체는 공기, 정이십

엠페도클레스
기원전 5세기경 활동한 고대 그리스 철학자이자 정치가, 시인, 종교 교사, 의학자. 세상 만물은 물·불·공기·흙의 네 원소로 이루어져 있으며, 이것들이 사랑과 미움의 힘으로 결합하고 분리하면서 여러 가지 사물이 태어나고 멸망한다고 주장했다.

면체는 물이었다. 정다면체들은 구와 함께 가장 완벽한 기하학적 도형으로 여겨지던 것이었다. 플라톤은 가장 완벽한 도형들로 물질을 설명함으로써 자신의 수학적 자연철학을 강조했다.

그런데 한 가지 문제가 있었다. 이미 플라톤 시대에도 세상에는 정확히 5개의 정다면체만 존재한다는 사실이 알려져 있었던 것이다. 즉 4개의 원소를 대응시키면 정십이면체가 남는다. 때문에 플라톤은 정십이면체에 대응하는 또 하나의 원소를 제안한다. 그 원소란 '제5원소'라고 불리는 우주를 구성하는 원소였다. 지구 주변의 4원소와 우주의 다섯 번째

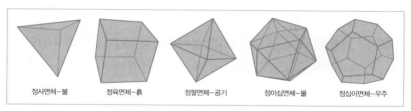

정사면체-불　　　　정육면체-흙　　　　정팔면체-공기　　　　정이십면체-물　　　　정십이면체-우주

6-2 세상을 구성하는 4원소와 제5원소

원소, 그리고 이들의 모양새인 정다면체, 이것이 플라톤 물질 이론의 핵심이었다.[6-2]

실제 경험을 강조한
아리스토텔레스의 자연철학

　　　　　　　플라톤이 수학을 강조하며 이후 자연을 연구하는 서양 학자들에게 영향을 미쳤다면, 그의 제자인 아리스토텔레스는 스승에 비해 더 광범위한 주제들에 관한 연구를 진행하며 구체적인 내용에서 향후 지대한 영향력을 미친 학자였다. 아리스토텔레스는 플라톤의 철학 체계를 공부하던 중 스승의 지나친 추상화 · 이상화 · 수학화에 반대하며 나름의 철학 체계를 구축해나갔다. 이러한 과정에서 그가 강조한 것은 실제적인 경험이었다. 아리스토텔레스는 추상적인 논의보다는 실제 경험에 의해 확인되는 사항들을 중심으로 자신의 자연철학 체계를 설명했다. 그리고 그의 이론은 후대 학자들에게 플라톤에 비해 더 설득력 있다고 인정받는다.

아리스토텔레스는 수많은 저술을 남기며 거의 모든 학문 분야에 대한 연구를 진행했다. 아리스토텔레스의 관심은 정치학 · 윤리학 · 형이상학과 같은 전통적인 철학 분야뿐만이 아니라, 우주론·운동론·물질론·동물학·기상학 등 지금의 자연과학 분야에까지 아주 넓게 퍼져 있었다. 또한 그의 자연철학에 대한 관심은 결코 부분적인 데 그치지 않았다. 아리스토텔레스의 저술 중 절반은 자연철학과 관련된 내용을 담고 있으며, 이렇듯 다양한 분야에 관한 설득력 있는 저술들을 집필한 결과 이후 약 2,000년 동안 서양 과학을 지배하게 되었다.

아리스토텔레스는 사람이 사는 지상계와 천체들의 영역인 천상계로 세상을 구분했다. 그는 스승이 제시한 물질론을 수용해서 지상계는 4원소로, 천상계는 제5원소인 에테르로 채워져 있다고 설명했는데, 지상계를 구성하는 원소들을 설명하는 데서는 스승과 다른 방식을 택했다. 플라톤이 정다면체로 원소들을 설명했던 것과 달리 아리스토텔레스는 인간이 직접 경험해서 확인할 수 있는 특성들을 바탕으로 원소를 설명했다. 그 감각이란 따뜻함·차가움·축축함·건조함으로, 가령 불은 건조하고 따뜻한 성질을 가진 원소라고 설명하는 식이었다.[6-3]

이와 더불어 아리스토텔레스는 지상계의 다양한 변화들을 운동론으로 설명했다. 아리스토텔레스는 모든 변화를 운동의 일부라 여겼고, 이 이론에 따르면 위치 이동뿐만 아니라 생물의 탄생·성장·사멸도 운동에 포함된다. 즉 아리스토텔레스는 자연세계에서 일어나는 거의 모든 일을 운동론에 의해 설명하려 한 것이다.

그렇다면 그 수많은 다양한 운동

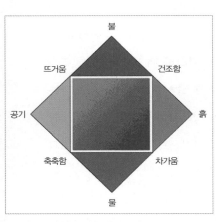

6-3 아리스토텔레스의 4원소설.

6-4 라파엘로, 〈아테네 학당〉, 1510~1511, 바티칸 궁전 '서명의 방', 이탈리아 로마.

과 변화를 어떠한 체계로 설명할 수 있었을까? 아리스토텔레스는 이 복잡한 문제를 풀어내는 과정에서 자신의 전반적인 철학 체계에서 중요하게 강조했던 4가지 원인론을 사용했다. 아리스토텔레스의 철학은 질료인(質料因)·형상인(形相因)·동력인(動力因)·목적인(目的因)이라는, 4가지 원인을

6-5 〈아테네 학당〉의 중앙 부분을 확대한 그림. 플라톤과 아리스토텔레스가 서로 다른 손짓을 하고 있는 모습이 대비된다.

상정하고 이를 규명하는 것을 주요 내용으로 삼고 있다.

아리스토텔레스는 이 원인론을 적극적으로 채용해서 자신의 운동론을 구성했다. 그에 따라 운동을 설명하는 과정에서 운동의 원인, 쉽게 말

질료인: 구체적 사물이 되기 이전의 상태로, 그것을 구성하는 물질의 기본 재료.
형상인: 구체적 사물로 형상화하는 것으로, 그 사물의 실체 및 정의.
동력인: 구체적 사물이 형성되는 원인이 되는 힘, 즉 무엇에 의해 형성됐는가.
목적인: 그 구체적 사물이 형성된 목적.

해 운동이 왜 일어나는지에 대한 규명이 가장 중요한 질문이 되었다. 아리스토텔레스는 바로 이러한 질문을 염두에 두고 자연의 여러 가지 변화에 대해 경험적으로 받아들일 만한 구체적인 설명들을 제시했으며, 이후 학자들은 그의 설명을 더욱 세부적으로 발전시켜나갔다.

서양에서 본격적인 과학 또는 자연철학의 시작은 플라톤과 아리스토텔레스에게서 비롯되었다. 두 학자는 각각 수학과 경험을 중시하는 관점에서 여러 자연현상에 관한 전체적인 설명을 제시했고, 이들의 업적은 이후 2,300여 년 동안 계승 발전되며 서양 과학의 토대를 형성해나갔다.[6-4, 6-5] 경험적으로 관찰된 사항들을 수학적으로 설명한다는, 대체로 공유되는 이러한 과학의 이미지는 어쩌면 이 두 자연철학자에게서 비롯된 것일 수도 있다. 그리고 과학은 처음부터 다른 분야와 깊은 연관을 맺는 가운데에 논의되던 주제였다. 과학은 150년 전까지만 해도 자연철학이었던 것이다.

갈릴레오의 신,
뉴턴의 신

과학과
기독교의 관계

과학과 종교의 관계를 이야기하면 주로 과학과 기독교의 관계를 떠올리게 된다. 이슬람교나 불교 같은 다른 종교와의 관계보다 기독교와의 관계가 먼저 생각나는 것은 그만큼 과학과 기독교 사이에 갈등과 충돌이 많았기 때문일 것이다. 하지만 이는 기독교가 특별히 과학에 더 적대적이어서가 아니라, 과학과 기독교가 둘 다 유럽 사회에 깊은 뿌리를 두고 있어 문화·언어·사고의 공유점이 많기 때문이다. 가까운 만큼 갈등도 많이 발생하는 것이다.

흔히 과학과 기독교의 관계를 두고 적대적이라거나 긴장 관계라거나 아니면 반대로 친구 관계라는 등 특정한 방식으로 그 관계를 규정지으려 하지만, 사실 과학과 기독교의 관계를 한 가지 방식으로 규정하기는 어렵다. 오히려 기독교와 과학의 관계는 마치 부모와 자식의 관계처럼 복합적이고도 모순적인 특징을 갖고 있다.

자식은 부모와 유전자를 공유하고 부모에게서 기본적인 세계관을 전수받지만, 성장하면서 부모의 세계를 부정하고 자신만의 세계를 만들어 나간다. 마찬가지로 근대과학은 기독교 세계에서 태어나 기독교의 세계관을 자양분 삼아 자랐지만 결국 그것의 많은 부분을 부정하게 된 관계라고 할 수 있다. 근대 초 자연 탐구의 중요한 목표는 자연을 만든 신을 더 깊이 이해하는 것이었지만 그런 자연 탐구가 결국 신을 부정하는 결과로 이어진 것에서도 복합적이고 모순적인 관계를 발견할 수 있다.

이런 복합적인 관계는 개별 과학자로 들어가면 조금 더 복잡하게 나타난다. 개인의 성향, 성장 환경, 그가 처한 사회적 배경 등이 함께 작용해서다. 그렇다면 갈릴레오와 뉴턴에게서는 과학과 기독교의 관계가 어떤 식으로 나타났을까?

갈릴레오의 과학, 갈릴레오의 신

과학과 종교를 이야기할 때 빠지지 않고 등장하는 사람이 바로 갈릴레오이다. 과학과 종교의 갈등을 극적으로 체화한 인물이기 때문이다. 1633년 갈릴레오는 로마 교황청에서 열린 종교재판에

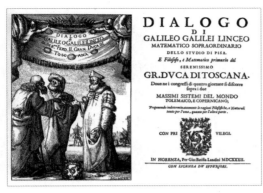

6-6 『두 개의 주된 우주 체계에 관한 대화』(1632)의 권두화와 태양 중심 우주 체계를 설명하는 본문.

서 유죄 판결을 받고 가택연금형에 처해진다. 그렇다면 왜 그의 과학은 종교재판을 받아야 했을까?

가장 직접적인 이유는 그가 태양중심설을 지지했기 때문이다. 로마 교황청은 1616년 이미 태양중심설을 지지하는 책들을 조사하여 금서로 지정했고, 당시 갈릴레오도 태양중심설을 말이나 글로 지지하지 않겠다고 맹세한 바 있었다. 그런데 1632년 그가 이를 어기고 『두 개의 주된 우주 체계에 관한 대화』(6-6)를 출판하여 태양중심설을 공공연히 지지하자 교황청은 갈릴레오가 1616년의 맹세를 어겼다고 간주하여 종교재판을 열었다.

태양중심설을 지지하는 것이 왜 문제였을까? 성경에는 지구는 움직이지 않고 태양이 움직인다는 것을 나타내는 구절이 여러 번 등장한다. 예를 들어 『구약성경』의 「여호수아」편을 보면 여호수아가 신에게 태양의 움직임을 멈추어달라고 하자 태양이 중천에 뜬 채 한동안 움직이지 않

있다는 내용이 나온다.

> (……) 여호수아가 여호와께 아뢰어 이스라엘의 목전에서 이르되 태
> 양아 너는 기브온 위에 머무르라 달아 너도 아얄론 골짜기에서 그리
> 할지어다 하매, 태양이 머물고 달이 멈추기를 백성이 그 대적에게 원
> 수를 갚기까지 하였느니라.(「여호수아」10장 12~13절)[3]

　따라서 태양중심설을 받아들이면 성경 속 이야기의 일부는 터무니없
는 거짓말이 되는 것이다. 물론 갈릴레오도 태양중심설이 교회와 갈등
을 일으킬 수 있다는 사실을 알고 있었다. 신실한 가톨릭 신자이자 과학
자였던 갈릴레오는 종교도 과학도 포기하지 않았다. 그가 보기에 태양
중심설과 교회의 갈등은 둘 중 어느 하나를 부정하지 않고도 해결될 수
있는 것처럼 보였다. 이를 위해 그는 믿고 있던 과학을 버리는 대신 성경
해석 방식을 바꾸었다.
　갈릴레오는 성경 전체를 문자 그대로 해석하는 방식에 문제를 제기했
다. 그는 시적인 표현이나 역사적인 언급들을 문자 그대로 해석할 필요
가 없다는 입장을 취하며, 태양을 멈추게 했다는 「여호수아」편의 구절도
당시의 사건을 기록한 역사적인 기록으로 봐야 한다고 주장했다. 당시
사람들은 지구가 돌고 있다는 사실을 몰랐기 때문에, "지구여, 회전을
멈추어라"라고 말하지 못하고 평소 경험하는 대로 "태양아, 멈추어라"
라고 말했을 것이고, 그렇기 때문에 여호수아의 언급은 당시 사람들의
믿음을 표현한 것이지 자연이 그렇게 작동한다는 것을 주장한 기록으로
볼 필요는 없다는 것이었다.
　성경의 문자주의적 해석을 거부하는 관점은 교회 내에서도 오랫동안

제기되어온 입장으로 교회에서 수많은 논란을 불러일으키기도 했다. 갈릴레오가 이런 입장을 표명하자 교회 안팎에서 이를 비판하는 목소리가 나왔다. 그중에는 문자주의적 해석을 고수하는 사람도 있었지만, 갈릴레오 같은 평신도가 성경 해석에 개인의 입장을 내세우는 것 자체를 비난하는 사람도 있었다. 결국 갈릴레오는 이단 혐의로 유죄 판결을 받았고, 교황청은 그로부터 359년이 지난 1992년에서야 공식적으로 갈릴레오를 사면하고 복권시켰다. 신실한 가톨릭 신자였던 갈릴레오에게 과학과 교회는 양립 가능했지만, 당시 교회 입장에서는 오직 교회만이 진리였던 것이다.

뉴턴의 과학, 뉴턴의 신

　　　　　뉴턴은 갈릴레오가 죽은 해인 1642년에 태어났지만, 교회와의 관계에서는 갈릴레오와 전혀 다른 경험을 했다. 사실 뉴턴은 과학이 아니었더라도 교회와 충돌한 일이 많았다. 그는 삼위일체를 부정하고 예수의 신성을 부인하는 아리우스파의 일원으로 영국 국교도도, 정통 가톨릭교도도 아니었다. 국교회 신자가 아닌 사람이 국교회 성직자를 양성하는 케임브리지 대학의 교수가 되었다는 것은 아이러니컬하지만, 뉴턴이 채용된 루카스 수학 교수좌의 조건이 국교회의 일에 관여하지 않는다는 것이었으므로, 뉴턴은 이 조항을 영리하게 이용해 자신이 국교회 신자가 아니라는 점을 밝히지 않을 수 있었다.

정통 기독교 신자는 아니었지만 신에 대한 뉴턴의 확신과 종교적 헌신은 대단했다. 실상 뉴턴의 과학 연구 자체는 신이 만든 세상과 그 세상을

만든 신을 이해하고 숭배하는 데 바쳐진 것이었다. 그런 뉴턴이 이단처럼 보이는 연금술을 연구했던 이유는 무엇일까?

당시 유럽에는 기계적 철학이 유행하고 있었다. 기계적 철학에서는 자연계의 모든 현상이 물질과 그 물질들의 운동으로 인해 나타난다고 보았고, 자연을 스스로 알아서 움직이는 기계처럼 생각했다.[6-7] 자연이 스스로 움직인다면 자연에서 신의 자리는 어디인가? 기계적 철학은 자연현상을 효과적으로 설명했지만, 무신론적 경향은 약점일 수밖에 없었다.

뉴턴은 질량을 가진 모든 물체 사이에 만유인력이 작용한다고 생각했다. 그러나 서로 떨어져 있는 물체 사이에 힘이 어떤 방식으로 작용하는지를 설명하긴 힘들었다. 혹자는 두 물체 사이에 있는 매질들의 운동을 통해 힘이 전달된다고 보았고 혹자는 마법 같은 힘이 작용하는 것이라고 생각하기도 했는데, 전자는 무신론적이고 후자는 신비주의적이라는 점에서 두 가설 모두 뉴턴에게는 만족스럽지 않았다.

뉴턴의 연금술 연구는 바로 이 문제와 관련이 있다. 뉴턴은 자연계, 그리고 우리 주변 공간에 존재하는 힘을 이해하고자 했는데, 연금술이 이

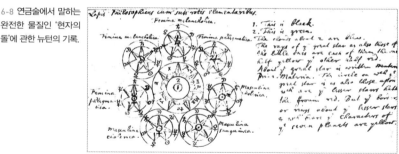

6-8 연금술에서 말하는 완전한 물질인 '현자의 돌'에 관한 뉴턴의 기록.

를 이해하게 해주는 도구였던 것이다.[6-8] 연금술은 비금속을 금과 같은 귀금속으로 바꾸는 기술로 물질의 변환에 대해 연구한다는 점에서 오늘날의 화학에 가까웠다. 연금술 연구자들은 비금속 또는 금속의 변화에 주의를 기울였는데, 금속의 성장(vegetation)도 그들이 관심을 가졌던 현상 중 하나였다. 금속의 성장은 마치 식물이 자라는 것처럼 용액 속에서 금속이 점점 커지는 현상을 지칭하는 것이었다. 뉴턴은 생명이 없는 금속이 커지는 현상이 공간에 존재하는 힘을 이해하는 데 도움이 된다고 여겨 금속의 성장에 관한 실험을 수차례 거듭했다.

결국 뉴턴의 해결책은 신으로 귀결되었다. 기하학적인 도형들로 가득 찬『프린키피아』말미에 붙은「일반주해」에서 뉴턴은 중력을 전달하는 작인이 무엇인지에 대해 길게 논의하고 있는데, 그는 어디에나 존재하는 신이 바로 중력을 전달하는 작인이라고 주장했다. 이렇게 과학에 신의 자리를 만들어준 덕분에, 뉴턴은 아리우스 교도이며 이단적인 연금술 실험을 했음에도 웨스트민스터 성당에 안장될 수 있었다. 자연에서 신의 섭리가 작동하는 방식을 이해하려고 했던 그의 열망이 교회와의 충돌을 막았던 것이다.

베이컨과 데카르트,
새로운 과학의 방법을 제안하다

근대철학의 문을 연
베이컨과 데카르트

플라톤과 아리스토텔레스가 고대를 대표하는 철학자들이라면, 근대철학의 토대를 닦은 철학자들은 베이컨과 데카르트이다. 베이컨과 데카르트는 17세기 초, 비슷한 시기에 왕성한 집필 활동을 통해 고대로부터 전해 내려온 철학 체계를 대체하는 새로운 주장들을 제시했다. 이들의 주장은 다양한 부류의 사람들에게 지대한 영향을 미치며 고대나 중세와는 다른, 새로운 사상적 흐름을 형성했다.

베이컨과 데카르트에게 영향을 받은 이들로는 철학자나 정치가 등을 들 수 있는데, 여기에 반드시 추가해야 할 사람들이 바로 자연철학자, 즉 과학자들이다. 왜 자연철학자들은 새로운 철학 체계에서 큰 영향을 받고 심지어 자연에 대한 자신들의 연구 방향을 수정하기까지 했을까? 그 이유는 사실 매우 자명하다. 베이컨과 데카르트는 자연에 대한 연구를 올바르게 수행할 새로운 방법을 제시하려는 동기에서 출발하여 자신들의 철학 체계를 확립해나갔기 때문이다.

베이컨, 실험으로 확인 가능한 유용한 지식을 추구하다

베이컨은 저명한 정치가의 아들로 태어나 법학 교육을 받았다. 그는 법관으로 성공했으나 엘리자베스 1세에서 제임스 1세로 왕위가 계승되는 정권 교체기에 정치적인 사건에 연루되어 공직을 사퇴하게 된다. 베이컨은 공직에 몸담고 있는 동안 실제적인 지식을 발전시킬 국가기구의 창설에 노력을 기울였으나, 공직 사퇴로 그 꿈을 실현할 수 없게 되었다. 대신 그는 글을 통해 새로운 과학의 목표와 방법론을 제시하는 작업에 착수했다.

최초로 출판된 베이컨의 글은『지식의 진보(*The Advancement of Learning*)』(1605)였다. 이 글에는 나중에 베이컨이 다른 저작들에서 주장하게 되는 특징적 내용들이 담겨 있었다. 하지만 베이컨의 견해가 완성된 형태로 제시된 책은『새로운 논리학(*Novum organum*)』(1620)이었다. 본래 베이컨은 '대혁신(Instauratio Magna)'이라는 6부작을 구상했고, 그중『새로운 논리학』은 제2부에 해당됐다. 하지만 6부작이 모두 완성되기 전에 베이컨이

6-9 베이컨의 『새로운 논리학』이 실린 전집 '대혁신'(1620)의
권두화.

세상을 떠나면서 『새로운 논리학』은 베이컨 생전에 두 권 분량으로만 출판되었다.[6-9]

『새로운 논리학』이라는 책의 제목은 그 내용상의 특징을 잘 보여준다. 이 책은 옛날 논리학을 대체한다는 목표를 제목에서 명확하게 제시했는데, 대체되어야 마땅한 옛날 논리학이란 다름 아닌 아리스토텔레스의 논리학을 의미했다. 아리스토텔레스의 논리학 저술 모음집은 『오르가논(Organon)』이라는 이름을 가지고 있었는데, 베이컨은 이를 대체한다는 의미로 자신의 책 제목을 선정했던 것이다.

베이컨은 자신만의 새로운 논리학을 발표하면서, 대학에서 가르치고 있던 아리스토텔레스의 접근법에 따른 논리학은 완전히 부적절한 도구일 뿐이며, 자연철학적인 지식을 만들어내는 데서는 특히 그러하다고 주장했다. 베이컨은 생산성 없는 아리스토텔레스의 철학을 다른 사람에게 자선을 베풀라는 기독교인의 임무에 태만한 나쁜 철학이라고 비판했다. 자연철학은 원칙적으로 사람들을 도울 수 있으며, 바로 그러한 목적을 향해 나아가야만 한다는 것이 베이컨의 생각이었다. 과학의 진정한 목적은 인간의 삶에 새로운 발견들과 자원들을 제공해주는 것이었다.

과학계에 존재하는 모든 악은 진정으로 도움을 줄 수도 있었던 인간의 정신력을 우리가 간과해왔던 데에, 혹은 그것을 지나치게 믿어왔 거나 그른 방향으로 숭배해왔던 데에 그 뿌리가 있다.[4]

(……) 아리스토텔레스의 철학에 동의한 대다수는 선입관이나 다른 사람의 권위를 추종해 자신을 팽개친 사람들이다. 그들은 동의를 했 다기보다는 부화뇌동해서 한데 휩쓸린 데 불과하다. 비록 그 아리스 토텔레스의 철학이 실제 광범위한 동의를 얻었다 할지라도 그것은 확 실한 증거가 될 수 없을뿐더러 오히려 의혹을 품게 만든다. 종교나 정 치의 영역처럼 투표에 의한 결정이 인정되는 것이 아니기 때문이다.[5]

베이컨은 아리스토텔레스의 삼단논법을 대체해서 보편적인 진리를 찾아내는 새로운 방법으로 귀납법을 제시했다.

삼단논법은 과학에 적용될 수 없었고 쓸데 없는 공리만을 양산했다. 자연의 미묘함에 도저히 미칠 수 없기 때문이다. 삼단논법은 명제를 확증하는 데 사용할 수 있지만 사물 의 진리에 접근하는 것과는 거리가 멀다.[6]

공리를 수립하면서 나는 지금까지 시도했 던 것과는 다른 방법인 귀납법을 제안한다. 그것은 제1원리를 증명하거나 발견하는 데 그치지 않고 낮은 수준의 공리, 그리고 중간을 지나 최종 공리에 이르러야 한다.

> **삼단논법**
> 아리스토텔레스 논리학의 기초가 되 는 논법으로, 대전제·소전제에 바탕 해 결론을 추론해내는 방식이다.
>
> 사람은 모두 죽는다.(대전제)
> 소크라테스는 사람이다.(소전제)
> 그러므로, 소크라테스는 죽는다.(결론)
>
> 위의 예가 가장 빈번히 인용되는 삼 단논법의 사례다. 베이컨은 아리스토 텔레스의 삼단논법 중 대전제에 해당 하는 부분의 불확실성에 의문을 제기 하며 새로운 귀납법을 제안했다.

(……) 과학과 기술의 발견과 이를 증명하는 데 유효한 귀납법은 배제와 거부에 의해 자연을 분석하고 충분한 반례를 모은 다음 확고한 증거를 통해 결론에 도달한다.[7]

먼저 베이컨은 진정으로 참인 지식을 얻기 위해서는 개별 사건들에서 시작해 보편적인 지식에 대한 진술로 거꾸로 나아가야 한다고 주장했다. 지식 획득의 첫 단계는 개별 사건들에 대한 정보 수집이었다. 그렇다면 정보 수집은 어떻게 해야 하는가? 먼저 정보 수집의 규모는 크면 클수록 좋다. 그리고 정보 수집 과정에서 명확하게 확인되지 않은 정보는 배제해야만 최종 지식에서 오류가 사라질 것이다. 이렇게 열심히 장기간에 걸쳐 정보를 수집하려면 당연히 여러 사람의 노력이 종합될 필요가 있는 것 또한 분명하다.

수집된 개별 사례들에 관한 정보는 다시 한 번 확인 과정을 거쳐야 한다. 수집 과정에서 오류가 개입할 가능성이 여전히 남아 있기 때문이다. 확인 과정에서 중요한 점 역시 구체적이고 실제적인 확인이다. 누군가의 말을 듣고, 누군가의 책을 보고 수집한 정보는 믿을 수 없다. 베이컨은 이 과정을 '배제와 거부의 과정'이라고 불렀다.

어느 정도 확실한 정보들이 수집되었다면 이를 기반으로 베이컨이 '공리'라고 이름 붙였던 일반적 진술로 나아가야 했다. 개별 사례들을 통해 수집된 정보들의 공통적인 사항들을 바탕으로 했을 때에만 오류가 없는 일반적 진술을 확보할 수 있다고 베이컨은 주장했다. 이렇게 얻은 일반적 진술은 시작점이 되었던 개별 사례들보다는 더 넓은 포괄 범위를 갖게 될 것이다.

베이컨은 귀납법이 삼단논법으로 대표되는 아리스토텔레스의 연역법과는 반대 방향으로 작동된다는 점을 지적했고, 당시 인정받고 있던 다른 방법들보다 월등히 우수하며 가장 토대가 확실한 진리들을 만들어낼 것이라고 주장했다. 그리고 확실한 진리를 확보해나가는 과정에서는 실제적인 확인 작업이 매우 중요시되었다. 실제적인 확인을 위해서 동원되어야 하는 구체적인 방법으로는 도구의 활용, 실험의 도입 등이 있었고, 이 모든 작업은 여러 사람이 동참해서 협력할 필요가 있었다.

마지막으로 이렇게 힘들게 얻어낸 진리는 더 나은 생활을 가능케 하는 유용성을 가져야 했다. 베이컨은 과거의 사색적인 성격의 과학 활동을 대신해 실제적인 방법을 동원하여 유용한 결과물을 창출하는 방향으로 과학 활동을 전환했던 것이다.

데카르트, 논증 가능한 확실한 지식을 추구하다

베이컨보다 한 세대 정도 뒤에 활약한 프랑스 출신의 철학자 데카르트는 수학적인 형태의 구성 요소로만 이루어진 지식 추구 방식을 내세우며 여러 자연철학자들에게 큰 영향을 주었다.

1596년에 태어난 데카르트는 예수회 대학에서 교육받은 후 네덜란드로 이주해 그곳에서 많은 저작을 발표했다. 베이컨처럼 데카르트 역시 과거의 자연 탐구 방법을 대체할 새로운 체계를 제시하고자 노력했고, 그에게도 대체되어야 할 대상은 다름 아닌 아리스토텔레스의 철학이었다.

데카르트는 17세기 초 철학자들 사이에서 유행하던 회의주의의 주장을 수용하여 모든 문제에 대한 판단을 유보해야 한다는 것에서부터 자신의 철학 체계를 구성하기 시작했다. 데카르트는 어떠한 것도 확실히 참이라고 받아들이지 말고 모든 사안에 대해 참·거짓을 따져봐야 한다고 생각했다. 데카르트가 이를 위해 동원한 방법은 의심이었다.

데카르트는 조금이라도 의심이 드는 주장은 거짓의 가능성이 있는 것이라 여겼다. 확실한 지식이란 거짓 가능성이 전혀 없어야 할 테고, 그렇다면 그 지식에 대해서는 아무런 의심이 들지 않아야 했기 때문이다. 이제 데카르트에게는 의심이 전혀 들지 않는 명제를 찾아내는 일만 남게되었다. 그런데 문제는 여기에 있었다. 일단 의심의 잣대를 들이대자 그 무엇도 의심을 피해갈 수 없다는 사실을 발견한 것이다. 철학적인 명제들이나 주장들은 물론이고 주위 사물의 특성, 색깔 등 모든 것이 의심하려고 들면 의심할 수 있는 대상이었다.

하지만 데카르트는 결국 자신이 아무리 부정해도 결코 의심할 수 없는 하나의 사실을 발견했다. 그 사실은 자신이 의심을 하고 있다는 것이었다. 자신이 의심하고 있다는 사실이 왜 확실할까? 자신이 의심하고 있다는 사실이 거짓이 아닐까라고 의심하는 것 또한 의심에 속하기 때문이다.

의심한다는 것은 무엇인가? 의심을 한다는 것은 생각을 하고 있다는 증거다. 그렇다면 생각이 가능하기 위해서는 무엇이 필요할까? 생각이 가능하려면 생각의 주체가 존재해야 한다. 이러한 과정을 통해 데카르트는 자신의 철학 체계를 구축하는 과정에서 가장 근본이 될 명제인 "나는 생각한다, 그러므로 존재한다(Cogito, ergo sum)"를 만들어냈다.

데카르트는 생각하는 주체의 존재를 확인한 후 여기서부터 출발하여 확실한 지식에 대한 형이상학적인 체계를 하나씩 쌓아 올렸다. 다음으로 데카르트는 그 형이상학적인 체계를 물질세계에 적용했다. 데카르트는 미세한 입자들이 가득 차 있는 세계를 그려내는데, 그 입자들은 스스로 움직일 수 있는 능력을 갖지 못한 불활성의 입자들이었다. 입자들은 외부로부터 충격을 받았을 때에만 움직일 수 있고, 이 움직임들이 종합되어서 세상의 변화가 가능해진다. 이러한 세상에서 변화를 파악하는 올바른 방식은 외부에서 주어진 충격이 얼마나 강하게, 어떤 방향으로 가해지느냐를 명확히 이해하고 계산하는 데서부터 출발한다. 충격의 강도와 방향은 모두 수로 표현 가능한 양이다. 바로 이러한 가정에서 출발하여 데카르트는 세상에 대한 확실한 지식은 수학적으로 접근할 때에만 획득 가능하다는 결론에 도달했다.

데카르트는 이러한 자신의 생각을 정리해서 자연에 대한 지식을 추구하는 방법을 설명하려는 의도로 『방법서설(*Discours de la Méthode*)』(1637)을 집필했다.[6-10] 데카르트가 이 글에서 제안한 완벽한 설명 체계는 바로 수학적으로 논증 가능한 것이었다. 데카르트는 자신의 주장이 실제로 자연을 설명하는 데도 유용하다는 점을 입증하려 했다.

『방법서설』은 제목에서 드러나듯이 어떠한 본문의 내용과 관련된 방법론을 설명하는 서론 격의 글이었다. 『방법서설』의 본문 격으로 데카르트는 『광학(*La Dioptrique*)』, 『기하학(*La Géométrie*)』, 『기상학(*Les Météores*)』을 같은 해인 1637년에 출판했고, 이 글들에서 수학적인 방식을 통해 세상을 이해하는 실제 작업을 보여주었다.[6-11] 베이컨과 달리 데카르트는 자신의 방법론을 구체적인 과

6-10 데카르트의 지식 추구 방법이 소개되어 있는 『방법서설』(1637)의 표제지.

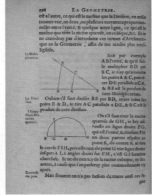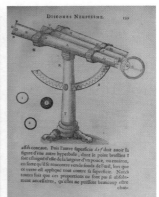

6-11 왼쪽부터 『광학』, 『기하학』, 『기상학』.

학 분야에 실제로 적용한 자연철학자였다.

과학에 실험과
수학이 채택되다

　　　　　베이컨과 데카르트가 새로운 학문의 방법론을 제
시한 후 과학의 성격도 급속히 변화하기 시작했다. 16세기까지는 면밀
한 관찰을 통해 얻은 정보를 사색 과정을 통해 정리해서 그럴듯한 이론
을 만들어내는 방식이 과학의 주류였다. 이 과정에 실험 또는 수학적인
방식은 배제되거나 부수적으로만 채택될 뿐이었다. 하지만 두 근대철학
자의 주장이 나온 이래 과학에서는 실험과 수학이라는 방법이 본격적으
로 채택되기 시작했고, 근대과학의 모양새가 만들어지기 시작했다. 과
학은 본격적인 태동기에 플라톤과 아리스토텔레스의 영향을 받아 그 모
양새를 갖추었다면, 새로운 변화의 시기에는 베이컨과 데카르트의 영향
을 받아 탈바꿈했다.

법정에서 만난
진화론과 창조론

자연선택설과
기독교의 충돌 지점

다윈의 진화론, 정확하게는
자연선택 이론이 세상에 나온 후 이미 150년의 시
간이 흘렀다. 자연선택설은 각기 조금씩 다른 특
성을 지니고 있는 생명체들 중 주어진 환경에 가
장 적합한 특성을 지닌 개체가 살아남아 자손을
남기고, 부모 세대의 특성이 다음 세대로 유전되

6-12 『종의 기원』을 출판하기 5년 전인
1854년 45세 나이의 다윈.

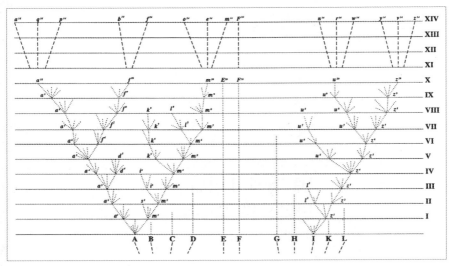

6-13 다윈이 생물의 계통을 표시하기 위해 『종의 기원』에서 제시한 생명의 나무.

는 과정이 긴 시간 반복되면서 결국 새로운 종이 만들어진다는 이론으로, 1859년 다윈이 『종의 기원(*On the Origin of Species*)』을 통해 발표한 이론이다.[6-12, 6-13]

과학 이론 중 다윈의 자연선택설만큼 사회 각계에 영향을 미치고 논란을 불러일으킨 사례는 매우 드물다. 지난 150년 동안 자연선택설은 그 타당성 여부에 대한 생물학계 내부의 논쟁은 물론이고, 사회·경제적인 방식으로 확장되고 적용되면서 과학계 외부에서도 논쟁거리가 되어왔다. 자연선택설은 '사회다윈주의'라는 이름으로 변모하여 사회·경제적인 현상을 설명하는 틀로 사용되었다. 그 과정에서 잘못된 방식으로 사용된 사례도 생기면서 많은 논쟁을 유발했던 것이다.

다윈과 자연선택설을 둘러싼 대부분의 논쟁들이 특정 시기에 집중되어 진행된 데 반해 종교계와의 논쟁은 지금까지도 끊임없이 새로운 방식으로 문제가 제기되며 지속되고 있는 것이 특징이다. 이는 돌이켜보면 다윈의 자연선택설이 종교계, 특히 서양 기독교의 입장에서 바라볼 때 받아들이기 어려운 주장들을 포함하고 있어서였다. 그렇다면 기독교의 입장에서 볼 때 자연선택설의 어떤 점이 그리도 문제가 되었을까?

『종의 기원』을 통해 다윈의 자연선택설이 알려졌을 당시 서양 기독교계의 반응은 매우 적대적이었다. 가장 주된 이유는, 예상할 수 있듯이, 자연선택설이 신의 창조를 부인하고 있기 때문이었다. 하지만 당시의 논란을 자세히 들여다보면 단순히 창조를 부인했다는 점 외에도 여러 주제와 관련해서 기독교계가 자연선택설에 대해 불편한 심기를 감추지 않았음을 알 수 있다. 당시의 논란거리들을 잠시 살펴보도록 하자.

먼저 다윈은 진화에 의한 생물 변화를 주장함으로써 성서에 나오는 신에 의한 생물 창조와는 다른 주장을 폈다. 성서에 따르면 신은 세상을 창조하는 동안 생명체를 만들어냈고, 이 생물 중 일부가 대홍수 때 살아남아 지금까지 유지되고 있다. 하지만 다윈은 이러한 창조와 신의 은총으로 선택받은 결과로서의 생물이 아닌 진화의 결과로서의 생물상을 제시했던 것이다. 게다가 진화의 결과물에는 인간도 포함되어 있었다. 이는 신이 자신의 형상을 본떠서 인간을 창조했다는 성서의 설명에 정면으로 배치되는 주장이었다.

자연선택설의 문제는 창조 여부뿐만 아니라 일단 생명체가 만들어진 이후의 변화 과정에서의 방향성과도 관련이 있었다. 기독교의 신은 "만사를 둘러보시고 모든 것을 알고 계시는 분"이며, "모든 변화는 신의 계획 및 뜻에 의해 일어난다"는 것이 기독교 신학자들의 설명이었다. 하지만 다윈은 자연 내에 일어나는 변화에서 신의 의도 및 목적성, 그리고 방향성을 삭제해버렸다. 다윈에 따르면 생물이 진화를 통해 변화하는 과정에서 중요한 것은 그 생물이 살고 있는 환경이다. 즉 생물이 어떤 환경에 둘러싸여 살고 있느냐에 따라 살아남는 개체의 특징이 다르며, 결과적으로 진화의 방향이 전혀 다르게 결정될 수 있다는 것이다.

예를 들어 똑같은 초식동물일지라도 강력한 육식동물이 주위에 도사리고 있는 환경에서는 빨리 도망치는 능력을 가진 개체가 살아남지만, 포식자는 없어도 먹이가 부족한 환경이라면 느리더라도 힘이 강해서 먹이를 확보할 수 있는 능력을 가진 개체가 살아남을 것이다. 두 경우 진화의 결과는 사뭇 다르게 나타난다. 이렇게 된다면 자연세계에서 신의 의도나 뜻보다는 우연적인 요소가 훨씬 중요해지므로 신학자들은 바로 이런 면에 주목해서 다윈을 비판한 것이다.

이 밖에도 기독교 신학자들은 다윈 이론의 배경이 되는 여러 사안들에 대해서도 반박했다. 그중 하나는 지구의 긴 역사였다. 다윈은 지구의 나이가 몇 억 년 단위라는, 동료이자 든든한 후원자였던 지질학자 라이엘(Charles Lyell)의 의견을 수용했다. 작은 변화들이 누적되어 진화가 일어나려면 긴 시간이 필요하기 때문이었다. 하지만 이러한 시간 규모는 성서적 연대기에서 주장하는 몇 천 년의 지구 역사와는 전혀 달랐다. 이와 더불어 대홍수의 존재 여부와 그 파급력에 대해서도 의문을 제기했다.

이와 같이 자연선택설은 그 이론의 중심 내용뿐만 아니라 배경이 되는 보조 이론에 이르기까지 성서적 해석을 중시하는 기독교 신학자들의 주장과 충돌할 여지를 너무나 많이 안고 있었다. 이러한 이유로 자연선택

설이 발표된 이후 지금까지도 각종 사안들과 관련해 창조론과 진화론의
논쟁이 지속되어온 것이다.

계속되는 진화론과
창조론의 논쟁

자연선택설이 처음 발표되었을 때 논쟁은 주로 공
공장소에서 과학자들과 신학자들의 토론을 통해 진행되었다. 『종의 기
원』 발표 직후부터 크고 작은 논쟁들이 벌어졌지만 가장 유명한 사례는
진화론자 헉슬리(Thomas H. Huxley)와 영국 성공회 주교였던 윌버포스
(William Wilberforce)의 논쟁이다. 『종의 기원』이 출판된 이듬해인 1860년
영국 과학진흥협회 연례 모임에서 벌어진 이 논쟁에서 윌버포스 주교는
진화론은 타당하지 않은 이론이며 성서의 설명과 전혀 부합하지 않는다
고 지적했고, 과학자 헉슬리는 진화론이 타당한 근거들에 입각하여 제안
된 옳은 이론임을 주장했다. 즉 당시 논쟁의
주제는 진화론이 타당한 이론인지 여부였다.

전혀 다른 이론 틀에 입각하여 논쟁을 벌인
두 당사자는 거의 인신공격에 가까운 언사까
지 퍼부었던 것으로 알려진다. 윌버포스가
진화론을 주장하는 헉슬리에게 "당신이 원숭
이의 자손이라고 주장한다면 그 조상은 할아
버지 쪽에서 왔습니까, 아니면 할머니 쪽입
니까?"라고 물으며 조롱하자, 헉슬리가 "중
요한 과학 토론을 단지 웃음거리로 만드는

6-14 다윈을 원숭이에 빗대서 풍자한 영국 신문
『호닛』의 만평(1871).

데 자신의 재능을 사용하려는 그런 인간보다는 차라리 원숭이를 할아버지로 삼겠습니다"라고 대답하면서 서로 얼굴을 붉혔다는 일화는 이러한 상황을 잘 보여준다.[6-14]

진화론이 처음 발표됐을 때의 논쟁이 이론의 타당성 자체를 두고 벌어졌다면, 과학계에서 진화론의 입지가 상당히 강화된 이후인 20세기의 논쟁은 주로 법정을 통해 진행되었다. 창조론을 주장하는 측에서는 이미 과학계 내에서 인정받고 있는 진화론 자체를 과학적으로 부정하기에는 역부족임을 깨닫고 전략을 바꾸어 교육 현장에서 진화론의 입지를 축소하려는 운동을 벌였고, 진화론을 옹호하는 쪽에서는 이러한 종교계의 계획을 법정 투쟁을 통해 중단시켰던 것이다. 이러한 진화론과 창조론의 법정 논쟁의 유명한 사례가 1920년대 미국에서 일어났던 '스코프스 재판'이다.

20세기 초 진화론은 생물학계에서 인정받으면서 고등학교 교과서에도 등장하게 되었다. 그리고 이는 곧 기독교 근본주의자들의 반발을 불러왔다. 반진화론자들은 다양한 세력을 규합해 진화론에 대한 교육을 금지하라는 청원을 올렸고 저명한 정치가인 브라이언(William J. Bryan)이 이 운동에 적극 가담하면서, 결국 테네시 · 미시시피 · 아칸소 주에서는 진화론 교육을 법적으로 금지하는 반진화론법이 통과되었다.

반진화론법의 통과는 거꾸로 진화론자 진영을 자극했다. 테네시 주에서 반진화론법이 통과되자 미국 시민자유연맹은 반대 운동을 펼쳤고, 그 운동에 협조하던 스코프스(John T. Scopes)라는 교사는 수업시간에 진화론을 가르쳤다. 이에 테네시 주 당국이 스코프스를 고발함으로써 1925년 그 유명한 스코프스 재판이 열리게 된 것이다.

재판에서 진화론 교육을 옹호하는 미국 시민자유연맹 측은 변호사 대

6-15 스코프스 재판(1925). 변호사 대로(왼쪽)와 재판 마지막 날의 스코프스(오른쪽).

로(Clarence Darrow)를 내세웠고, 반진화론 진영에서는 브라이언이 직접 심문에 나섰다. 이 과정에서 두 진영 간의 치열한 논리 대결과 질문이 이어졌고, 판결은 스코프스가 100달러의 벌금형을 선고받는 것으로 내려졌다. 데이턴이라는 조그마한 도시에서 열린, 결과적으로는 진화론을 가르친 교사가 벌금을 무는 것으로 일단락된 이 재판이 진화론과 창조론의 법정 논쟁의 역사에서 중요하게 다루어지는 이유는 판결이 내려진 이후의 일들 때문이었다. (6-15)

재판이 끝나고 사흘 후 스코프스 재판의 심문자이자 반진화론 운동을 이끌었던 브라이언이 갑자기 사망하면서 이 재판은 재조명을 받았고, 결과적으로 매우 유명한 재판이 되어버렸다. 브라이언의 사망 원인에 대한 취재 과정에서 재판에 관여했던 증인들을 인터뷰한 언론은 심문 과정에서 진화론 옹호 진영의 대로가 논리와 이성을 앞세워 브라이언을 맹렬히 공격했고, 그 과정에서 브라이언이 심각한 충격을 받았을 수 있다고 보도했다. 즉 브라이언의 죽음은 재판에서 진화론자들의 질문공세에 제대로 대답하지 못한 데서 온 스트레스가 상당히 중요한 원인으로 작용한 결과일 수도 있다는 이야기가 세상에 알려진 것이었다. 스코프스는 결과적으로 벌금을 내며 재판에서는 패배했지만, 그 과정을 통해 진화론자들은 사실상의 승리를 얻어낸 것이다.

스코프스 재판이 재조명되면서 기독교 근본주의자들의 주장은 반과학·반지성·반근대성에 입각한 것으로 여론몰이가 이루어졌다. 여기에 더해 사회 각계의 여론 주도자들이 진화론을 옹호하거나, 근본주의적으로 기독교를 해석하는 입장에 대한 비판을 쏟아냈다. 사회비평가, 자연사박물관장, 자유주의 신학자 들까지 가세하여 근본주의에 입각해 진화론을 반대하는 주장에 대한 우려를 표명했고, 여론도 점차 과학의 영역에 해당하는 진화론과 근본주의적인 해석을 앞세운 창조론의 논쟁에서 진화론의 손을 들어주었다.

스코프스 재판의 경험이 있은 뒤에도 진화론 옹호 진영과 창조론 옹호 진영의 논쟁은 산발적으로 계속되었다. 하지만 1920년대의 상황처럼 대놓고 상대를 부정하는 방식보다는 각자의 논리를 세련되게 만들면서 상대 진영의 약점을 파고드는 방식들이 동원되었다. 그리고 이러한 일련의 과정을 통해 창조론은 창조론대로, 진화론은 진화론대로 논리나 근거가 부족한 부분을 보완해나가게 된다. 예를 들어 창조론자들이 화석 증거의 불연속성을 들어 진화론을 비판하자 진화론 진영에서는 이를 고려해 진화론에 일부 수정을 가했으며(단속평형설), 거꾸로 창조론 진영에서는 진화 자체를 부정하기보다는 진화의 방향성에 신의 의도가 담겨 있다는 지적설계 이론을 내세우게 된 것이 이러한 변화의 실체다.

진화론 대 창조론 논쟁은 참으로 민감한 문제면서도 쉽사리 해결되지 않는 논쟁이다. 하지만 두 진영 간의 논쟁을 반드시 부정적인 시각으로 바라볼 필요는 없을 듯하다. 어쨌든 서로에 대한 적절한 비판과 건설적

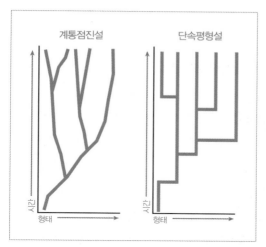

6-16 계통점진설(왼쪽)과 단속평형설(오른쪽). 단속평형 이론은 생물종이 상당 기간 별다른 변화가 없는 안정기를 거친다고 본다.

지적설계 이론

생명체의 변화를 비롯한 모든 것이 지적 존재에 의해 의도적으로 설계되었다고 믿는 이론이다. 모든 것을 설계할 능력을 갖고 있는 지적 존재란 신을 의미한다. 지적설계 이론에서는 현재의 생명체가 존재하게 되기까지의 전 과정을 신의 설계에 의한 결과로 설명한다. 궁극적으로는 탐구 대상이 '의도적 존재'(설계)인지 '우연적 존재'(자연발생)인지를 규명하는 것을 목표로 한다.

단속평형설

생물의 진화는 대부분의 기간 동안 큰 변화가 없는 안정기와 비교적 짧은 시간에 급속한 변화가 이루어지는 분화기로 나뉜다는 진화 이론. 이 이론에 따르면 새로운 종이 형성되는 과정에서 생물의 형질 변화가 급격히 이루어진 뒤 그 변화가 완료되면 다시 안정된 상태가 유지된다. 종의 진화가 매우 오랜 시간 동안 점진적으로 이루어진다는 기존의 계통점진설을 보완하는 이론이다.

인 의견 교류의 장이 마련된다면 각 진영이 스스로를 성찰할 기회도 가질 수 있고, 새로운 아이디어를 발전시킬 기회도 되기 때문이다. 화석 증거의 불연속성에 대한 비판을 수용하며 제안된 단속평형설[6-16]과 같은 수정된 자연선택설 이론은 직접적으로 기독교계와의 논쟁으로 만들어졌다고는 볼 수 없지만, 이 이론이 제안되는 과정에서 두 진영 간의 논쟁이 중요한 계기가 됐다는 점은 분명하다.

진화론에 대한 과학계와 기독교계의 논쟁은 긴 역사 속에서 때로는 서로를 비방하기도 했지만 상당히 많은 경우에는 건설적인 의견 교류를 추구하는 방식으로 진행되어왔다. 논쟁도 하나의 의사소통 방식이며, 비록 아주 화목한 분위기에서는 아니지만 종교와 과학은 여전히 의사소통을 계속하고 있는 것이다.

다윈의 비글호 항해

다윈의 자연선택설이 발표되는 데는 그를 둘러싼 참으로 다양한 요인과 그가 했던 많은 경험이 영향을 미쳤다. 진화론자였던 조부 이래 즈머스 다윈으로 대표되는 가족의 영향부터 19세기 영국의 제국주의 분위기까지 여러 요인들이 자연의 변화에 대한 다윈의 생각이 구체화되는 과정에 기여했다. 여기에 더해 학창시절에 즐겨 했던 곤충과 식물 채집, 학회 활동, 라이엘 등 유명 과학자와의 교류 같은 많은 경험들 역시 다윈의 자연선택설이 제안되고 인정받는 데 중요한 역할을 했다. 하지만 이러한 요인들과 경험들 중 다윈에게 가장 큰 영향을 미친 사건을 선택해야 한다면 아마도 5년간의 세계일주 항해를 꼽을 수 있을 것이다.

케임브리지 대학에서 신학을 공부하던 다윈은 주전공인 신학에는 큰 흥미를 느끼지 못하고 대신 자연사에 대한 관심을 키워나가고 있었다. 다윈은 케임브리지 대학의 식물학 교수였던 헨슬로(John S. Henslow)의 강의를 수강하면서 자연사 분야에 대한 본격적인 지식을 습득해가기 시작했다. 헨슬로는 수차례 수강을 한 다윈을 눈여겨보았고, 두 사제지간은 채집 여행을 같이 다닐 정도로 급속히 가까워졌다. 헨슬로는 다윈에게 실제 자연사 연구의 대상이 되는 식물이나 동물, 그리고 광물을 어떻게 관찰하고 수집해야 하는지에 대한 현실적인 조언들을 해주었고, 이러한 가르침은 훗날 다윈이 자연사학자로 성장하는 밑거름이 되었다.

그러던 중 헨슬로에게 영국 해군에서 의뢰가 하나 들어온다. 영국 해군은 남아메리카 남단의 지형 및 식생을 조사하기 위한 탐사선을 출항시키기 위해 준비하는 도중, 이 배에 자연사학자가 한 명 탔으면 좋겠다는 선장의 의견에 따라 헨슬로 교수에게 적절한 인재 추천을 부탁했던 것이다. 헨슬로는 다윈을 추천했고, 다윈은 아버지의 반대를 무릅쓰고 결국 여행을 떠났다.

다윈이 탑승한 배, 비글호는 1831년 12월 27일 영국의 데번포트 항을 출발했다. 다윈의 생애에 커다란 영향을 준 그 유명한 '비글호 항해'가 시작된 것이다. 비글호 선장의 이름은 피츠로이(Robert Fitzroy)였다. 피츠로이는 자연사 및 과학에 상당한 관심을 갖고 있던 인물로, 항해 기간 동안 다윈과 어울려 지내며 그의 조사를 적극 지원했다.

훗날 피츠로이는 해군에서 퇴역한 뒤 영국의 기상학 연구자로 이름을 알리기도 했다.

비글호는 카나리아 제도와 카보베르데 제도를 거쳐 브라질에 도착한 뒤 목적지인 남아메리카 최남단의 푸에고 섬으로 향했다. 남아메리카 동쪽 해안선을 따라 남하하는 동안 다윈은 틈나는 대로 육지에 상륙해 대륙의 식생 및 지질을 조사했다.[6-17] 그는 비글호가 탐사 활동을 벌이는 동안 팜파스 평원을 가로지르는 여행을 하면서 그곳의 동물과 식물, 지형을 탐사했다. 배를 빌려 타고 강을 거슬

6-17 다윈이 남아메리카 대륙에서 관찰한 생물들. 『비글호 항해기』에 실린 그림.

러 올라가는 여행을 하기도 했는데, 이러한 내륙으로의 답사 여행에서 다윈은 지형과 생물 분포 사이에 어떠한 상관관계가 있음을 깨닫게 된다. 다윈은 강을 기준으로 서로 다른 지역에 다른 색깔의 토끼가 분포한다는 것을 확인했고, 높은 언덕이 구분선이 되어 서로 다른 색깔의 소들이 분포하는 것도 관찰했다. 어렴풋이나마 환경과 생물의 관계를 파악하기 시작했던 것이다.

대륙의 가장 남쪽에 위치한 푸에고 섬에서 원주민을 관찰한 경험 또한 다윈에게는 큰 자산이 되었다. 비글호는 이전에 한번 푸에고 섬으로 항해한 적이 있는데, 선장 피츠로이는 그 1차 항해 때 푸에고 섬 원주민 3명을 영국으로 데려왔다. 다윈이 탑승한 비글호 2차 항해 때는 바로 이 원주민들이 승선해 있었다. 피츠로이 선장이 이들을 고향에 데려다주기로 했던 것이다.

하지만 고향에 발을 디딘 원주민들의 반응은 다윈에게 충격으로 다가왔다. 자신의 고향 사람들이 너무 미개해서 같이 살 수 없으니 제발 자신들을 떼어놓지 말라고 울먹였던 것이다. 아쉬움을 뒤로한 채 그들을 내려놓고 몇 개월 뒤 다시 푸에고 섬에 들렀을 때 원주민들의 변모한 모습은 또다시 다윈에게 놀라움을 안겨주었다. 단 몇 개월 사이에 원주민들은 부족 생활에 완전히 동화되어 이번에는 영국으로는 절대 돌아가지 않겠다고 말했던 것이다. 이러한

6-18 푸에고 섬의 원주민. 비글호 2차 항해에 제도사로 승선한 풍경화가 콘래드 마르텐스의 그림.

경험을 통해 다윈은 인간 또한 주어진 환경에, 그것이 자연환경이건 문화적 환경이건 간에, 영향을 받는다는 사실을 깨달았다.[6-18]

다윈을 태운 비글호는 대륙의 서쪽 해안선을 따라 북상했고, 이번에도 그는 틈나는 대로 상륙을 하여 탐사를 계속했다. 다윈은 안데스 산맥을 횡단하는 등정을 통해 고도에 따른 생물 변화를 관찰했고, 산맥의 동쪽과 서쪽 지역의 생물 분포가 어떻게 다른지에 대해서도 조사했다.

칠레와 페루 해안선을 따라 북상한 비글호는 갈라파고스 제도, 타히티 섬을 방문한 후, 뉴질랜드와 호주, 인도네시아 남부, 아프리카 남부에까지 이르는 항해를 계속했다. 갈라파고스 섬에서 다윈은 거북이와 핀치새의 분포가 섬마다 다르다는 사실을 관찰했다.[6-19] 하지만 갈라파고스 제도에서의 경험만이 다윈의 진화론에 큰 영향을 준 것은 아니다. 이미 남미 대륙에서 엄청난 관찰과 경험을 통해 자기 이론의 단초들을 마련했기 때문이다.

비글호는 다시 브라질을 거쳐 1836년 10월 2일 영국으로 돌아왔다. 꼬박 5년 정도 걸린 이 대단한 여행에서 다윈은 잠시도 쉬지 않았다. 그는 평원을 횡단하며, 산맥을

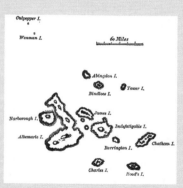

6-19 갈라파고스 제도(위)와 그곳에서 다윈이 관찰한 거북이(아래). 『비글호 항해기』에 실린 그림.

등반하며, 열대 섬들의 정글을 헤쳐 나가며 관찰과 증거 수집을 계속했다. 암석 표본을 모으고 식물 표본을 수집했으며, 동물의 분포를 관찰했다. 저녁에 숙소에 머무르는 시간에는 각 지역 사람들에게 그곳의 사회와 문화, 그리고 생물들의 특징에 관한 질문을 던지며 정보를 수집했다. 배가 이동하는 동안에는 지질학 서적을 꼼꼼히 읽으며 자신의 부족한 부분을 채워나갔다.

길게 지속될 줄 모르고 시작했던 비글호 여행, 그 경험은 다윈의 자연선택설이 제안되는 과정에서 가장 중요한 자산이 되었다. 다윈이 출판한 『비글호 항해기(*The Voyage of the Beagle*)』를 읽으며 19세기 중반 젊은 자연사학자의 눈에 비친 세계가 어떠했는지를 함께 경험해 보는 것은 어떨까?

과학으로 무장한 기독교
마테오 리치의 선교와 과학

중국으로 파견된 첫 선교사, 마테오 리치

　　16세기 유럽인들은 본격적으로 아시아의 문을 두드리기 시작했다. 처음 유럽인들의 관심이 몰린 지역은 먼 옛날부터 유럽 동쪽 끝에 위치해 있다고 알려진 인도였다.[6-20] 하지만 아시아로 향하는 항해가 본격화되면서 유럽인들은 인도보다 더 동쪽에 위치한, 엄청나게 크고 또 엄청나게 많은 사람이 살고 있는 나라인 중국으로 관심을 돌렸다. 유럽인들이 중국에 관심을 가진 이유 중 하나는 그곳에 유럽에

6-20 가메이로, 〈인도로 출발하는 바스코 다 가마, 1497년〉, 1900년경, 포르투갈 국립도서관, 리스본.

6-21 1680년 강희제 때 유럽으로 수출된 중국 도자기.

없는 상품들이 넘쳐났기 때문이다.[6-21]

중국에서 수입한 물품을 유럽에서 되팔 경우 몇 십 배의 이윤을 남길 수 있어 중국을 향해 출항하는 유럽 상인들의 선단이 줄을 이었다. 그런데 이 선단에는 상인이 아닌 사람들이 동승하는 경우도 꽤 있었다. 새로운 미지의 세계를 경험하고자 하는 탐험가들, 군사 정보를 탐지하려는 장교들이 그들이었다. 그리고 여기에는 유럽을 다 합친 만큼 커 보이는 중국 대륙에 기독교 교리를 전하려 했던 선교사들도 포함되어 있었다.

16세기의 로마 교황청은 예수회가 주도권을 쥐고 있었다. 예수회는 종교개혁으로 뒤숭숭했던 당시에 가톨릭교회의 개혁을 위해 노력한 교단으로, 자격 미달의 사제들로 인한 문제를 해결하기 위해 성직자의 체계적인 교육에 힘을 쏟았다. 이에 더해 예수회는 교황청의 권위를 내세우기 위한 방편으로 당시 유럽에 새롭게 알려진 지역으로 진출해서 선교 활동을 벌이는 데 심혈을 기울였다.

이렇듯 선교에 큰 노력을 기울이고 있던 예수회에게 중국이란 나라는 가장 공들여 기독교를 전파해야 할 지역 중 하나로 여겨졌다. 아메리카 신대륙에까지 기독교가 전파되고 있는 마당에 중국에까지 신의 말씀이 전해진다면 말 그대로 전 세계의 기독교화가 이루어지리라 믿었던 것이다.

마테오 리치는 이러한 배경 아래 중국으로 파견된 첫 예수회 선교사였다. 인도를 거쳐 중국 문턱에 도착한 리치는 마카오에 선교 거점을 마련하고 중국 본토로 진입하기 위해 노력했다. 리치는 광동성 사대부들과의 교류를 통해 중국에 관한 정보를 확보해나갔고, 그와 동시에 획득한 정보에 바탕한 선교 전략을 수립해가기 시작했다.

오랜 고민 끝에 리치가 내린 결론은 중국에는 오랜 기간 뿌리 내려온 고유의 가치체계와 전통이 있기 때문에 기독교를 무작정 내세울 경우 오히려 부정적인 결과만을 불러올 수 있다는 것, 또 중국에서는 고위층을 통한 위에서부터 아래로의 선교가 더 성공 가능성이 높다는 것이었다. 중국에는 조상을 모시며 제사를 지내는 전통이 있을뿐더러 중국의 황제는 천자(天子)라 불리며 하늘의 아들로 여겨지고 있기 때문에 무턱대고 기독교의 유일신인 하나님과 그 아들인 예수를 내세웠다가는 오히려 반발만을 불러올 수 있음을 고려한 판단이었다. 특히 중국이 강력한 중앙집권적인 통치체제를 구축하고 있고, 사대부 관료의 힘이 사회 구석구석에까지 미치고 있다는 점 또한 리치가 내린 결론의 근거가 되었다.

리치는 자신이 내린 결론에 입각해서 2가지 포교 전략을 세웠다. 하나는 기독교의 엄격한 교리를 포기하더라도 중국의 전통을 존중하는 포교 활동이 필요하다는 것이다. 다른 하나는 중국 관료 집단의 관심을 이끌어내서 먼저 서양 문물 전반에 대한 우호적인 분위기를 조성한 뒤 본격적인 포교를 실시해야 한다는 것이었다. 이러한 전략에 입각해서 리치는 이마두(利瑪竇)라는 중국식 이름까지 사용하며 광동성 사대부 관료들과 교류를 시작했고, 결국 중국 본토에 상륙하는 데 성공했다.

선교를 위한 서양 과학의 전달

리치는 어떻게 사대부들의 관심을 이끌어내는 데 성공했을까? 그는 중국인들이 자신에게 주목할 기회를 만들고, 그 기회를 이용해 궁극적으로 기독교를 전파하고자 서양의 과학을 이용했다.

리치가 가장 먼저 활용한 서양 과학의 산물은 지도였다. 그는 광동에 입성한 후 1584년 〈여지산해전도(與地山海全圖)〉라는 세계지도를 제작하여, 선교당을 방문한 사대부들의 호기심을 자극했다. 일단 중국인들이 세계지도에 관심을 보인다는 사실을 알아낸 리치는 북경을 향해 선교 본거지를 이동할 때마다 새로운 지도를 제작해서 지역 사대부들에게 선물했다. 1601년 중국 명나라의 만력제(萬曆帝)에게 공물을 보낼 때는 『만국도지(萬國圖志)』라는 지도책을 포함시켰다.

중국의 황제는 이러한 선물에 흡족해했고, 결국 리치는 북경으로의 진입을 허가받았다. 의도적으로 유럽이 아닌 중국을 지도의 중앙에 위치

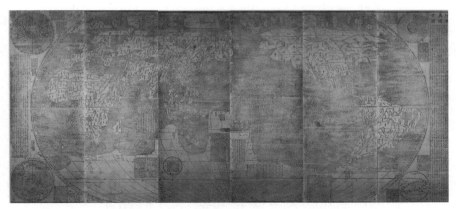

6-22 1602년 리치가 이지조와 함께 제작한 〈곤여만국전도〉 원본. 미국 미네소타 대학교 소장.

시킨 지도를 보고 황제는 유럽의 정보를 중국에 바친다는 것, 기독교인 들도 중국 중심의 세계질서를 인정한다는 것과 같은 의미를 읽어냈던 것이다. 북경에 진입한 후 리치는 사대부 이지조(李之藻)와 함께 1602년 〈곤여만국전도(坤輿萬國全圖)〉를 제작했다.[6-22] 이 지도를 만들면서 리치 는 서양의 천문학과 물질 이론에 대한 설명까지도 간략하게 덧붙였는 데, 이는 지도 이외의 다른 과학 지식들도 차차 소개되리라는 예고와 같 았다.

리치가 다음으로 추진한 일은 서양의 수학을 소개하는 것이었다. 리치 는 북경에서 황제를 알현한 후, 앞서도 말했듯 유럽 수학의 기본 교과서 에 해당하는 유클리드의 『원론』을 중국어로 번역하는 일에 착수했다. 이 작업에는 중국인 서광계가 동참했으며, 리치와 서광계는 『원론』의 앞부 분 절반에 해당하는 평면기하학 부분을 번역했다.

유클리드의 기하학은 논리적인 증명을 중시하는 내용과 구조를 가지 고 있었고, 이는 계산술 중심의 중국 수학과는 사뭇 달랐다. 번역에 참여 한 서광계는 물론이고 산학(算學)에 조예가 깊었던 몇몇 사대부들이 서양의 논리적 수학에 큰 관심을 보였는데, 리치는 이를 간파했던 것이다.

리치의 번역본은 『기하원본(幾何原本)』(1607)이란 제목으로 완성되었다. 리치의 번역서를 통해 서양의 수학을 접하게 된 일부 중국인들은 서양 수학의 우수성에 감탄하여 그 내용을 직접 배우려고 나서기도 했다. 서양 수학에 대한 관심은 서양 학문 전반에 대한 관심으로, 그리고 서양 문화에 대한 관심으로 퍼져나갈 게 분명했다. 또 이렇게 관심을 가진 사람들 중 일부는 서양 문화의 근본인 기독교에 대해서도 관심을 갖게 될 것이었다. 리치가 과학을 앞세운 이유는 여기에 있었다.

리치는 중국에 머무르는 동안 중국의 역법이 심각한 문제에 봉착했다는 점도 간파했다. 명나라에서 사용하던 대통력은 200년 넘게 사용되다 보니 오차가 누적되어 정확성에서 한계를 보였고, 명나라 조정에서도 개력(改曆)에 관한 논의가 진행되고 있었다.

이에 리치는 로마 교황청에 선교 사업에 관한 보고를 올리면서 천문학에 능통한 선교사들을 파견해줄 것을 요청했다. 리치 이후 중국에 도착한 선교사들은 대부분이 전문적인 천문학자 수준으로 이 분야에 조예가 깊은 사람들이었다. 우르시스[Sabbathino de Ursis, 웅삼발(熊三拔)], 아담 샬〔탕약망(湯若望)〕 등은 리치와 마찬가지로 중국어 이름을 사용하면서 천문학을 앞세워 포교 활동을 벌였다. 이들은 또한 중국의 천문 관청에 소속되어 개력 작업에 참여하기도 했다.

그렇다면 과학을 앞세운 선교사들의 전도는 과연 효과적이었을까? 이 전략은 분명히 효과가 있었다. 이지조, 서광계 등 리치와 함께 편찬 작업에 참여했던 사람들은 훗날 모두 기독교로 개종했다. 게다가 이들은 명나라 조정에서도 적지 않은 권력을 쥐고 있던 사람들이었다. 그리고 무엇보다 성공적이라 평가할 점은 선교 활동 자체가 인정받았다는 사실이었다.

황제는 북경 안에 선교사들이 천주당을 만들 수 있도록 허락했으며, 황제의 허락은 선교 활동이 공식적으로 인정받았음을 의미했다. 중국의 황제와 사대부들은 서양 선교사들의 과학 지식을 높이 평가하며 그들을 대우했고, 그 때문에 서양 과학의 뒤에 숨어 있는 기독교를 못마땅해하면서도 선교사들이 중국 안에 발붙이고 사는 것을 묵인했던 것이다.

첨성대,
무엇을 위해 만들었나?

6-23 첨성대. 국보 31호. 경북 경주. 문화재청.

천문 관측을 위한, 지구상 현존하는 가장 오래된 구조물은 무엇일까? 정답은 신라시대의 '첨성대(瞻星臺)'이다. [6-23] 첨성대는 일본의 기상학자였던 와다 유지(和田雄治)가 조선총독부 기상대에 근무할 당시 고문헌 속에서 '첨성대'라는 이름과 그곳을 이용해 하늘을 관측했다는 기록을 발견하고 그에 의해 처음 천문대로 알려졌다. 그런데 이후 한국의 학자들이 첨성대가 단순히 천문대로서의 기능을 했다는 것에 의문을 제기하면서 그에 관한 다양한 논의가 펼쳐졌다.

새로운 이설들의 등장

첨성대 꼭대기에 천문 관측 기기를 걸어두고 하늘을 관측했을 것이라는 와다 유지의 단순한 설명에 최초로 의문을 제기한 사람은 과학사학자 전상운이었다. 그는 첨성대의 실측 자료와 내부를 관찰한 뒤, 외관의 매끈하게 다듬어진 모습과는 대조적으로 내부가 조잡

6-24 첨성대 내부 모형. 신라역사과학관.

하여 관측자가 이용하기에 불편한 구조에 의문을 품었다.[6-24] 그러면서 첨성대는 내부보다 외부의 쓰임새를 고려한 구조물이라는 점을 근거로, 농사에 필요한 24절기를 측정하기 위한 천문대 겸 해시계인 '규표'의 기능을 한 건축물이라 주장했다. 이처럼 전상운의 규표설은 그간 첨성대를 관측기구로만 생각해왔던 전통적 사고에 충격을 주었고, 이후 다양한 이설이 등장하는 계기가 됐다.

규표설 이후 등장한 대표적인 이설의 하나는 동양사학자 이용범이 주장한 '수미산설(須彌山說)'이었다. 이용범은 첨성대가 불교의 영산인 수미산을 본떠 만든 구조물이며, 당시 신라의 천문역산 기술 수준이 그다지 높지 않았고 관측 기구가 평지에 있는 것에 의문을 제기하며, 천문대가 아닌 불교 제단이었을 것이라고 주장했다.[6-25]

또한 수학사학자 김용운은 첨성대가 고대 중국의 수학서인 『주비산경
(周髀算經)』에 나오는 수학적 지식을 이용해 지은 건축물이라는 '주비산
경설'을 내놓았다. 사용된 돌의 개수가 361개이며, 27대 선덕여왕대에
27단으로 쌓아 올려졌고, 창문을 기준으로 위아래 단 수가 12개씩인 것
은 절기를 나타내는 것이라는 등 수학적 정합성을 그 근거로 들었다.

한편 과학사학자 박성래는 그간의 주장들과 많은 사료들을 검토한 뒤,
그 겉모습은 수미산을 본떴으나, 영성(靈星, 농업의 신으로 받드는 별)에 감
사하는 제사를 지냈다는 『삼국사기(三國史記)』의 기록("입추 후 진일(辰日)에
본피유촌(本彼遊村)에서 영성에 제사를 지냈다(立秋後辰日 本彼遊村祭靈星)")을 증

거로 첨성대가 토속신앙인 영성제를 치렀던 본피유촌에 있었으며, 나중에 영성제가 없어지면서 그 부근에 천문기관이 세워져 천문대로 활용된 것이라는 색다른 주장을 내놓기도 했다. 이처럼 첨성대에 대한 다양한 이설이 나오면서 기존의 첨성대를 바라보는 시각 또한 변했다.

'천문'에 대한 새로운 이해

첨성대에 관한 이설이 등장할 때마다 과학사는 물론이고 미술사·동양사·수학사 등 각각의 역사학계에서 이에 대해 반박하거나 또 다른 이설을 내놓으면서 이 논쟁은 수십 년간 이어져왔다. 그러면서 한 가지 분명해진 사실은 첨성대를 와다의 주장대로 하늘을 관측하는 구조물로만 이해할 수 없다는 사실이다. 이는 신라시대 사람들이 어떻게 살았고, 그 시대의 문화는 어떠했는지를 고려해야만 제대로 알 수 있는 문제다.

이러한 맥락에서 최근 소장학자들은 첨성대를 새롭게 바라보기 시작했다. 바로 신라인들에게 하늘은 어떤 의미를 지닌 공간이었는지를 고민하기 시작한 것이다.

신라인들에게 하늘은 관측하는 곳이 아니라 어떻게 보면 나라의 흥망성쇠 및 왕실의 안정을 묻는 곳이었다. 즉 첨성대를 천문을 '관측'하는 곳이 아니라 천문에 대해 '묻는' 곳이라고 보게 된 것이다. 당시 신라인의 시각으로 첨성대를 바라보면 결국 이전 학자들이 주장했던 수미산설이나 영성단설에서와 같이 그곳에서 제례를 지냈다고 해도 첨성대는 천문대일 수 있다. 하늘에 기원하고 앞날을 예견하기 위한 제례의식이 곧

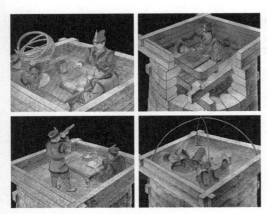

6-26 신라 첨성대 관측 상상도. 신라역사과학관.

천문을 보는 것이기 때문이다.(6-26)

사실 첨성대에 관한 논의는 아직도 현재진행형이고, 앞으로도 명확한 결론이 나기가 어려울 것이다. 그럼에도 불구하고 이 첨성대 논쟁이 지니는 의미는 우리에게 시사하는 바가 매우 크다. 바로 이 논쟁이 있었기에 현재의 눈이 아닌 과거의 눈으로 첨성대를 바라볼 수 있게 됐고, 덕분에 첨성대가 우리 역사에서 한층 더 가치 있는 문화재로 남을 수 있게 됐다. 따라서 비단 첨성대뿐만 아니라 다른 문화재에 대해서도 다양한 논의를 한다면, 그것들을 우리 역사 속에서 의미 있게 자리매김시킬 수 있을 것이다.

Chapter 7

대중문화와
과학의 만남

—— 1970년대에 정부 정책으로 이른바 '전 국민의 과학화 운동'이 시행된 적이 있다. 전 국민을 과학적으로 만들고 싶을 만큼 과학에 관심이 많은 것처럼 보이지만, 그런 운동을 정책으로 채택했다는 것은 역설적이게도 정부도 시민도 그만큼 과학에 관심이 없다는 것을 보여주는 것이다. 과학은 진지하거나 실용적이어야 한다고 생각하는 나라에서 과학이 즐겁고 재미있는 문화가 될 수 있다는 생각은 하기 힘든 것인지도 모른다.

현대과학이 탄생한 서구 사회에서 과학은 오래전부터 문화의 일부로 존재해왔다. 성경 속 에덴동산이란 이상향은 현실에서 식물원으로 구현되어, 약용식물과 같은 실용적인 작물부터 먼 이국 땅에서 가져온 진기한 식물까지 만날 수 있는 장소가 되었다. 마치 서커스를 구경하듯 빠지직 번쩍 찌릿 하는 전기 실험을 관람할 수 있었고, 도시의 축제 때는 대학의 해부학 극장을 열어 해골과 뼈, 장기를 보여주고 인생무상에 관해 이야기했다. 왜 우리나라에서는 〈인터스텔라〉나 〈빅뱅이론〉같이 과학을 담고 과학자를 담은 대중문화가 만들어지지 않는지를 묻는다면, 그런 것을 만들어낼 만한 과학 대중문화의 토양이 부족해서라고 대답해야 할지도 모른다. 예부터 지금까지 과학과 대중이 어떤 만남을 가졌는지를 보면서, 과학을 이용해 어떻게 재미있게 놀 수 있을지 생각하는 기회를 가져보자.

과학 대중화를 이끈
여왕 가족의
과학 강연 나들이

과학 강연에 간
왕실 가족

1855년 12월 27일, 런던 왕립연구소에서는 패러데이의 크리스마스 과학 강연이 열리고 있었다. '인력(attractive force)'을 주제로 한 이 해의 강연에 수많은 신사숙녀가 앉아 패러데이의 실험과 설명에 집중하고 있었는데, 이 자리에는 매우 특별한 청중이 함께하고 있었다. 그는 바로 당시 영국 왕이었던 빅토리아 여왕의 남편 앨버트 공이었다. 앨버트 공은 훗날 에드워드 7세가 되는 왕세자를 비롯한 왕자들을

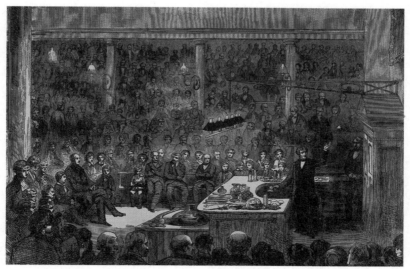

7-1 1855년 영국 런던 왕립연구소에서 크리스마스 강연 중인 패러데이. 테이블 정면에는 영국 빅토리아 여왕의 남편인 앨버트 공과 그 아들들이 앉아 강연을 듣고 있다. 알렉산더 블레이클리 그림.

데리고 청중석 중앙에 앉아 패러데이의 강연에 열중하고 있었다.[7-1]

앨버트 공과 패러데이가 살았던 19세기 영국은 활발한 과학 대중문화를 자랑했다. 패러데이가 소속돼 있었던 왕립연구소는 1799년 "지식을 확산시키고, 유용한 기계 발명품이 널리 도입되고 개선될 수 있도록 하며, (자연)철학 강연과 실험을 통해 과학을 삶의 공통의 목표에 맞게 응용할 수 있도록 가르친다"는 목표 아래 과학 교육 및 연구를 위해 설립되었다. 왕립연구소는 일반 성인 대중뿐 아니라 아이들 대상의 금요일 저녁 강연, 크리스마스 강연과 같은 다양한 과학 강연 시리즈를 제공하며 19세기 영국의 과학 대중화에 앞장섰다.

19세기 초부터 다양한 독자층을 대상으로 하는 대중과학책도 여러 권 출판되었다. 마르셋(Jane Marcet)의 『화학에 관한 대화(*Conversations on Chemistry*)』(1806)나 서머빌(Mary Somerville)의 『물리과학들의 관계(*On the*

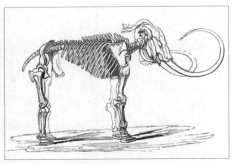

7-3 체임버스, 『창조의 자연사의 흔적』 10쇄(1853)에 포함된 삽화.

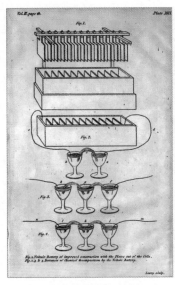

7-2 마르셋, 『화학에 관한 대화』의 삽화.

Connexion of the Physical Sciences)』(1834) 같은 여성 작가들이 쓴 대중과학 책은 어려운 과학 내용을 쉽게 풀어 전달하여 어린 시절 패러데이의 호기심을 키워줬으며, 교양 있는 신사 계층을 대상으로 씌어진 라이엘의 『지질학 원리(Principles of Geology)』(1830)는 비글호 항해에서 다윈과 함께하며 그의 진화론에 자양분이 되어주었다. 1844년 생물체뿐 아니라 우주 또한 진화한다고 주장했던 체임버스(Robert Chambers)의 『창조의 자연사의 흔적(Vestiges of the Natural History of Creation)』(1844)은 다윈의 『종의 기원』보다 더 많이 판매되며 진화에 대한 사회적 논쟁에 불을 붙였다.[7-2, 7-3] 이와 같은 19세기 대중과학 열풍에 패러데이 강연을 들으러 갔던 영국 왕실 가족도 적극적으로 동참했을 뿐만 아니라 대중과학을 활성화하기 위한 노력에 주도적으로 나섰다.

조지 3세의
과학 도구 컬렉션

　　　　　　과학에 대한 영국 왕실의 흥미는 빅토리아 여왕의 집안 내력이라고도 볼 수 있다. 왕의 선조였던 조지 1세는 독일의 선제후였다가 영국의 앤 여왕이 후사 없이 죽자 영국 왕으로 추대되었는데, 영국 왕위를 물려받기 위해 독일에서 건너온 지 얼마 안 되어 가족과 함께 자연철학자 데사굴리어스(John T. Desaguliers)의 강연을 들을 정도로 자연철학에 관심이 많았다. 조지 1세의 며느리이자 훗날 조지 2세의 비가 되는 카롤리네 왕비는 독일에 있던 시절 철학자이자 수학자인 라이프니츠(Gottfried W. Leibniz)에게 교육을 받아 자연철학에 조예가 깊었다. 영국에 건너온 뒤에는 스승인 라이프니츠가 뉴턴과 미적분학 우선권 논쟁을 벌이는 데 관여하기도 하고, 뉴턴과 교유하며 그에게서 자연철학과 신학, 자녀 교육에 대해 조언을 듣기도 했다.

　이런 어머니 밑에서 자란 조지 2세의 자녀들도 자연철학에 관심을 갖고 각종 과학 실험 도구들을 수집했다. 과학 도구 수집을 가장 열심히 했던 인물은 카롤리네 왕비의 손자이자 빅토리아 여왕의 조부인 조지 3세였다. 그는 선대로부터 물려받은 지형 관측 도구, 천체 관측 도구에 더해 자신의 흥미와 자녀 교육을 위해 다양한 실험 도구들을 도구 제작자에게 주문하고 수집했다. 시계·온도계·기압계 같은 기본적인 측정 도구들과 역학 실험용 스프링 저울, 지렛대, 물을 아래에서 위로 이동시키는 커다란 나사 모양의 아르키메데스 스크루, 정전기 인력/척력을 이용한 전기벨이나 라이덴병

> **라이덴병**
> 유리병 안팎에 금속박을 붙여 정전기를 저장할 수 있게 만든 최초의 축전기로, 레이덴병이라고도 한다. 1745~1746년 네덜란드 레이덴 대학의 물리학자 반 뮈셴브루크와 독일의 물리학자 폰 클라이스트가 독자적으로 만들었다.

7-4 런던 과학박물관에 소장된 조지 3세의 과학 도구 컬렉션. 사분의, 망원경, 평면천체도, 반사현미경 등 많은 도구들이 전시되어 있다. ⓒ Kinkreet

7-5 천구의와 지구의. 런던 과학박물관에 소장된 조지 3세의 과학 도구 컬렉션. ⓒ John Cummings

과 같은 전기 실험 도구, 천구의와 경의위 같은 항해 도구, 왕실 자녀의 수학 교육을 위한 여러 모양의 입체 도형 등 다양한 자연철학 실험 도구들을 모았다.[7-4, 7-5]

과학에 대한 왕실의 흥미는 과학에 조예가 깊은 왕을 만드는 데 일조했다. 또한 왕실의 관심은 과학을 연구하는 사람들에 대한 후원으로 이어지기도 했다. 일례로 영국과 프랑스를 오가며 자연철학 강연을 했던 드메인브레이(Stephen Demainbray)는 조지 3세가 어렸을 적에 자연철학을 가르치던 선생님이었는데, 그런 인연 덕에 훗날 왕실 큐가든(왕립식물원)의 관리자가 되기도 했다. 또 과학 기구 제작자였던 애덤스(Adams) 집안은 영국 왕실에 납품한다는 명성에 힘입어 정교하고 아름다운 실험 도구들을 여러 곳에 퍼뜨릴 수 있었다.

그러나 이보다 더 중요했던 것은 왕실의 이런 취미 생활이 당대의 유행에 영향을 미칠 수 있었다는 사실이다. 유용성이나 실용성 같은 이유에서가 아니라 왕실에서 취미로 즐기는 상류층의 문화 활동으로 여겨지면서, 대중에게 과학은 따라 하고 싶은 활동이 되었다. 한 세기 전부터 이루어지던 왕실의 과학 취미 생활이 19세기 영국에서 과학 대중문화가 번성할 수 있는 토양을 형성하는 데 일조했던 것이다.

왕실이 나선
과학관

패러데이의 크리스마스 강연에 참석했던 빅토리아 여왕의 남편 앨버트 공은 왕의 남편이었기 때문에 정치적으로 전면에 나서기가 부담스러웠다. 대신 그는 과학 및 교육 분야에서 여러 가지 사업을 추진했다.

그가 열성적으로 참여했던 사업 중 하나가 바로 1851년 수정궁 박람회(Great Exhibition)였다.[7-6] 공업 제품과 식민지에서 공수해 온 원료들, 과학 도구, 작동하는 기계 등을 전시했던 이 박람회는 영국 산업의 우수

7-6 1851년 박람회가 열린 런던 수정궁의 모습. 유리로 지어진 이 건물은 그 안의 전시품만큼이나 사람들의 이목을 끌었다. *Dickinson's Comprehensive Pictures of the Great Exhibition of 1851*, 1854.

7-7 수정궁 박람회의 내부를 그린 1851년의 석판화.

성을 전 세계에 알리려는 의도가 강했다.

앨버트 공은 박람회 개최에 회의적이었던 정부와 의회 사람들을 설득하는 등 박람회 개최를 주도적으로 이끌었다. 당시 박람회 개최에 반대했던 사람들은 박람회장에 모인 군중이 폭도로 변해 혁명을 일으킬지도 모른다면서 우려를 표하기도 했지만, 앨버트 공은 그런 반대를 무릅쓰고 1851년 박람회의 상징이 된 유리로 된 박람회 주 건물인 수정궁(Crystal Palace)을 완성시켰다. 그 결과 수정궁 박람회는 600만 명에 이르는 관람객을 모으고 엄청난 흑자를 기록하며 성공리에 치러졌다.[7-7] 빅토리아 여왕과 가족들도 세 번이나 박람회에 참석하여 박람회의 성공을 도왔다.

박람회가 끝난 후, 박람회 전시품과 박람회에서 얻은 수익을 어떻게 사용할지에 관한 논의가 이루어졌다. 그 결과 전시품들을 영구히 전시할 박물관을 세우기로 결정이 났는데, 그렇게 해서 생긴 박물관 중 하나가

7-8 조지 3세 박물관의 개관. 『일러스트레이티드 런던 뉴스』 1843년 7월 1일자에 실린 삽화.

바로 오늘의 런던 과학관이다. 박람회 전시물 중 과학 기구와 기계류를 모아 세운 특허 박물관이 런던 과학관의 전신이 된 것이다. 빅토리아 왕과 앨버트 공이 1843년 런던 킹스 칼리지에 조지 3세의 과학 기구 컬렉션을 기증하면서 조지 3세 박물관이 열렸고,[7-8] 그곳에 있던 조지 3세의 과학 도구들은 1920년에 런던 과학관으로 옮겨졌다.

앞서가는 영국의
대중과학 정책

왕실이 앞장서서 즐기고 촉진했던 덕분인지 영국의 대중과학 문화는 다른 나라를 앞서 나갔다. 과학 전문 잡지로 유명한 『네이처』가 처음에는 대중과학 잡지로 시작했다는 사실은 영국 대중과학의 저력을 상징적으로 보여준다.

과학문화 정책에서도 영국은 한발 앞서 나가는 모습을 보였다. 1985년 영국 의회는 「대중의 과학 이해」라는 보고서를 발간하여 말 그대로 과학에 대한 대중의 폭넓은 이해를 위해 교육 과정, 미디어, 정부 정책, 산업계 등 거의 모든 영역에 과학 관련 내용을 확대하고, 과학자들도 적극적으로 대중에게 과학을 알려야 한다고 촉구했다. 이에 따라 대중의 과학 이해를 위한 정부 산하의 위원회가 설립되고 과학 대중화를 위한 폭넓은 사업이 진행되었다.

2000년에는 보고서 「과학과 사회」를 통해, 광우병 파동 이후 과학기술에 대한 대중의 신뢰가 떨어졌는데 이는 대중에게 더 많은 과학을 가르친다고 해서 해결될 문제가 아니라고 말하며, 그동안의 대중 과학 정책 방향을 반성했다. 이 보고서는 과학자들과 관련 기관들이 대중이 우선시하는 가치를 알고 대중의 의견을 들을 수 있도록 그들과의 소통을 중시해야 한다고 제안했다. 그동안의 과학 대중화가 대중을 향한 과학적 계몽에 초점이 맞춰졌던 것에 비해, 2000년대 들어 영국의 대중과학 정책은 계몽의 대상이 대중에서 과학자 및 관련 기관들로 이동해간 듯한 인상을 준다. 대중과학의 오랜 전통 덕분인지 영국의 과학문화 정책에 대한 고민도 다른 나라보다 한발 앞서 나가고 있는 것이다.

전기쇼,
대중을 사로잡다

선 과학 연구,
후 대중화?

한동안 각종 토크콘서트의 유행을 타고 여기저기에서 과학과 관련된 토크콘서트가 열렸다. 이런 과학 관련 토크콘서트는 과학을 전공하지 않은 대중을 상대로 재미있고 편안한 방식으로 과학이 어렵고 따분하지만은 않다는 것을 알려주고, 그들과 대화를 나누고자 하는 의도를 담고 있다.

토크콘서트 형태의 과학 대중화는 기존의 과학 대중화 사업에 비해 쌍 방향 소통의 성격이 강한 편이다. 대중의 과학 참여(public engagement of science)처럼 과학자와 대중의 양방향 소통을 강조하는 움직임이 있기는 했지만, 과학 대중화 사업의 대부분은 일방향인 경우가 많다. '과학 대중화(popularization of science)'라는 말만 봐도 과학 이론이 먼저 만들어지고 그 후에 이를 대중에게 알려야 한다는 뜻을 내포하고 있다.

이런 식의 과학 대중화는 이미 존재하는 과학을 어떻게 하면 효과적으로 대중에게 전달할지에 초점이 맞춰지게 마련이다. 대중에게 어려운 과학 내용을 이해시키려다 보니 단순화와 생략이 종종 일어나고, 이로 인해 내용이 왜곡되거나 또는 잘못된 내용을 전달하는 일이 생기기도 한다. 최근 들어 점차 과학 대중화의 중요성을 인정하고 있는 추세기는 하지만, 아직도 과학 대중화에 관련된 일은 은퇴한 과학자, 이류 과학자나 하는 일이라는 생각이 퍼져 있기도 하다.

오늘날에는 이런 식의 '선 과학 연구, 후 대중화 작업'이 많아서 그와는 다른 형태의 대중화를 생각하기가 쉽지 않지만, 오래전 어느 땐가 과학 연구와 대중화가 함께 진행된 적이 있었다. 18~19세기 전자기 분야가 바로 그랬다.

과학을 팔아 생계를 유지한 대중강연가

19세기 중반까지만 해도 과학자는 전문직업에 속하지 않았다. 지금처럼 학부–석사–박사로 이어지는 정식 학위 과정이 마련되어 있지도 않았고, 대학에 들어간다 해도 교수에게 배우기보다 독학으로 당대의 최신 과학을 섭렵하는 일이 흔했다.

과학을 공부한다고 해서 직업이나 진로가 정해져 있던 것도 아니었다. 지금과 같은 과학 연구소가 있지도 않았고, 산업체에서도 과학자를 필요로 하지 않았다. 과학을 연구하고자 하는 사람들은 전문직업을 갖기 위해서가 아니라 취미로 과학을 공부해야 했다. 돈 많은 귀족이나 부유한 집안 사람들은 가문의 재산으로, 생계를 유지해야 하는 사람들은 따로 본업을 두고 자비로 과학을 연구했다. 질량보존의 법칙을 발견한 프랑스의 과학자 라부아지에조차 정부를 대신해 세금 걷는 일을 했었다는 사실(제4장 '모두가 평등한 보편적 척도: 프랑스 혁명기에 탄생한 1m라는 단위' 참조)은 전문직업화가 이루어지기 전 과학자의 모습을 잘 보여준다.

한편 재산도 없고 번듯한 직업도 갖지 못한 사람들은 과학을 취미로 삼을 수조차 없었다. 따라서 그들은 과학적 재능을 팔아 생계를 유지해야 했다. 그들은 취미 삼아 과학을 연구하는 부유한 사람들의 조수로 고용되거나, 정교한 인체 모형을 만들어 팔거나 전시하여 돈을 벌었다. 때로는 학생들에게 개인 교습을 해주고 돈을 받기도 했다.

18~19세기 대중과학 강연가들도 과학적 재능으로 생계를 유지했던 사람들이다.[7-9] 그들은 오늘날로 치면 일종의 과학 토크쇼를 하면서 대

7-9 프랑스의 유명한 과학 강연가였던 놀레 신부(Jean-Antoine Nollet)의 '전기 소년' 실험. 놀레는 정전기의 작용에 의해 공중에 매달려 있는 소년의 손으로 작은 종잇조각들이 딸려 올라가는 실험을 많은 사람들 앞에서 보여주었다. 18세기 판화.

중을 상대로 과학을 팔았다. 그들이 상대하는 대중의 계층은 다양했는데, 어떤 이들은 런던이나 파리의 교양 있는 지식인들을 상대로 과학을 보여주었고, 어떤 이들은 시장 사람들을 대상으로 과학을 팔았다.

대중의 눈을 끈 전기쇼

　　　　　이런 과학 강연가들에게 전기 실험은 청중의 이목을 끄는 좋은 소재였다. 번쩍번쩍, 빠지직빠지직 하며 사람들의 눈과 귀를 끌어당기는 전기현상들은 신기하고 놀랍고 흥미로웠다. 여러 사람이 손을 맞잡은 상태에서 그중 한 명이 전기가 모인 라이덴병에 손을 댔을 때 그 쇼크가 손을 잡은 사람 모두에게 전해지는 현상은 당시 매우 신기한 것이었다. 잘라놓은 개구리 다리, 심지어는 죽은 사형수의 몸까지 꿈틀거리게 만드는 전기의 힘은 놀랍고 무섭기까지 했다.[7-10] 19세기에 발명된, 철을 감은 코일에 전기를 흐르게 해서 만든 전자석은 1톤이나

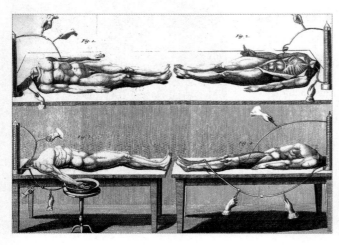

7-10 시체를 이용한 전기 실험. Giovanni Aldini, *Essai theorique et experimental sur le galvanisme*, 1804. ⓒ Wellcome Library, London

되는 무게를 들어 올리며 전기가 발휘하는 놀라운 힘을 보여주었다.

19세기에 유행했던 대중과학 기관들과 박람회에서 사람들의 눈을 사로잡은 것도 전기였다. 1832년 런던에 세워진 '재미와 교육이 함께하는 실용과학 갤러리'에는 각종 기계 전시물과 함께 전기뱀장어가 전시되었고, 1830년대 맨체스터에 만들어진 '실용과학 증진과 설명을 위한 왕립 갤러리'에서는 줄의 법칙으로 유명한 줄(James Joule)을 고용하여 전자석을 연구하게 했다.

줄의 법칙
저항체에 흐르는 전류의 크기와, 이 저항체에서 일정 시간 동안 발생하는 열량의 관계를 나타낸 법칙. 전류에 의해 생기는 열량은 전류 세기의 제곱, 도체의 전기저항, 전류가 흐른 시간에 비례하며, J이나 cal 단위로 나타낼 수 있다.

19세기 중후반을 거치면서 전기의 상업적·산업적 가능성이 현실화하기 시작하자 전기는 산업박람회를 통해 대중을 매혹시켰다. 1851년 영국에서 열린 수정궁 박람회를 필두로 유럽과 미국에서 열린 여러 박람회에 전기 관련 도구들이 전시되어 인기를 과시했다.

1876년 미국 필라델피아 박람회에서는 장거리 통신을 가능하게 해준 전신기가 전시되었고, 전기의 힘으로 목소리를 전달하는 벨(Alexander G. Bell)의 전화기도 함께 전시되어 사람들의 눈길을 사로잡았다.[7-11] 1893년 시카고에서 열린 박람회에서는 12만 개의 전등으로 장식한 전기관이 그 휘황찬란함을 자랑했으며, 전기 기차가 박람회장 여기저기를 돌며 사람들의 이동을 도왔다.[7-12]

7-11 1876년 필라델피아 박람회에 전시된 전기 제품들(위)과 이 전시회에서 첫 선을 보인 벨의 전화기 모형(아래).

7-12 1893년 시카고 박람회의 전기관(Electricity Hall).

18~19세기 신기한 전기현상을 보여주었던 다양한 전기쇼의 역할은 전기에 관한 최신 과학을 대중에게 빠르게 전달하는 데만 그치지 않았다. 대중을 대상으로 한 전기쇼는 전문직업화하기 전의 과학에 적절한 자극과 활력을 제공했다. 관람료를 받으며 살아가던 대중과학 강연가들은 더 많은 청중을 끌어들이기 위해 전기를 눈으로 볼 수 있게, 느낄 수 있게 해주는 도구들을 만드는 데 힘을 기울였는데, 이러한 도구들은 곧장 전기 실험 연구에도 사용되었다. 대중을 위한 과학과 연구를 위한 과학 사이의 격차나 구분 없이, 대중에게 전기를 보여주기 위해 만들어진 과학 도구가 과학자들로 하여금 본격적으로 전기를 연구할 수 있게 해준 것이다.

산업박람회장에 전시된 다양한 전기 도구들과 전구들은 전기가 실생활에서 어떻게 쓰일 수 있는지, 그 상업적이고 산업적인 잠재력을 대중에게 빠르게 각인시켜주기도 했다. 전기가 놀랍고 신비로운 현상에서 유용하고 실용적인 기술로 자리매김한 곳이 바로 박람회장이었던 것이다. 그렇게 전기는 처음에는 신기함으로, 그 뒤에는 실용성으로 대중을 사로잡았다.

머리로 이해하는 과학?
가슴으로 느끼는 과학!

　　　　　　　18～19세기 대중이 매혹되었던 전기쇼는 오늘날의 과학 대중화에 대해 잠시 생각해보게 한다. 당시 사람들은 전기가 만들어내는 신기하고 아름다운 현상에 이끌렸다. 그들은 전기현상이 왜 일어나는지 그 원리는 몰랐지만(당시 과학자들도 잘 몰랐다), 전기가 만들어내는 현상을 직접 눈으로 보고 때때로 경험하면서 현상 자체를 이해할 수 있었다.

　반면 오늘날의 과학 대중화는 자연의 현상 자체보다 왜 그런 현상이 일어나는지를, 즉 흔히 말하는 과학 이론을 가르치는 방식을 택한다. 이는 자연이 보여주는 신비로움과 경이로움을 먼저 가슴으로 느끼게 만들지 못한 채 머리로만 이해시키려는 건 아닐까?

공룡,
자연사박물관의
주인공이 되다

'자연사'의 의미와
자연사박물관

　　　　　　　우리나라에도 2000년 이후 다양한 규모의 자연사
박물관이 건립되어 수많은 관람객을 끌어모으고 있다. 최근 개관한 자
연사박물관들은 서울 서대문자연사박물관이나 부산 해양자연사박물관
처럼 도시 안에 위치해서 시민들을 위한 문화적 공간의 역할을 하는 경
우, 충남대학교나 전북대학교처럼 학교 내에 건립되어 교육과 연구를
위한 기능을 하는 경우, 그 외에 보령석탄박물관이나 고성공룡박물관과

같이 전시와 함께 관광지의 역할을 하는 경우 등 다양한 기능을 수행한다.

관람객들은 각지에 위치한 자연사박물관들을 방문하여 자연사라는 분야가 무엇인지를 이해하고 이를 통해 과학에 대한 호기심을 충족한다. 그렇다면 자연사란 분야가 정확히 어떠한 내용을 포괄하고 있기에 최근 들어 한국에 자연사박물관들이 많이 들어서게 됐을까?

한글로 '자연사', 영어로 'natural history'라는 분야는 동서양을 막론하고 예전부터 존재해온 과학의 한 분야다. 서양에서는 19세기 중

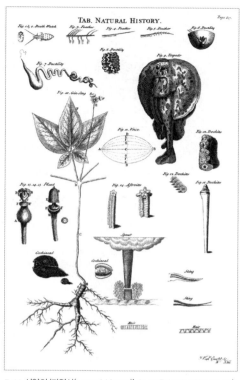

7-13 서양의 '자연사(natural history)'. from Ephraim Chambers's 1728 *Cyclopaedia*

반 이후 'science'라는 용어가 본격적으로 사용되기 이전에 지금의 과학에 해당하는 지식을 크게 2가지로 분류했다. 하나는 '자연철학'으로, 이 용어를 통해 서양인들은 지금의 물리학 · 화학 · 천문학과 같은 분야를 가리켰다. 다른 하나가 '자연사'로, 자연사에는 지금의 생물학 · 지질학과 같은 분야가 포함되었다. 자연철학이 주로 생각을 통해 설명 체계를 고안해내는 학문을 가리켰다면, 자연사는 식물 또는 동물, 그리고 광물에 대한 자세한 관찰을 통해 그 특징을 알아내는 분야를 포괄했다.[7-13]

동양에도 서양의 자연사와 비슷한 내용을 다루는 분야가 있었는데, 중

국이나 한국에서는 이를 '박물학(博物學)'이라고 불렀다. 서양과의 차이라면 동양의 박물학에서는 지리적인 정보까지 포함했다는 점을 거론할 수 있다. 동양에서 가장 오래된 지리서 겸 박물지인 『산해경(山海經)』에는 다음과 같은 내용들이 나온다.

다시 동쪽으로 370리를 가면 유양산(枏陽山)이 있다. 산의 남쪽 언덕에는 황금이 많고 북쪽 언덕에는 백금이 많다. 이 산에는 야수가 한 마리 사는데 몸이 길쭉한 것이 말처럼 생겼지만 머리가 흰색이고, 몸에 호랑이 비슷한 무늬가 있으나 꼬리는 또 빨갛다. 울음소리가 너무 아름다워서 듣기에 마냥 좋다. 이 짐승은 이름을 녹촉(鹿蜀)이라 한다.[1]

다시 서로 72리 떨어진 곳에 밀산(蜜山)이 있다. 이 산의 양지바른 남쪽 기슭에는 옥이 많고, 응달진 북쪽 기슭에는 철이 많이 묻혀 있다. 물줄기 하나가 이 산에서 흘러나와 강물을 이루니, 호수(豪水)라고 한다. 이 강은 남쪽으로 흘러 낙수로 들어간다. 그 물 속에는 선구(旋龜)가 많은데, 새의 머리를 하고 있으나 자라 꼬리를 달고 있다.[2] [7-14]

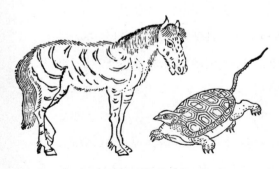

7-14 『산해경』에 나오는 녹촉과 선구. 명대(明代)에 그려진 그림이다.

한국에 자연사란 용어가 널리 퍼지게 된 것은 서양의 유명 자연사박물관을 모방한 기관들이 생겨나면서부터다. 서양에서는 20세기 초부터, 전통적으로 사용하던 '자연사'

라는 용어를 앞세운 유명한 박물관들이 개관하여 많은 관람객들을 맞이했다.

대규모 전시를 자랑하는 대표적인 기관으로는 미국의 뉴욕 자연사박물관을 꼽을 수 있고, 유럽에서는 네덜란드의 레이덴 자연사박물관을 들 수 있다. 이러한 기관들을 모델로 국내에도 자연사박물관들이 개관하기 시작했다. 한국에서도 차츰 자연사라는 용어가 통용되기 시작한 것이다.

자연사박물관의 주인공이 된 공룡

자연사박물관에서 선보이는 전시품들은 대부분 지구의 과거와 현재를 보여준다. 자연사박물관에서는 말 그대로 자연의 역사를 전시한다. 전시품들을 좀 더 자세히 들여다보자. 먼저 지표면의 생성과 변화를 보여주는 많은 암석 표본들을 볼 수 있다. 그리고 자연사박물관에서는 수많은 식물 표본과 동물 박제 전시를 통해 오늘날 지구에 살고 있는 생물들에 관한 정보도 제공한다.

대부분의 자연사박물관 전시에서 상당한 비중을 차지하고 있는 또 하나의 전시물은 바로 화석이다. 화석은 암석의 생성과 생물의 변화를 동시에 보여준다는 특징을 가지고 있으며, 또 과거 생물에 관한 정보를 제공한다는 점에서 자연사박물관의 주요 전시 품목 중 하나가 되었다.

그렇다면 자연사박물관에서 가장 인기 있는 전시물은 무엇일까? 광물·식물·동물과 관련된 다양한 전시물이 박물관 내부를 꽉 채우고 있음에도 불구하고, 대규모 자연사박물관의 중앙 홀에 위치하면서 관람객

7-15 미국 피츠버그 카네기 자연사박물관의 공룡 뼈 모형.
ⓒ ScottRobertAnselmo

7-16 영국 옥스퍼드 대학교 자연사박물관의 공룡 뼈 모형.
ⓒ Kevin Walsh

들의 시선을 가장 먼저 모으는 전시물은 바로 발굴된 화석을 이용해 제작한 공룡 뼈 표본이다.[7-15, 7-16]

공룡이 가장 중앙에 위치해 있다는 것은 대부분의 관람객들이 자연사박물관에서 공룡의 모양새를 보기 원한다는 사실이 반영된 결과다. 공룡은 그 어려운 이름을 줄줄이 외우는 어린이들에게만 인기 있는 전시물은 아니다. 성인들 역시 공룡이 전시되어 있지 않은 자연사박물관을 관람했을 때 별로 볼 것이 없었다는 반응을 보인다. 공룡 뼈가 다른 전시물에 비해 점유하는 전시 면적이 훨씬 넓은데도 불구하고 유명 자연사박물관들은 가장 눈에 띄는 공간을 공룡에게 내주고 있다. 그리고 이러한 광경은 외국에서나 국내에서나 모두 마찬가지다.

지금은 멸종해서 존재하지 않지만 과거에 지구를 지배했던 공룡은 여러모로 흥미로운 대상이다. 먼저 공룡은 그 거대함에서 경탄의 대상이 된다. 현존하는 육상동물 중 가장 큰 코끼리의 몇 배나 되는 공룡의 크기는 보는 사람으로 하여금 놀라움을 금치 못하게 만든다.

한편 공룡은 포유류가 육지를 지배하기 이전의 세상을 상상하게 만들어주는 대상이기도 하다. 인류가 출현하기 전 공룡이 지배하던 파충류

시대 지구의 모습은 어른, 아이 가리지 않고 흥미를 가질 만한 주제이며, 지구의 과거를 연구하는 과학에 대한 관심을 불러일으킬 뿐만 아니라, 문화적 콘텐츠로도 변형할 수 있는 좋은 소재다.[7-17]

7-17 영화 〈쥬라기 공원〉(1993)의 장면들.

그런데 사실은
만들어진 공룡입니다

초기에 자연사박물관을 운영했던 서양의 박물관장들은 이와 같은 공룡의 특성을 적극 활용하여 자연사박물관을 홍보하고 관람객을 모으는 전시물로 활용했다. 박물관장들과 큐레이터들은 거대한 공룡 뼈 모형을 박물관을 대표하는 전시물로 내세웠고, 잠재적 관람객들 사이에 공룡에 대한 소문이 퍼져나가도록 적극 홍보했다. 공룡을 구경하기 위해 자연사박물관을 찾는 사람들의 수가 많아진다면 한편으로는 입장 수입이 증가하여 재정적인 문제를 해결할 수 있을 뿐만 아니라, 이를 통해 과학의 한 분야인 고생물학이나 지질학에 대한 관심을 불러일으킬 수가 있었기 때문이다.

20세기 초에 미국과 유럽 등지에서 개관한 자연사박물관들은 더 거대한, 그리고 더 많은 공룡 뼈 구조물을 구하기 위해 엄청난 돈을 쏟아부었고, 그 구조물들을 앞다투어 전시했다. 박물관의 명성이 공룡의 수와 크기에 따라 결정됐던 것이다.

7-18 미국 자연사박물관에 전시된 공룡 화석.

하지만 문제가 있었다. 사실 공룡의 뼈는 화석을 통해 부분적으로 발견되는 경우가 대부분이며, 공룡의 거대한 모양이 그대로 보존된 형태의 화석은 존재하지 않는다 해도 과언이 아니다.[7-18] 그러나 이렇게 부분적으로 존재하는 공룡 뼈는 관람객의 흥미를 끌 수가 없다. 관람객들은 전체적인 공룡의 모습을 원하지 뼛조각 몇 개를 보려고 박물관에 오지는 않기 때문이다.

게다가 이따금 공룡 형태가 온전하게 보존된 화석이 발견된다 해도 이 역시 바로 전시에 활용할 수는 없었다. 화석으로 남은 공룡은 관람객이 원하는 늠름한 자세를 취하고 있는 게 아니라 죽었을 때의 모습, 즉 뒤틀린 채로 화석화된 모습을 하고 있기 때문이다. 실제로 화석에서 발견되는 공룡의 뼈는 과학적인 측면에서는 큰 의미를 가질지 몰라도 멋진 형태를 지니고 있지는 않다. 반면 관람객들은 두 발로 곧게 서서 먹이를 노리고 있는 모습이나 날개를 쫙 펴고 하늘을 날고 있는 완전한 형태를 보길 원했던 것이다.[7-19]

이러한 문제에 직면한 자연사박물관들은 고생물학자와 함께 예술가들을 동원하기 시작했다. 고생물학자들은 화석에서 발견된 일부분의 뼛조각을 토대로 완전한 형태의 공룡의 모습을 추정해냈다. 그리고 예술가들은 이를 바탕으로 공룡의 뼈를 세심하게 제작했다. 이 과정에서 예술가들은 과학적으로 오류가 없으면서도 공룡의 모습을 가장 돋보이게 만들기 위해 공룡을 '창조'해냈다. 그리고 이렇게 만들어진 공룡 뼈 구조물들은 박물관의 상징이 되었다.

자연사박물관의 상징으로 자리 잡게 된 공룡은 20세기를 거치면서 문화 영역으로 침투해 들어갔다. 공룡, 그리고 공룡이 활보하던 시대가 영화 또는 소설 속에 등장하고, 특히 어린이를 대상으로 하는 만화 등에서 주요 소재로 활용되었다.

7-19 중국 쓰촨성 쯔궁 공룡박물관의 공룡 뼈 모형.

수많았던 고생물 중 유독 공룡이 대중적으로 환영받았던 데는 20세기 초 자연사박물관들의 역할이 중요했다. 그렇게 대중 속으로 침투한 공룡은 지금도 사람들의 발길을 자연사박물관으로 향하게 만드는 중요한 이유가 되고 있다. 백 년 전이나 지금이나 여전히 관람객들은 공룡을 보러 자연사박물관을 방문하고 있는 것이다.

해부를 구경시켜드립니다!

17세기 네덜란드의 해부학 극장

레이덴 대학 부속 해부실의 정체

"해부를 구경시켜드립니다! 단 입장료가 있습니다!"

아니, 해부는 시체의 배를 갈라서 내장기관을 관찰하는 행위인데 무슨 볼거리가 된다고 구경을 시켜준다는 말인가? 게다가 미술품 전시회도 아니고 음악회도 아닌데 입장료까지 내라니 무슨 소리인가? 그런데 실제로 17세기 네덜란드에서는 이러한 일이 있었다.

그림 7-20은 네덜란드의 도시 레이덴에 있는 부르하버 과학박물관의

7-20 부르하버 과학박물관에 재현된 17세기 해부학 극장. ⓒ 정원

전시실 중 하나다.[7-20] 이 전시실은 17세기에 유명했던 레이덴 대학교 부속 해부실을 예전 크기 그대로 복원해서 당시의 모습을 관람객들에게 보여주고 있다. 왼쪽 사진을 보면 가운데에 시체를 눕힐 수 있는 공간이 있고, 그 주위에 계단형으로 사람들이 앉을 수 있는 좌석이 마련되어 있다. 17세기 당시 해부는 이렇게 중앙에서 몇 명이 실제 해부를 진행하고 나머지 사람들은 주위에서 이를 참관하는 방식으로 이루어졌다. 해부실 주위에는 여러 동물들의 뼈가 전시되어 있음을 볼 수 있는데, 이 가운데는 사람의 뼈도 포함되어 있다.

오른쪽 사진 역시 해부실을 보여주고 있는데, 여기에는 이 공간의 이름이 적혀 있다. 해부실 가장 상단에 적혀 있는 말은 'theatrum anatomicum'으로, 이는 번역하면 '해부학 극장' 정도가 된다.

그림 7-21은 17세기 당시 레이덴 대학 해부실을 묘사한 것이다.[7-21] 그림을 보면 부르하버 과학박물관에 재현되어 있는 것과 거의 유사한 형태로 당시에 해부가 이루어졌음을 알 수 있다. 그림 가운데에 시체가 이미 개복된 상태로 뉘어 있는 모습이 눈에 띄며, 이와 함께 제법 잘 차려입은 남성들과 여성들이 이 광경을 지켜보고 있음도 볼 수 있다.

그림 7-22는 과학혁명기 생리학 분야의 변화에 큰 기여를 한 베살리

7-21 17세기 레이덴 대학 해부실의 모습. 그림 속에서 신사와 숙녀가 해부 장면을 구경하는 모습이 보인다. 레이덴 대학 도서관.

7-22 베살리우스, 『인체의 구조에 대하여』, 1543.

우스(Andreas Vesalius)라는 해부학자의 유명한 책의 표제지다.[7-22] 이 그림 역시 해부실 광경을 보여주고 있다. 레이덴 대학 해부실과 마찬가지로 여기에서도 중앙에 시체가 놓여 있고 수많은 사람이 이 광경을 지켜보고 있다.

해부실의 관람객

여러 그림과 사진에서 확인되는 바는 17세기에 해부가 관람 또는 구경의 대상이었다는 사실이다.

해부가 시행되면 수많은 사람이 관람석에 둘러앉아 그 광경을 유심히 바라보았는데, 관람석에는 남성뿐만 아니라 여성의 모습도 보인다. 해부실의 이름도 '해부학 극장'이라는, 관람을 강조하는 명칭을 사용하고 있다. 그렇다면 관객들은 정확히 누구였을까?

해부를 참관한 이들 중 대다수는 실제로 의학 공부를 하는 사람들이었다. 서양에서 인체 해부는 중세 이래 금기 시되며 실제로 수행되지 않았다. 그러던 상황이 16세기에 들어서면서 바뀌기 시작했고, 이탈리아의 파도바 대학이나 네덜란드의 레이덴 대학같이 새로운 경향을 비교적 일찍 받아들였던 교육기관에서 실제 인체 해부가 수행되었다.

베살리우스
벨기에의 해부학자이자 외과의사로 근대 해부학의 창시자이다. 1543년에 출간한 대표 저서 『인체의 구조에 대하여』는 당시 인정받던 갈레노스의 인체 이론에 대해 의문을 제기하며, 새로운 인체 이론이 제안되는 출발점이 되었다. 그의 저서는 같은 해에 출간된 코페르니쿠스의 『천구의 회전에 대하여』와 함께 과학혁명을 시작한 책으로 평가받는다.

하지만 해부에 사용할 시체를 구하기도 어려운 데다가, 의학부의 학생들 중 대다수는 상당히 유력한 집안 출신이었기 때문에 이러한 학생들이 직접 시체를 만져가며 해부를 한다는 것은 그리 쉬운 일이 아니었다. 그렇다고 의학 교육에서 해부의 중요성을 인식한 의학자들 입장에서는 해부를 포기할 수도 없어, 해부실 중앙에서 해부를 진행하는 동안 학생들은 관람석에 둘러앉아 그 광경을 지켜보며 인체의 내장기관을 직접 눈으로 확인하는 방식으로 수업을 진행했다.

그렇다면 당시의 그림(그림 7-21)에 한껏 차려입은 여성들이 등장하는 이유는 무엇일까? 분명 당시 의학부에 여성이 입학하는 것은 불가능했다. 그렇다면 그림에 나오는 여성들은 학생이 아닌데도 해부를 구경 왔다는 건데, 정말 그랬을까?

시민들의 문화 공간이었던 해부학 극장

사실 레이덴 대학은 당시 네덜란드의 지도자였던

오라녜 공이 레이덴 시민들이 독립전쟁의 와중 적군의 공격을 끝까지 버 텨내며 항전했던 데 대한 보답으로 새로 설립해준 대학이었다. 이러한 배경하에 레이덴 대학은 중세부터 이어져온 전통적인 대학과는 달리 레 이덴 시민들의 자산이라는 독특한 정체성을 가지고 있었다. 그리고 이러 한 정체성 때문에 보통 때는 학생들을 교육하는 기관으로서의 역할에 충 실했지만, 기념일이나 축제 기간 같은 때는 학교를 개방해서 시민들의 출입을 허가했다. 그렇게 시민들의 출입이 허가된 곳 중 하나가 해부실 이었다. 레이덴 대학의 해부실은 네덜란드는 물론이고 전 유럽에서 명성 이 높은 곳이었다. 이러한 해부실은 축제 기간에 공개되었고, 그곳을 구 경 간다는 것은 당시 사람들에게 충분히 매력적인 일이었다.

처음에는 해부실만 공개됐지만, 시간이 흐르면서 해부 광경을 직접 보 고 싶어하는 시민들의 요구가 거세지자 레이덴 대학 당국은 축제 기간 에 해부 시연을 하기로 결정했다. 이 결정이 내려진 후 시민들은 입장료 를 내고 해부실 관람석에 앉아 의대 교수가 수행하는 해부를 실제로 목 격하며 인체의 신비에 관한 공개 강연을 들을 수 있게 되었다. 해부를 참 관하는 것은 지금으로 치면 특별한 축제 기간에 음악회나 전시회를 보 러 가는 것과 비슷한 행위였다. 이러한 역할을 했던 해부실은 그 명칭에 걸맞게 실제로 해부학 극장의 역할을 수행했던 것이다.

해부가 공개되면서 시민들은 그 광경을 관심 있게 지켜보았고, 또 한 편으로 그 새로운 지식을 즐기고 향유하게 되면서 해부는 시민들의 문 화생활의 일부가 되었다. 그 상황을 보여주는 유명한 사례는 17세기 네 덜란드 미술계에 불어닥친, 해부 광경을 묘사한 그림의 유행이다. 그림 7-23은 그런 유행을 타고 그려진 작품들 중 가장 유명한 사례라 할 수 있 다.

17세기 네덜란드를 대표하는 화가 렘브란트(Rembrandt H. van Rijn)는 네덜란드의 다양한 일상을 담은 그림을 그린 것으로 유명하다. 그의 유명한 작품 중 하나가 〈튈프 박사의 해부학 강의〉라는 그림이다.(7-23)

근대 초에 새롭게 행해졌던 인체 해부는 당시 사람들에게는 새

7-23 렘브란트, 〈튈프 박사의 해부학 강의〉, 1632, 마우리츠하위스 왕립미술관, 네덜란드 헤이그.

로운 지식의 원천이자 흥미의 대상이었다. 물론 해부는 의대에 진학한 학생들에게 인체의 실제 구조와 모습을 보여주면서 의학 발전에 큰 기여를 했다. 여기에 더해 해부실은 해부학 극장이라는 이름을 달고 일반 시민들을 대상으로 공개 해부를 실시하며 해부학을 하나의 새로운 고급 대중문화로 자리 잡게 만들었다.

오늘날 우리가 큰맘 먹고 문화생활을 즐기러 음악회에 가거나 전시회에 가듯이 17세기 사람들은 해부를 관람하러 다녔다. 그리고 해부 광경을 재현한 대화가의 그림은 집안을 빛낼 훌륭한 예술품으로 대접받았다. 인체 해부는 초창기에는 대중문화의 하나로 당당히 자리 잡고 있었던 것이다.

상상력을 지탱하는
과학의 힘

애니메이션 속 과학기술

애니메이션은 오늘날 우리가 향유할 수 있는 문화 중 비현실적인 부분까지 가장 사실적으로 구현해주는 콘텐츠다. 영화처럼 실사를 바탕으로 하는 매체가 구현할 수 없는 부분이나, 만화와 같은 인쇄매체에서는 상상에만 맡겨야 하는 역동적 장면을 쉽게 재현할 수 있기 때문이다. 따라서 애니메이션은 본질적으로 인간의 상상력을 극대화하여 에피소드를 구축하고 이를 뒷받침하기 위해 아주 빈번히 과학이라는 신뢰받는 학문을 이용하는데, 그 대표적인 사례가 바로 '로봇'이다.

로봇은 과학을 끌어들여 만든 가장 성공적인 애니메이션 소재다. 단순히 인간의 편의를 돕는 로봇이 아닌, 위기에 빠진 지구를 구하는 엄청난 힘을 지닌 로봇의 등장은 애니메이션을 대중문화의 주류에 편입시켰고, 덕분에 수많은 로봇을 탄생시킨 일본은 애니메이션의 절대 강자가 됐다. 특히 일본의 로봇은 본질 자체가 초현실적인 것을 '과학적'인 설명을 붙여 그럴듯하게 실체화하면서 대중의 찬사를 받는 캐릭터가 되었는데, 그만큼 로봇들은 그것들이 탄생한 시대의 대표적인 과학적 이슈를 반영하면서 현재까지도 진화 중이다.

1단계 진화
: 로봇 캐릭터 속 과학

애니메이션 속 로봇 중 가장 오랜 기간 대중의 사랑을 받은 캐릭터는 단연코 '아톰'일 것이다. 1963년 데즈카 오사무(手塚治蟲)의 만화를 원작으로 탄생한 아톰은 일본에서는 〈철완 아톰〉, 한국에서는 〈우주소년 아톰〉, 영미권에서는 〈아스트로 보이〉라는 제목으로 방영되었고, 등장하자마자 세계적인 인기를 끌며 이후 일본 애니메이션을 로봇이 주인공이 되는 메카닉 장르의 선두에 안착시켰다.

아톰은 인간과 흡사한 모습을 하고 있으며 스스로 생각하고 말하는 안드로이드형 로봇으로, 동력원은 이름에서 유추할 수 있듯이 원자력에너지다. 재미있는 사실은 아톰이 나올 당시 이 원자력이 일본 정부가 가장 필요로 했던 에너지원이자 석유를 대체할 미래 청정 에너지로 각광을 받고 있었다는 점이다. 이러한 일본 내의 상황은 아톰의 세계관에 그대로 반영됐다. 10만 마일의 원자력에너지를 품고 세상을 활보하는 아톰의 위험성은 그다지 염려하지 않고 '마음씨 착한 과학의 아이'로 설정했는데, 이는 원자력발전소가 안전하다고 믿었던 일본의 사회 분위기와 그 원자력이 최첨단 기술이라는 인식이 반영된 설정이었다.

아톰 이후 센세이션을 일으킨 로봇은 1972년에 등장한 나가이 고(永井豪)의 '마징가 Z'였다. 마징가 Z는 〈철인 28호〉의 영향을 받아 탄생한 거대 로봇으로, 세계 최초의 탑승형 로봇이라는 역사적 의미를 지닌 캐릭터다. 탑승형 로봇인 마징가가 등장하면서 로봇 애니메이션에 중요한 변화가 생겼다. 그것은 로봇이 아닌 그것을 조종하는 인간이 이야기의 주인공이 되었다는 점과 더불어 로봇은 인격이나 감정이 전혀 없는, 조종사의 의지대로 움직이는 기계가 되었음을 의미했다. 그러면서 로봇의 가치는 얼마나 강력한 전투 능력을 보유했는지가 결정하게 되었다.

따라서 마징가는 전에는 볼 수 없던 '강한 로봇'이라는 캐릭터를 갖추기 위한 설정들을 마련해야 했다. 유명한 주제곡 중 "무쇠 팔 무쇠 다리 로켓 주먹, 목숨이 아깝거든 모두모두 비켜라~"라는 대목만 들어도 마징가가 얼마나 강한지 충분히 느낄 수 있다. 그렇다면 마징가를 강한 로봇으로 만들기 위해 탑재한 과학적 설정은 무엇일까?

우선 마징가는 그냥 무쇠가 아니라 초합금 재질로 만들어졌다. 그리고 '재패니칸'의 핵분열 에너지 '광자력'을 동력원으로 움직인다. 여기서 재패니칸은 현존하지 않는 상상의 원소로, 원자력의 10배가 넘는 광자력이라는 공상적 에너지를 발산하는 것으로 설정되어 있다. 이런 설정은 1970년대 우라늄 외에 다른 원소를 찾고자 하는 과학적 노력과 맞물려 마징가가 극강의 로봇임을 보여주는 장치가 되었다.

한편 마징가와 더불어 일본보다 한국에서 더 인기를 끈 또 하나의 거대 로봇이 있다. 바로 1977년 제작된 〈메칸더 V〉의 로봇이다. 원 제목은 〈합신전대 메칸더 로보〉로, 이 로봇은 마징가와 달리 전투기 3대가 합체해야 완전체가 된다. 메칸더의 주요 스토리라인은 오염 지역을 찾는 외계 군대가 더러워진 지구의 95%를 점령하고 나머지 오염되지 않은 지역마저 차지하기 위해 지구인의 주동력원인 원자력발전소를 파괴하려는 것을 메칸더가 저지한다는 내용이다.

이런 스토리에서 메칸더의 과학적 설정은 '원자력에너지에서 힘을 얻는다'라는 데서 시작된다. 외계의 적은 원자력발전소를 파괴하기 위해 원자력에너지에 반응하는 무적의 '오메가미사일'을 보유하고 있는데, 메칸더는 합체하는 순간부터 원자력에너지를 사용한다. 때문에 메칸더는 오메가미사일이 당도하기까지 걸리는 시간인 약 5분 내에 재빨리 적의 로봇을 격파하고 물러나야 한다.

이런 설정은 극의 긴장감을 조성하기 위함이기도 하지만, 그 기저에는 원자력에너지가 가진 양면성이 깔려 있다. 원자력이 중요한 미래 에너지라는 장점을 가진 것은 분명하나, 원자력 시설이 파괴되면 곧 지구 종말과 이어질 정도로 위험이 크다는 인식이 반영된 것이다. 이는 아톰에서는 보이지 않았던 내용이다.

결국 아톰, 마징가, 메칸더와 같은 초기 일본 애니메이션의 로봇들에는 그들이 탄생한 시기의 중요한 과학적 사고들이 설정에 반영되었고, 그것이 곧 대중을 사로잡았다.

2단계 진화
: 건담의 세계관과 과학

1979년 일본 애니메이션 역사에 한 획을 그은, 도미노 요시유키(富野由悠季)의 〈기동전사 건담〉이 등장했다. 마징가와 같은 거대 로봇이 등장했던 기존 애니메이션은 대부분 선악 구도가 분명한 권선징악의 이야기 구조를 가지고 있었고, 그러다 보니 자연스럽게 로봇 애니메이션은 아동용이라는 인식이 생겨버렸다. 그런데 건담은 이런 기존의 애니메이션 작법을 모두 무시하고, 전 세계에 성인 마니아층을 형성하며 속칭 '건담 오타쿠'를 양성해냈다. 그렇다면 건담의 무엇이 애니메이션과 결별했던 성인들까지 열광케 했을까?

〈건담〉 시리즈는 선과 악의 대립 대신 정치적 이견의 대립 구도로 이야기를 전개시키면서 기존 작법을 파괴했다. 건담의 세계에서 전쟁은 실제 현실에서와 같이 각기 다른 정치적 입장이 충돌하면서 벌어지는 일이기 때문에, 누가 선이고 누가 악인지를 구별하는 일이 무의미하다. 그러면서 애니메이션을 보는 사람들도 개인의 신념에 따라 각각 다른 집단을 지지하는 현상이 벌어지기도 했다.

또한 무적의 히어로였던 '로봇' 대신 인간이 입는 옷과 같은 로봇이라는 '모빌슈트' 개념을 창안하여 기존 로봇 애니메이션과 다름을 인지하도록 심리적 차별을 두었다. 건담은 이 모빌슈트를 병기화한 것이다. 거기에 결정적으로 건담의 세계를 과학 이론으로 설명하면서, 건담에 열광하는 마니아층을 만들어내는 데 성공했다.

건담 속의 과학은 단순한 소재가 아닌 이야기를 구성하는 핵심이자 중심축이다. 우선 건담의 배경은 늘어난 인구와 지구 환경오염에 대한 해결책으로 건설된 스페이스 콜로니가 있는 미래다. 이는 실제 환경학자들이 전망하는 지구위기론과 NASA의 우주이민계획을 결합하여 착안한 것이다.

스페이스 콜로니는 인류가 옮겨간 인공거주지(인공행성)로, 1974년 물리학자 오닐(Gerard K. O'Neill)이 제안한 '오닐 실린더'의 모양을 그대로 도입했다. 애니메이션에서는 바로 식민지인 스페이스 콜로니와 본국인 지구의 정치적 갈등이 주요 스토리가 된다. 영화 〈인터스텔라(Interstellar)〉에서도 오닐 실린더가 미래 인류의 거주지로 나온다.(7-24, 7-25)

7-24 오닐 실린더의 내부도. NASA Ames Research Center.

〈건담〉 시리즈는 또한 모빌슈트인 건담이 전쟁 병기가 된 이유를 '미노프스키 입자'라는 가상의 과학 물질과 연결시키고 있다. 미노프스키 입자는 지온 공국의 과학자 미노프스키 박사가 개발한 인공입자로, 건담 세계의 모든 전쟁은 이 입자의 살포로부터 시작된다. 이 입자는 레이더 탐지나 유도병기의 사용, 원거리 통신 등을 방해하는 특성을 지니며, 이를 극복할 수 있는 것이 모빌슈트인 건담이라고 설정하고 있다. 이로 인해 건담의 탄생은 과학적 당위성을 획득할 수 있었다. 즉 건담의 세계는 실제 과학 이론에 바

7-25 영화 〈인터스텔라〉에 등장하는 미래 인류의 거주지.

> 오닐 실린더
> NASA의 우주이민계획으로 탄생한 가상의 인공행성. 수십 킬로미터에 달하는 지름을 가진 원통형 공간으로 지구와 비슷한 중력을 제공하기 위해 매우 빠르게 회전하고 있으며, 내부는 완전히 지구화되었다.

탕하여 만들어졌고, 그 안에서 주체인 건담은 가상의 과학 이론으로 존재하게 된 것이다.

애니메이션 중 가장 비현실적이라 할 수 있는 로봇 장르가 지금까지도 사랑을 받는 이유는 무엇보다 대중이 납득할 만한 과학 이론이 뒷받침되었기 때문이다. 물론 장르의 특성상 비현실적인 측면이 가미되기는

하지만, 그 시대를 살아가는 사람들이 이해할 수 있는 수준의 과학을 이용해 캐릭터를 설정한 것이 주효했던 것이다. 그런데 더 중요한 점은 이러한 로봇과 과학의 결합이 시간이 흐를수록 애니메이션의 세계관을 더욱 세밀하게 지지해줄 정도로 단단해지고, 그 자체로 스토리를 만들어내고 있다는 사실이다. 로봇 애니메이션은 예나 지금이나 단순한 흥밋거리를 넘어 하나의 문화 콘텐츠가 되어가고 있다.

현대물리학의 미적 구현

영화 〈인터스텔라〉

2014년 하반기, 누구도 예상치 못한 영화 한 편이 천만 관객을 동원하며 한국의 극장계를 깜짝 놀라게 했다. 할리우드 SF 블록버스터인 만큼 어느 정도 흥행은 예상했지만, 미국 현지는 물론이고 유럽

7-26 영화 〈인터스텔라〉의 한 장면.

에서의 성적이 좋지 않아 큰 기대는 하지 않았던 작품이었다. 바로 〈인터스텔라〉다.[7-26] 개봉 후 입소문을 타면서 갑자기 예상 관객 수를 훌쩍

뛰어넘어 이 영화의 감독인 놀란(Christopher Nolan)마저 그야말로 놀라게 만들었다.

국내 각종 매체와 영화평론가들은 연일 이 영화에 대한 평가를 내놓았고, 과연 어떤 점이 대중에게 어필했는지 분석하기 시작했다. 어떤 평론가는 〈인터스텔라〉가 어려운 물리과학 이론을 쉽게 풀어내어 대중의 지적 호기심을 만족시켰다면서 극찬한 반면, 또 어떤 평론가는 너무 많은 것을 보여주는 바람에 정작 감독이 말하고 싶어했던 내용이 뭔지 모르겠다는 혹평을 내놓기도 했다.

이같이 극과 극을 오가는 평가 속에서 공통된 의견은 〈인터스텔라〉가 기존의 어떤 영화보다 현대물리학을 충실히 담아냈다는 것이다. 그렇다면 이 영화의 흥행 요인은 현대물리학, 좀 더 넓히면 과학이었던 것일까? 신선한 소재라는 의미에서 현대물리학은 분명 중요한 요인이긴 했지만, 무엇보다 영화라는 복합적인 매체의 특성과 그 내용이 잘 어울렸던 것이 주효했다.

근미래로 설정된 지구

〈인터스텔라〉 속 배경이 되는 시기는 정확히 드러나지 않지만, 노인의 회상 속 모습이 현재인 것을 보면 꽤 가까운 미래임을 짐작할 수 있다. 20세기 인간이 저지른 여러 실수들로 인해 전 지구적 식량난과 환경 변화가 초래되어 인류가 멸망 직전에 처했다는 것이 영화 속 '현재 지구'의 설정이다. 이런 설정은 오늘날의 환경오염으로 인해 벌어질 미래에 관한 예측과 많은 부분에서 일맥상통한다.

먼저 환경오염으로 지구온난화가 가속되면 사막화가 일어난다. 사막화가 되면 녹지는 사라지고 매일 모래폭풍에 시달려 옥수수와 같은 생존력 강한 식물만이 살아남고, 그마저도 병충해가 돌면 인류는 스스로 만든 재앙 속에서 멸종하리라는 것은 환경운동가들을 통해 빈번히 들을 수 있는 이야기이다. 〈인터스텔라〉는 바로 이 같은 예측을 배경으로 설정하여 관객들에게 현실감 있는 경고의 메시

7-27 〈인터스텔라〉 속 근미래의 모습.

지를 던져준다. 미래에 대한 불안감을 통해 영화에 몰입할 수 있는 환경을 조성한 것이다.[7-27]

이런 가까운 미래의 환경 또는 지구적 문제와 관련된 설정은 〈인터스텔라〉 외에도 여러 SF영화에서 다루어지곤 했다. 지구온난화로 인해 갑자기 빙하기가 시작됐다고 설정한 〈투머로우〉(2004)와 같이 성공한 영화가 있는가 하면, 미국 정부가 인공지진을 일으키는 무기를 실험하다가 지구핵을 멈추게 하는 바람에 기후 이상을 비롯한 각종 재난이 닥친다고 설정했으나 흥행에는 실패한 〈코어〉(2003) 같은 영화도 있다. 여기서 분명한 것은 미래의 환경문제를 설정하는 데서 〈투머로우〉는 대중에게 익숙한 지구온난화를 소재로 한 반면, 비슷한 시기에 나왔던 〈코어〉는 일반인들에게는 다소 생소한 지구물리학적 환경문제를 소재로 했고 이것이 두 영화의 운명을 갈랐다는 사실이다.

이런 관점에서 보면 〈인터스텔라〉는 지구온난화로 재앙이 닥친 근미

래로 배경을 설정하여 관객들로 하여금 영화에 한층 친숙하게 다가갈 수 있도록 했고, 그럼으로써 영화의 중요한 흥행 코드라 할 수 있는 '대중의 공감'을 끌어낼 수 있었다.

시공간을 뛰어넘은
가족애와 상대성이론

〈인터스텔라〉가 특히 한국에서 성공한 요인이 무엇인지 분석하는 기사를 살펴보면, 아인슈타인의 상대성이론을 이해하기 쉽게끔 영화 속에 잘 배치하여, 학구열에 불타는 한국의 부모와 자녀들을 함께 극장으로 불러모은 것이 주효했다는 내용도 있다. 국내의 한 유명 영화평론가가 "〈인터스텔라〉는 우주를 꿈꾸게 한다. 만약 천체물리학에 관심이 있는 중학생이라면 이 영화가 인생을 바꿀 수도 있다"고 평가할 정도였으니, 어떻게 보면 한국 사회에 가장 적절한 흥행 코드인 셈이다.

여기서 잠깐 영화 속의 중요한 과학적 소재인 아인슈타인의 상대성이론이 영화 속에서 얼마만큼 잘 구현되었는지 살펴보자.

7-28 89년 만에 재회한 아버지와 딸.

아인슈타인의 상대성이론이 구현된 장면은 아마도 많은 사람들이 인상 깊게 본 영화 속 설정일 것이다. 바로 행성 간 시간이 다르게 흐르는 현상이다. 영화에서 빛에 가까운 속도로 성간(interstellar) 이동한 아버지의 시간은, 지구에 있는 딸의 시간보

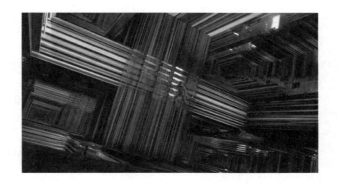

7-29 영화 속의 5차원.

다 상대적으로 느리다.[7-28] 고전물리학에서는 정지한 상태에서 측정한 물리법칙과 달리면서 측정한 물리법칙이 같을 뿐만 아니라 그 물리량도 같다고 보았다. 하지만 아인슈타인은 물리법칙은 동일하나, 시간과 공간의 길이는 관측자의 속도에 따라 달라질 수 있다고 주장했다. 즉 뉴턴의 세계에서는 지구와 태양계 밖 행성의 물리량(시간 또는 질량)이 동일하지만, 아인슈타인의 세계에서는 지구와 태양계 바깥 행성의 물리량이 각각 다른 것이다.

한편 특수상대성이론을 좀 더 확장시킨 일반상대성이론이 구현된 장면은 우주가 시공간의 장으로 표현된 모습이다. 아인슈타인에 따르면 중력이란 질량을 가진 물체가 서로 끌어당기는 힘이 있기 때문이 아니라, 이들 물체의 무게가 시공간을 눌러 휘게 만들어서 생긴 현상이다. 즉 뉴턴 법칙에서 사과가 지구로 떨어지는 것은 지구와 사과 사이에 서로 잡아당기는 힘이 존재하기 때문이지만, 아인슈타인은 사과가 지구를 중심으로 휘어져 있는 시공간의 장에서 중심을 향해 굴러가기 때문이라고 본 것이다. 〈인터스텔라〉에서는 이러한 일반상대성의 원리를 가장 중요한 과학적 설정으로 차용하여 우주를 시공간으로 촘촘히 짜인 공간으로 표현했다.[7-29]

물리학을 포장해준 미장센

미장센
mise-en-scène. 프랑스어로 '연출'을 의미하며, 연극과 영화 등에서 감독이 무대 위 또는 한 프레임 내의 모든 시각적 요소들을 배열하는 작업을 말한다.

그렇다면 현대물리학을 이해하기 쉽도록 설정에 녹여낸 것이 이 영화의 흥행 비결일까? 당연히 그렇지 않다. 〈인터스텔라〉에 나온 현대물리학이 대중에게 중요한 관심사가 될 수 있었던 이유는 그것을 설명하기 위한 감독의 적절한 미장센이 있었기 때문이다.

우주는 우리가 직접 보고 경험할 수 있는 세계가 아니다. 특히 블랙홀이나 웜홀(worm hole) 같은 개념은 과학자들조차 수학적으로만 예측할 수 있는 고차원적 공간이다. 이런 미지의 세계를 영상에 그럴듯하게 담아내기 위해서는 엄청난 고민과 수고로움이 들 수밖에 없다. 그럼에도 영화는 그것을 영상으로 구현하여 관객들 앞에 보여주었고 덕분에 관객들은 그간 이해하려 해본 적도 없는 블랙홀과 웜홀의 개념을 자연스럽게 알게 됐다.

블랙홀이란 극단적인 수축을 일으켜 밀도가 크게 증가하고 중력이 커진 천체를 말한다. 중력이 엄청나서 광속보다 큰 탈출속도를 갖기 때문에(지구의 탈출속도는 초속 11.2km로, 이보다 더 빠른 속도로 물체를 던지면 지구를 벗어날 수 있다) 빛조차 빠져나갈 수 없을 정도다. 모든 것을 끌어들이는 블랙홀이 있다면 반대로 모든 것을 뱉어내는 천체인 화이트홀이 반드시 존재하는데, 웜홀은 이 블랙홀과 화이트홀을 연결하는 통로다.

사과 표면의 벌레(worm)가 정반대쪽으로 가려면 표면을 따라 기어가는 것보다는 사과의 중심을 파고 들어가는 편이 빠르다. 사과의 중심을 관통하는 이 구멍은 이쪽과 저쪽 끝을 잇는 최단 경로가 된다. 이와 같은 원리로, 만약 하나의 블랙홀이 다른 시공간에 있는 화이트홀과 이어진다면, 웜홀을 통해 지구에서 몇 광년 떨어진 곳까지 가는 데도 그리 오랜 시간이 걸리지 않을 것이다. 〈인터스텔라〉에서 환경파괴와 식량 부족으로 지구에서 살 수 없게 된 인류는 이 웜홀을 이용해 우리은하 바깥의 새로운 거주지를 찾아 나선다.

7-30 〈인터스텔라〉 속 토성 근처 웜홀 장면.

그런데 여기서 한 가지 중요한 사실이 있다. 바로 영화 속 미장센이 만들어지는 데 미국의 물리학자 손(Kip Thorne)의 공이 컸다는 점이다. 손은 〈인터스텔라〉 팀의 과학 자문으로 참여하여 웜홀과 블랙홀의 형태를 구체화해주었다.[7-30] 손은 어릴 적 SF작가인 아시모프(Isaac Asimov)의 영향을 받아 과학자의 꿈을 갖게 된 기억 덕분에, 오래전부터 영화를 통해 상대성이론을 대중에게 알리고 싶어했다. 그래서 몇 차례 영화 제작에 참여하려 했지만 불발되었던 차에 〈인터스텔라〉 팀의 요청이 있어 기꺼이 참여했다. 손은 단순히 영화 속 설정이 맞는지 틀린지를 판단해주는 역할만 한 것이 아니라, 실제 물리적 모델들을 구상하여 감독 및 미술팀과 함께 팀의 구성원처럼 활동했을 정도로 정열적인 자문가였다.

결과적으로 영화 속 뛰어난 영상미와 과학적 재현을 실현한 미장센은 예술적 재능이 뛰어난 영화감독과 물리학 대가의 합작품이었다. 영화를 본 관객들은 아인슈타인의 상대성이론을 아름다운 영상과 함께 기억함으로써 대중의 과학이 되기 어려운 현대물리학을 머릿속에 그려 넣을 수 있게 되었다.

〈인터스텔라〉를 보고 나서 가장 좋았던 점이 무엇인가를 묻는다면 많은 사람들이 '현대물리학의 재현'이라고 얘기할 것이다. 특히 영화를 음미할수록 물리학 이론의 실체들—웜홀, 블랙홀, 은하계 등—을 구현한 장면에서는 감탄이 절로 나온다. 하지만 여기서 기억해야 할 사실은 이 영화가 '영화적 작법'에 매우 충실한 상태에서 과학들을 설명했다는 점이다. 즉 〈인터스텔라〉가 많은 이들에게는 어찌 보면 '무시무시한' 물리학이라는 소재로 관객을 끌어모을 수 있었던 이유는, 공감 가는 미래상과 아름다운 미장센, 스토리의 구도라는 영화의 고전적 특성을 지키면서 대중과 소통했기 때문일 것이다.

상대성이론을 사이에 둔 두 과학자의 평행우주
: 영국 드라마 〈아인슈타인과 에딩턴〉

〈인터스텔라〉를 보고 아인슈타인의 상대성이론에 대해 궁금해진 독자들을 위해 영국 드라마 한 편을 소개하려 한다. 바로 〈아인슈타인과 에딩턴(Einstein and Eddington)〉(2008)이라는, 누가 봐도 과학이 주제일 듯한 90분짜리 단편 드라마다.

드라마의 서사는 아인슈타인이 일반상대성이론을 찾는 과정을 영국의 물리학자 에딩턴(Arthur S. Eddington)의 입장에서 재구성한 내용을 기반으로 한다. 제1차 세계대전이 일어나기 직전 영국 케임브리지 대학의 천문대장으로 있었던 에딩턴은 대학 측으로부터 한 가지 임무를 받는다. 그것은 1905년 아인슈타인이 발표한 특수상대성이론을 무너뜨릴 증거를 찾아 영국의 과학, 즉 뉴턴의 과학이 독일보다 뛰어나다는 것을 입증하는 것이었다. 뉴턴의 과학을 신뢰하고 있던 에딩턴은 흔쾌히 수락하고 아인슈타인의 논문을 분석하기 시작한다. 그런데 이 과정에서 에딩턴은 오히려 특수상대성이론이 맞을 수 있다는 사실을 직감한다.

한편 특수상대성이론을 발표하고 스위스 베른의 특허국에서 일하면서 평온한 일상을 보내고 있던 아인슈타인에게 손님 한 명이 찾아온다. 바로 양자역학의 아버지라 불리는 막스 플랑크다. 플랑크는 아인슈타인에게 독일을 위해 일해볼 것을 청하며 그를 베를린 대학으로 초청한다(제4장 '막스 플랑크, "올곧은 과학자의 딜레마" 참조). 베를린에 도착한 아인슈타인에게 내려진 임무는 영국의 자부심인 뉴턴 과학을 무너뜨리고 하버(Fritz Haber)의 독가스처럼 전쟁에 이용할 유용한 과학을 연구하는 것이었다. 하지만 아인슈타인은 과학이 전쟁 이데올로기의 도구로 쓰이는 것에 환멸을 느끼고 연구를 거부한다.

이렇게 에딩턴과 아인슈타인은 제1차 세계대전 중 각각 영국과 독일이라는 적대국의 과학자로서 서로에게 총을 겨눠야 하는 상황에 직면한다. 하지만 '국가'보다 '과학'을 더 중요하게 여긴 두 과학자는 이데올로기에서 벗어나 보이지 않는 협력 관계를 유지하며 일반상대성이론을 완성한다. 아인슈타인이 일반상대성의 수학적·이론적 틀

7-31 아인슈타인과 에딩턴.

을 구축하고, 에딩턴이 실험적으로 그것을 증명한 것이다.[7-31] 그러나 드라마 엔딩의 자막에 나오듯 에딩턴은 일반상대성이론을 증명은 했으나 실제 이론을 만든 사람은 아니었기 때문에, 그에 따른 영예는 아인슈타인에게만 돌아간다.

〈아인슈타인과 에딩턴〉은 〈인터스텔라〉와 같이 아름다운 미장센으로 관객의 눈을 즐겁게 하는 작품은 아니다. 하지만 아인슈타인의 일반상대성이론이 역사 속에서 실제 어떻게 구축됐는지를 보여줌으로써 과학에 대한 실제적 이해에는 훨씬 도움이 된다. 한 예로 에딩턴이 아인슈타인의 편지를 받고 일반상대성원리를 과학자 친구와 여동생에게 설명하는 장면이 있다.

친구, 동생과 식사를 하려던 에딩턴은 갑자기 식탁의 음식을 치우고 두 사람에게 테이블보를 맞잡고 있게 한다. 그런 다음 큰 빵 한 덩어리를 테이블보 가운데로 던지며 묻는다. "테이블보가 우주 공간이

라고 하면, 현재 테이블보는 어떤 모양이지?" 친구는 "공간이 휘는데"라고 답한다. 이어 에딩턴은 작은 사과 하나를 테이블보에 던져 굴리며 또 어떤 현상이 일어나는지를 묻는다. 그

7-32 에딩턴이 테이블보를 이용해 일반상대성이론을 설명하는 장면.

러자 친구는 "휘어진 공간을 따라 움직인다"라고 답한다. 에딩턴은 "그게 일반상대성원리야. 우주의 행성은 휘어진 공간을 돌고 있는 거지"라고 설명한다.(7-32) 그 밖에도 에딩턴이 상대성이론을 증명하기 위해 실제 남아프리카공화국 프린스 제도에서 일식 현상을 사진으로 찍는 장면도 재현하여, 일반상대성이론을 더욱 쉽게 이해하도록 해준다.

이처럼 〈아인슈타인과 에딩턴〉은 전쟁이라는 역사적 격변 속에서 일반상대성이론이 탄생하는 장면을 지금까지 나온 어떤 매체보다 실제적으로 잘 보여주고 있다.

황우석과
한국의 매스미디어

2005년 11월 22일 모 시사 프로그램을 통해 한 사건이 보도되면서 나라 전체가 혼란에 빠졌다. 바로 과학자 황우석(黃禹錫)의 배아줄기세포 연구가 사기극이었다는, 일명 '황우석 사태'가 보도된 것이다. 사건이 터지자 황우석을 옹호해왔던 언론들조차 점차 반대편으로 돌아서서 그의 사생활을 적나라하게 들춰냈고, 영웅이었던 과학자는 한순간에 사기꾼으로 전락해버렸다.

사실 많은 과학자들이 논문 조작, 연구비 횡령 등 비윤리적 행위를 빈번히 저지른다. 그중에서 왜 유독 황우석 사건이 전 국민에게 충격을 주었을까? 이는 그가 매스컴을 통해 국민들에게 빈번히 노출된 '유명' 과학자였다는 점에서 이유 중 하나를 찾을 수 있다.

한국을 대표하는 과학자가 되다

　　　　　　1999년 설연휴 첫날, '황우석 박사의 복제소 영롱이 탄생'을 알리는 내용이 뉴스 헤드라인으로 방송되었다. 세계 최초의 복제동물 돌리(양)와 같은 핵치환 방식으로 총 3마리의 소를 이용했다. 첫 번째 소의 난자세포에서 핵을 제거하고, 복제 대상인 두 번째 소에서 체세포를 채집하여 첫 번째 소의 탈핵 난자와 전기충격으로 융합하면 두 번째 소의 체세포 핵이 난자 속으로 들어가 수정란이 만들어지는데, 이를 제3의 소(대리모)에 착상시켜 복제소를 만들었다(그러나 이 사실을 입증할 만한 증거가 남아 있지 않다).[7-33] 한국 역사상 최초이자 세계에서 다섯 번째로 체세포 복제 동물이 개발됐다는 사실이 알려지자, 연휴 내내 그에 관한 보도가 잇따르면서 황우석 박사는 순식간에 유명인사가 됐다.

영롱이 개발 이후 황우석은 지속적으로 언론에 노출되기 시작했다. 황우석 연구팀이 이종 동물의 체세포 복제 연구, 멸종 위기 동물 연구, 형질전환 돼지와 광우병에 걸리지 않는 소 개발을 추진한다는 등의 기사가 끊임없이 소

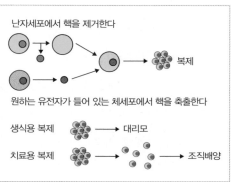

7-33 체세포 복제의 원리.

개되었다. 현 시점에서 이들 연구 중 단 하나도 성공한 사례가 없는 데다, 생각해보면 복제 연구와는 관련성이 없음에도 불구하고, 당시 국내 유명 언론들은 진위 여부를 가리지도 않고 앞다투어 황우석 연구에 관한 기사를 내보냈다. 기사의 내용은 황우석 연구팀이 보낸 것을 기초로 정리하거나, 심지어 보내준 그대로 기사화한 것도 있었다. 그러면서 황우석과 언론은 서로에게 필요한 친밀한 관계가 되어갔고, 어느새 황우석은 한국을 대표하는 과학자가 됐다.

국보 과학자로 거듭나다

그리고 2004년 2월, 한 신문에서 여느 때처럼 황우석의 새로운 연구를 기사화했다. 그런데 다음날 마치 짜기라도 한 듯 한국의 모든 언론이 기사를 낸 기자와 해당 신문사가 엠바고(기자들에게 일정 시점까지 보도를 자제해줄 것을 요청하는 일. 또는 기자들 간의 합의에 따라 일정 시점까지 보도를 자제하는 일)를 어겼다며 일제히 비난의 화살을 퍼부었다. 황우석이 과학잡지 『사이언스(Science)』에 세계 최초로 배아줄기세포를 개발했다는 사실을 발표한 이후 국내 언론사가 다 함께 공개하기로 했는데 이를 어기는 바람에 곤란한 상황에 처했다는 것이다.[7-34]

이 비난 기사를 접한 사람들은 황우석 박사의 연구가 당장이라도 사라질까 봐 분노했는데, 아이러니컬한 것은 그제야 그 연구가 '엄청난' 것임을 인식했다는 사실이다. 즉 사람들은 엠바고를 어기면서 발표한 기사가 아니라 그 기사를 비난하는 언론을 통해 '세계 최초 배아줄기세포 개발'에 대해 알게 되었다.

배아줄기세포는 배아 발생 과정에서 추출한 세포로, 모든 조직의 세포로 분화할 수 있는 능력을 지녀 불치병 치료에 도움이 될 것이라 여겨지는 만능세포다.(7-35) 이는 말 그대로 '꿈의 기술'이었다. 따라서 황우석의 배아줄기세포 개발 소식은 수많은 불치병 환자와 가족들은 물론, 세계 최고의 과학기술이 한국에서 개발됐다는 사실로 전 국민을 흥분시켰다.

국민들의 기대는 곧 한국 최초의 노벨과학상으로 모아졌다. 각종 매체에서 황우석을 알릴 때마다 노벨상을 거론하기 시작했고, 정부는 그런 기대에 부응하기 위해 '황우석 노벨상 수상자 만들기' 프로젝트를 진행했다. 한국 과학 역사상 당시 황우석처럼 주목받은 과학자는 없었고, 급기야 언론은 그를 '국보 과학자'라 부르기 시작했다.

Evidence of a Pluripotent Human Embryonic Stem Cell Line Derived from a Cloned Blastocyst

Woo Suk Hwang,[1,2*] Young June Ryu,[1] Jong Hyuk Park,[3] Eul Soon Park,[1] Eu Gene Lee,[1] Ja Min Koo,[4] Hyun Yong Jeon,[1] Byeong Chun Lee,[1] Sung Keun Kang,[1] Sun Jong Kim,[3] Curie Ahn,[5] Jung Hye Hwang,[6] Ky Young Park,[7] Jose B. Cibelli,[8] Shin Yong Moon[5*]

Somatic cell nuclear transfer (SCNT) technology has recently been used to generate animals with a common genetic composition. In this study, we report the derivation of a pluripotent embryonic stem (ES) cell line (SCNT-hES-1) from a cloned human blastocyst. The SCNT-hES-1 cells displayed typical ES cell morphology and cell surface markers and were capable of differentiating into embryoid bodies in vitro and of forming teratomas in vivo containing cell derivatives from all three embryonic germ layers in severe combined immunodeficient mice. After continuous proliferation for more than 70 passages, SCNT-hES-1 cells maintained normal karyotypes and were genetically identical to the somatic nuclear donor cells. Although we cannot completely exclude the possibility that the cells had a parthenogenetic origin, imprinting analyses support a SCNT origin of the derived human ES cells.

The isolation of pluripotent human embryonic stem (ES) cells (1) and breakthroughs in somatic cell nuclear transfer (SCNT) in mammals (2) have raised the possibility of performing human SCNT to generate potentially unlimited sources of undifferenti-

ated cells for use in research, with potential applications in tissue repair and transplantation medicine. This concept, known as "therapeutic cloning," refers to the transfer of the nucleus of a somatic cell into an enucleated donor oocyte (3). In theory, the oocyte's cytoplasm would reprogram the transferred nucleus by silencing all the somatic cell genes and activating the embryonic ones. ES cells could be isolated from the inner cell mass (ICM) of the cloned preimplantation embryo. When applied in a therapeutic setting, these cells would carry the nuclear genome of the patient; therefore, it is proposed that after directed cell differentiation, the cells could be transplanted without immune rejection to treat degenerative disorders such as diabetes, osteoarthritis, and Parkinson's disease

[1]College of Veterinary Medicine, [2]School of Agricultural Biotechnology, Seoul National University, Seoul 151-742, Korea. [3]Medical Research Center, MizMedi Hospital, Seoul, 135-280, Korea. [4]Cachon Medical School, Incheon, 417-840, Korea. [5]College of Medicine, Seoul National University, Seoul, 110-744, Korea. [6]School of Medicine, Hanyang University, Seoul, 471-701, Korea. [7]College of Natural Science, Sunchon National University, Sunchon, 540-742, Korea. [8]Department of Animal Science-Physiology, Michigan State University, East Lansing, MI 48824, USA.

*To whom correspondence should be addressed. E-mail: hwangws@snu.ac.kr (W.S.H.); shmoon@plaza.snu.ac.kr (S.Y.M.)

7-34 2004년 3월 『사이언스』지에 실린 황우석의 배아줄기세포 관련 논문.

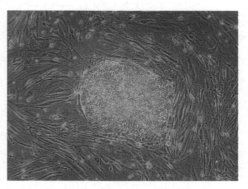

7-35 배양 중인 배아줄기세포.

국보 과학자의 몰락

　　　　　2005년 초 황우석의 인기는 엄청났다. 국제적으로 활동무대를 넓힌 황우석 박사를 따라다니는 전속기자들에 의해 실시간으로 그 행보가 공개됐고, 그때마다 황우석은 "과학에는 국경이 없지만, 과학자에겐 조국이 있다"라는 파스퇴르의 명언으로 사람들을 감동시켰다. 그런데 이렇게 두터운 신망을 얻은 과학자 황우석은 그해 5월 또다시 나라를 들썩이게 했다.

　바로 '환자 맞춤형 배아줄기세포' 개발에 성공했다고 발표한 것이다. 황우석은 10년 걸릴 일을 1년 만에 해냈다며 자신의 업적을 당당히 알렸다. 이 일로 황우석은 전 세계적인 주목을 받았고, 정부에서도 '세계줄기세포허브'를 세워 그의 연구를 물심양면 지원했다. 그러던 중 느닷없이 줄기세포 연구의 권위자이자 황우석의 공동연구자였던 미국 피츠버그 대학의 섀튼(Gerald P. Schatten)이 세계줄기세포허브 대표직을 사퇴하고 황우석과의 결별을 선언했다. 그때까지만 해도 단지 섀튼이 동료의 성공을 경계하는 과정에서 발생한 일로 알려졌다.

　그런데 돌이켜보니 이미 사건은 터져 있었다. 돌연 황우석 박사가 세간의 관심과 질시가 너무 힘겹다는 심정을 밝히고 얼마 후, 모 TV 프로그램의 '황우석 신화의 난자 매매 의혹'편이 방영되었다. 방송 주제는 황우석 박사의 연구에 매매된 난자가 쓰였다는 것이었지만(여성의 난자를 과배란을 유도하여 다량 채취할 경우 불임 또는 사망에 이를 수도 있는 만큼 이 또한 매우 큰 문제가 아닐 수 없다), 실제 내용은 황우석 박사가 갖고 있는 배아줄기세포가 없다는 것을 수개월간의 취재 끝에 밝힌 것이었다.

방송이 나가고 후폭풍은 엄청났
다. 그 프로그램을 방영한 방송국
에 대한 사람들의 분노가 극에 달
했고, 타 언론사들은 강압 취재를
했다며 해당 제작자를 질책해 결
국 방송국에서 사과방송까지 내
보내게 했다.

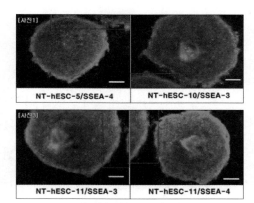

그렇게 일단락될 줄 알았던 황
우석 사태는 배아줄기세포가 조작
됐다는 증거 사진(7-36)이 나오고,

7-36 줄기세포 조작을 증명한 사진. 생물학정보연구센터 BRIC의
게시판에 무기명으로 공개됐던 사진으로 황우석의 연구 조작을 증
명했다. 사진의 붉은 박스를 각도를 달리해서 맞추면 모두 일치한다.

급기야 섀튼의 공저자 삭제 요청과 또 다른 공동연구자 노성일(盧聖一)의
증언이 잇따르면서 재점화됐다. 또한 해당 방송국은 긴급 편성으로, 미
방영분으로 남아 있던 체세포 불일치 사진과 심의위원회의 문제점들을
제기하며 황우석 신화를 벗겨냈다.

방송 다음날 황우석은 냉동시켜놨던 배아줄기세포가 정전으로 인해
죽고 하나만 남아, 그 1개의 줄기세포로 각도를 바꾸어가며 사진을 찍은
것이라고 대국민성명을 발표했다. 즉 사진은 조작했으나 자신이 배아줄
기세포를 만든 건 사실이라고 주장한 것이다. 하지만 이미 사람들은 실
망감을 감추지 못한 채 그를 등졌고, 그렇게 황우석은 한순간에 '몰락'하
고 말았다.

어떻게 보면 황우석 박사는 언론과의 관계를 통해 최고의 과학자가 되
었고, 또 언론에 의해 재기할 수 없을 만큼 무너졌다. 황우석 사태의 본
질은 분명 그의 비윤리적 행위에 있지만 언론이 사태를 더 키운 것도 사
실이다.

그렇다면 이 사건이 비단 황우석 개인만의 문제였을까? 최소한 함께 연구한 수십 명 중 한 사람 정도는 이 연구의 실체를 알았을 것이다. 그럼에도 불구하고 언론이 들쑤시고 나서야 밝혀진 것은 그만큼 우리 과학계의 폐쇄성이 높다는 것을 의미한다.

실제 한국 이공계 대학의 교수와 제자는 수직적 상하 관계에 놓여 있고, 이로 인해 연구 공간에서 일어난 일은 외부로 새어나가기가 어렵다. 황우석 사건의 경우에도 나중에 밝혀진 내용을 보면, 몇몇 주요 연구원들이 연구에 문제가 있음을 인지하긴 했으나, 앞일을 생각하면 쉽게 알릴 수 있는 입장이 아니었다. 어떻게 보면 한국 대학 연구실의 폐쇄적 전통이 황우석과 연구팀의 자기성찰의 기회를 앗아가고 연구 조작의 문제를 더욱 키웠던 것이라고도 볼 수 있다.

물론 이런 일이 한국에서만 발생한 것은 아니다. 실제 과학계에서 데이터나 사진을 이용한 논문 조작은 매우 빈번히 일어난다. 최근 일본에서도 여성 과학계의 신데렐라로 불리던 줄기세포 연구자 오보가타가 논문을 조작하여 사회적 물의를 일으킨 바 있다. 이는 논문 조작이 과학계에서 뿌리 뽑기 힘든 '악습'임을 보여주는 사건이었다. 이런 일이 국내외를 막론하고 계속되는 이유는, 무엇보다 현대과학이 '자본'과 너무 긴밀하게 연결되어 있기 때문이다.

오늘날의 과학은 거대하고 정밀한 실험 기계들을 사용하는 만큼 많은 연구비와 인력을 필요로 한다. 특히 줄기세포 연구를 비롯한 세계적 수준의 과학 영역에서는 연구 그 자체만큼이나 연구비 획득을 위한 노력도 과학자의 주요 활동이 되어가고 있다. 바로 이 과정에서 논문 조작이라는 '문제'가 발생한 것이다.

과거에는 우선권 문제로 생각할 수조차 없었지만, 오늘날 과학자들은 연구비 확보를 위해 진행 중인 연구를 공개하거나 연구의 가치를 좀 더 포장하여 소개하기도 한다. 확실치 않은 환자 맞춤형 줄기세포를 내세워 '세계줄기세포허브'를 설립해 안정적으로 연구비를 확보하고자 한 것도 그러한 맥락으로 볼 수 있다. 결국 황우석 사태는 과학자 개인의 명예욕과 매스미디어가 결합하여 만든 촌극이기에 앞서, 한국 과학계의 폐쇄성과 연구비를 둘러싼 현대과학의 어두운 단면이 빚어낸 구조적 결함의 실체일지도 모른다.

주석

Chapter 1 | '과학'을 알아야 '융합'이 보인다

1 | 「西周, 『百学連環』データベース説明」, 京都大学人文科学研究所, 2009.

Chapter 2 | 과학과 예술의 오랜 동반 관계

1 | James Secord, "Knowledge in Transit", *Isis* 95(2005): 654~672.
2 | 메리 셸리 지음, 길 타브너 엮음, 조경인 옮김, 『프랑켄슈타인』, 가나출판사, 2012.
3 | 이 글은 『프랑켄슈타인』(가나출판사, 2012)에 실렸던 저자의 추천사 「괴물 같지 않은 괴물, 그 괴물을 창조하고 도망친 과학자 이야기」를 고쳐서 쓴 것이다.
4 | 아서 코난 도일, 백영미 옮김, 「소포 상자」, 『홈즈의 마지막 인사』, 셜록 홈즈 전집 8, 황금가지, 2002, pp.72~73.
5 | 아서 코난 도일, 백영미 옮김, 「주홍색 연구」, 『주홍색 연구』, 셜록 홈즈 전집 1, 황금가지, 2011, p.15.
6 | 아서 코난 도일, 백영미 옮김, 「신랑의 정체」, 『셜록 홈즈의 모험』, 셜록 홈즈 전집 5, 황금가지, 2006, pp.107~108.
7 | 아서 코난 도일, 「주홍색 연구」, pp.16~18.

Chapter 3 | 과학과 사회, 교감을 통해 진화하다

1 | 민경우 외 지음, 『대한민국은 안철수에게 무엇을 바라는가』, 열다섯의공감, 2011.

Chapter 4 | 역사 속의 과학

1 | John L. Heilbron, *The Dilemmas of an Upright Man: Max Planck and the Fortunes of German Science*, Harvard University Press, 2000.
2 | 이 글은 과학창의재단의 『사이언스타임스』에 실었던 글을 일부 수정한 것이다.
3 | 세종대왕기념사업회, 『세종장헌대왕실록 09』, 1980. 권오돈 번역.
4 | 세종대왕기념사업회, 『세종장헌대왕실록 12』, 1971. 김익현 번역.
5 | 위의 책. 이우성 번역.
6 | 세종대왕기념사업회, 『세종장헌대왕실록 17』, 1971. 권태익 번역.
7 | 한국고전번역원, 『국조보감』 제7권, 1996. 조동영 번역.
8 | 세종대왕기념사업회, 『세종장헌대왕실록 12』, 1971. 이식 번역.
9 | 세종대왕기념사업회, 『세종장헌대왕실록 9』, 1980. 김익현 번역.
10 | 세종대왕기념사업회, 『세종장헌대왕실록 17』, 1971. 이식 번역.

Chapter 6 | 철학이 묻고 과학이 답하다

1 | 플라톤, 박종현·김영균 역주, 『티마이오스』, 서광사, 2014, p.89.
2 | 위의 책, p.91.
3 | 한국찬송가공회, 『포커스성경』, 개역개정4판, 대한기독교서회, 2009.
4 | 프랜시스 베이컨, 김홍표 옮김, 『신기관』, 2014, 지식을만드는지식, p.5.
5 | 위의 책, p.53.
6 | 위의 책, p.6.
7 | 위의 책, p.88.

Chapter 7 | 대중문화와 과학의 만남

1 | 예태일·전발평 편저, 서경호·김영지 옮김, 『산해경』, 안티쿠스, 2012, p.15.
2 | 위의 책, p.137.

찾아보기

융합과 통섭의 지식 콘서트 05

과학, 인문으로 탐구하다

초판 1쇄 발행 | 2015년 9월 3일
초판 6쇄 발행 | 2023년 9월 27일

지은이 | 박민아 선유정 정원
펴낸이 | 홍정완
펴낸곳 | 한국문학사

편집 | 이은영 이아름
영업 | 조명구
관리 | 심우빈
디자인 | 이석운

04151 서울시 마포구 독막로 281(염리동) 마포한국빌딩 별관 3층

전화 706-8541~3(편집부), 706-8545(영업부) 팩스 706-8544
이메일 hkmh73@hanmail.net
블로그 http://post.naver.com/hkmh1973
출판등록 1979년 8월 3일 제300-1979-24호

ISBN 978-89-87527-45-1 03400